Ferdinand Simoneit
Indiskretion Ehrensache

Ferdinand Simoneit

Indiskretion Ehrensache

Ein Buch für alle,
die Journalisten werden,
und für alle,
die Journalisten
verstehen wollen

Wirtschaftsverlag Langen-Müller/Herbig

Satz: Utesch Satztechnik GmbH, Hamburg
Druck und Verarbeitung: May u. Co., Darmstadt
Printed in Germany
ISBN 3-7844-7169-2

Gewidmet

Hans Detlev Becker und Kurt Blauhorn,
beide SPIEGEL Hamburg,
die mich zum Journalisten drillten;
Adolf Theobald, der mir als Chefredakteur CAPITAL
das Blattmachen beibrachte;
Paul Pietsch, Gründer der MOTOR-PRESSE STUTTGART,
der mich in sein Management holte,

und
Evamaria, meiner Frau.

INHALT

ERSTES KAPITEL
(Erster Teil)

Der Auftrag der Presse
oder
Was König Salomon Journalisten ins Stammbuch schrieb:

»Tu
Deinen Mund auf
für die Stummen
und für die Sach' aller,
die verlassen sind«

Ort: Sitzungssaal des Kabinetts der Bundesregierung im Kanzleramt in Bonn. Tag: 7. November 1984, Mittwochmorgen. Die Minister sitzen bereits am Kabinettstisch, lesen Akten, unterhalten sich, hoffen, daß einer der Pressefotografen – sie dürfen in Bonn vor den Kabinettssitzungen ihre Aufnahmen machen – sich für sie interessiert und die Agenturen ihr Bild zu den Zeitungsredaktionen im Wahlkreis schicken – Zeichen dafür, daß ihr Abgeordneter und Minister im Zentrum der Bonner Macht am Rhein ein Mächtiger ist.

Die Bild-Journalisten aber drängen sich nur um einen Mann: um Bundeskanzler Helmut Kohl. Nicht nur, weil er der mächtigste ist, sondern – so denken die Fotografen – weil er in den nächsten Stunden vor dem parlamentarischen Untersuchungsausschuß in Sachen »Parteispenden« erscheinen und aussagen muß. »Flick-Untersuchungsausschuß« heißt er genau, benannt nach dem Düsseldorfer Großindustriellen Friedrich Karl Flick (Firmenkürzel: FKF). Flick hatte jahrelang alle Parteien und Politiker quer durch die Fraktionen geschmiert, und das Nachrichtenmagazin »Der Spiegel«, das die Sache enthüllt hatte, hatte auch den treffenden Namen für Flick: »Zahlmeister der Nation«. Sogar der Kanzler soll als CDU-Politiker auf Flicks Lohnliste gestanden haben – Buchhalter-Eintragung: »wg. Kohl«.

Flicks Millionen für alle Parteien und viele Politiker, für die souveränen Volksvertreter also, die nur ihrem Gewissen verantwortlich sein sollen, hatten die an Affären und Skandalen reichbedachte Bundesrepublik im 35. Jahr ihres Bestehens in ihre tiefste Krise gestürzt. Zwar wurden die amtlichen Politikmacher in Bonn und im verzweifelnden Land nicht müde zu versichern, das alles sei keine Krise – allen voran der zungenschnelle CDU-Generalsekretär Heinrich Geißler, dessen christdemokratische Partei am stärksten abkassiert und die meisten Skandalpolitiker gestellt hatte. In der »Badischen Zeitung« aber wies Ansgar Fürst überzeugend nach, daß eine »Krise des Vertrauens« wie eine Landplage ausgebrochen sei. Die Opposition am Rhein, nur wenig weniger durch Flicks Schmierereien belastet als die regierende Koalition CDU/CSU/FDP, nannte Bundes-Deutschland eine »Bananenrepublik« – eine griffige Verpackung, die ein Jürgen Geyer in der »Süddeutschen Zeitung« aber nicht gelten ließ: »Von einer Bananenrepublik unterscheiden wir uns durch etwas ganz Wesentliches: durch das Klima.«

Dabei hatte der Christdemokrat Helmut Kohl den Bürgern ein anderes Klima versprochen, als er im Herbst 1982 die SPD/FDP nach 13jährigem Machtbesitz aus den Amtssesseln drängte – der Deutschen Kanzler Kohl hatte das »Wende zum Moralischen« genannt. Jetzt aber mußte er vor dem Untersuchungsausschuß erscheinen, wg. ziemlicher Un-Moralität.

Des Kanzlers Lage vor den parlamentarischen Ermittlern galt als nicht gut. Ein SPD-Mann hatte ihn gewarnt, sich »warm anzuziehen«. So könnte es sein, daß die Bilder aus dem Kabinettssaal, dachten die Fotografen, historischen Wert bekommen könnten. Unter ihnen war auch Jupp Darchinger, Bonns angesehenster Foto-Mann, der auch für den »Spiegel« arbeitete.

Mit dem Nachrichtenmagazin aus Hamburg hatte Kanzler Kohl schon seit langem nichts mehr im Sinn. »Der Spiegel« war mit seinen Enthüllungen schuld, daß die Wende, die Kohl nach dem Abwirtschaften der sozialliberalen Koalition unter dem SPD-Kanzler Helmut Schmidt der Nation versprochen hatte, sich als Kohls persönliche Wende erwies: vom Guten zum Schlechten. Kohl hatte eine schlechte Presse. »Der Spiegel« hatte ihn in ungezählte Affären verwickelt, seine Amtszeit erschien als eine endlose Serie von Skandalen:

○ Kohls Wirtschaftsminister Otto Graf Lambsdorff (FDP) wurde vorgeworfen, dabei geholfen zu haben, daß der Industrielle Flick nach dem Verkauf seines milliardenschweren Aktienpakets von Daimler-Benz an die Deutsche Bank von der Steuerzahlung befreit wurde. Die Staatsanwaltschaft erhob – nach monatelangem Gezerre – Anklage gegen Kohls Minister Lambsdorff »wegen Vorteilsnahme im Amt«. Unter dem Druck der Presse trat Lambsdorff zurück.

○ Kohls Verteidigungsminister Manfred Wörner (CDU) wurde vorgeworfen, seinen höchsten Offizier im Brüsseler Nato Hauptquartier, General Günter Kießling, aufgrund von Kasino-Schwätzereien im Hauptquartier und im eigenen Ministerium verdächtigt zu haben, homosexuell zu sein. Von seiner Verpflichtung, den in aller Öffentlichkeit und mit aller Ausführlichkeit beschuldigten Offizier solange zu schützen, bis der Verdacht erwiesen sei, spürte der Minister nichts. Die Presse wies in einer Kampagne ohnegleichen Kießlings Unschuld nach. Wörner – und mit ihm sein Kanzler Kohl – waren blamiert und mußten den General rehabilitieren.

○ Kohls Staatsminister im Außenministerium Jürgen Möllemann (FDP) wurde vorgeworfen, sein hohes Politikeramt zur Steigerung seines privaten Wohl-Habens verwendet zu haben. Als Spitzenmann seines Parteichens, das sich nach Lambsdorff nicht noch eine Affäre leisten konnte, war der forsche Jungstar im nordrhein-westfälischen Wahlkampf schnell erledigt.

○ Kohls Parteifreund Rainer Barzel wurde als Bundestagspräsident vorgeworfen, jahrelang indirekt, aber dennoch erkennbar, vom Flick-Konzern mit der Zuwendung von Millionen bei guter Laune gehalten worden zu sein. Das Motiv für diese industrielle Wohltat vernebelte Flicks erster Mann Eberhard von Brauchitsch nicht: Man müsse Barzel »an die Leine nehmen«, hielt er in einer Aktennotiz fest. Barzel mußte seinen Hut nehmen.

Die Kette der Vorwürfe des Nachrichtenmagazins »Der Spiegel« gegen den Kanzler, der seine Probleme nicht in den Griff bekam, war damit nicht erschöpft (und wird damit wohl auch nicht beendet sein). Kohl hatte also, als sich am Morgen des 7. November 1984 im Sitzungssaal des Bonner Kabinetts die Fotografen um ihn drängten und auch »Spiegel«-Lichtbildner Jupp Darchinger am Werk war, allen Grund, dem Bild-Journalisten aus Hamburg zu mißtrauen. Plötzlich brach es aus dem Kanzler heraus:

»Haben Sie Ihre Katastrophenbilder im Kasten, damit die in Hamburg dann wieder ihre Kloake ausschütten können?« knurrte er Darchinger an. Hans Peter Schütz, für die angesehenen »Stuttgarter Nachrichten« in Bonn, hörte den prominenten Wutausbruch mit an und teilte ihn am nächsten Tag auf der dritten Seite der »Nachrichten« seinen Lesern mit – Schütz' Heimatredaktion machte klar, wer die »Kloake« war: »Gemeint ist ›Der Spiegel‹.«

Was »Der Spiegel« dann schrieb, wird Kohl, ist er ehrlich, nie wissen. Denn er gestand einmal, so die »Bild«-Zeitung: »Ich habe nicht die Gewohnheit, den ›Spiegel‹ zu lesen. Ich habe auch nicht die Absicht, mir das in Zukunft anzutun.« Vielleicht, möchte man meinen, macht der Kanzler mit seiner »Spiegel«-Aversion einen für die ganze Nation entscheidenden Fehler – läse er den »Spiegel«, wüßte er auch, was in seinem Bonner Laden alles so läuft.

Immerhin hatte Kanzler Kohl den Zusammenhang zwischen seiner Politik und der Wiedergabe in der Presse, deren überwiegender Teil von seiner Führungskunst nicht überzeugt war, begriffen: »Wenn ich schlechte Politik mache, kann ich keine gute Presse erwarten« (»Welt am Sonntag«, 11. November 1984). Also war der Kanzler auch nicht erstaunt, wenn er las, was die Zeitungen über ihn schrieben und die öffentliche Meinung im Land bald dachte. Der Journalist ist zwar nur ein Tagesschriftsteller, aber auch seine Worte haben – zumindest für eine gewisse Zeit – Bestand beim kleinen Mann.

Wenige Tage vor des Kanzlers Wutausbruch über die »Kloake Spiegel« hatte Kohl in den Zeitungen lesen können, daß er im Umgang mit der Presse wieder einmal daneben gegriffen habe. Das Bayerische Fernsehen hatte Journalisten zu einer Debattier-Runde nach München eingeladen, darunter auch Erich Böhme, einen der beiden – neben Johannes K. Engel – Chefredakteure des »Spiegel«. Wolf Feller, Chefredakteur des Bayern-TV, lud Böhme plötzlich aus – auf einen Wink aus dem Bundeskanzleramt in Bonn, wie Mainhardt Graf Nayhauß, als Bonner Chronist der »Bild«-Zeitung enthüllte. Nayhauß, ein früherer »Spiegel«-Korrespondent in der Bundeshauptstadt, blieb auch nach dem Widerspruch aus dem Kanzleramt bei seiner Behauptung, an Böhmes Ausladung habe Kohl gedreht.

Schon Kohls »Großvater« Konrad Adenauer – Helmut Kohl läßt sich gern »Adenauers Enkel« nennen, ohne die geschichtliche Erkenntnis zu besitzen, daß die dritte Generation oft verspielt, was die erste aufgebaut hat – hatte vom »Spiegel« nichts gehalten. Das Nachrichtenmagazin hatte dem Gründer der Bundesrepublik den ersten parlamentarischen Untersuchungsausschuß in der Geschichte der jungen Republik beschert, als es nachweisen konnte, bei der Wahl der verschlafenen rheinischen Pensionärs- und Universitätsstadt Bonn zur westdeutschen Metropole sei es nicht mit rechten Dingen zugegangen. In der gesamten 14jährigen Amtszeit hatte der »Spiegel« Adenauer nichts als Ärger eingebracht (erst nach seinem Sturz am 15. Oktober 1963 bescheinigte ihm der Widersacher aus der Presse in einer aufwendigen Dokumentation, doch ein großer Staatsmann gewesen zu sein). Für den alten Herrn im Palais Schaumburg war der »Spiegel« ein »Schmutzblatt, dat sich selbst kaputtmacht« (was sich als falsch herausstellte) und vor dessen Taten »ein Abgrund von Landesverrat« gähne (was sich als ebenso falsch erwies).

Auch Helmut Schmidt, SPD, Nach-Nach-Nachfolger Adenauers und Vorgänger Kohls, hatte sich nicht gerade als Fan der deutschen Journalisten gezeigt. Für den hochfahrenden Hamburger waren die Leute von der Presse, ob Reporter oder Fotografen, schlichtweg »Wegelagerer« – eine vergleichsweise liebevolle Charakterisierung, wenn man an Adenauer (»Schmutzblatt«) und Kohl (»Kloake«) denkt.

Dabei wäre es ungerecht, aus Adenauers, Schmidts und Kohls Verbalinjurien auf eine generelle und strukturelle Aversion aller Politiker gegen Journalisten zu schließen. Auf ihren Lippen trugen sie alle immer das schöne Bekenntnis amtlicher Demokraten, die Presse müsse frei und unabhängig sein – so ähnlich für die späteren Geschichtsbücher sprach ja wohl auch schon der Alte Fritz: Gazetten dürften »nicht genieret« werden. Aber es ist nicht überliefert, daß in der fritzischen Regentzeit von 1740 bis 1786 die Gazetten eine Blütezeit gehabt hätten und die Meinungsfreiheit das höchste Gut seiner Untertanen gewesen wäre. Im Gegenteil: Bei jeder »Beeinträchtigung«, so ordnete es seine Administration an, war ein Entzug der Zeitungs-Konzession möglich – »Beeinträchtigung« war ein dehnbares Delikt: vom Verstoß gegen Sitte und Ordnung bis zur Verletzung der Moral-Tabus.

Wer als Journalist gegen den staatlichen Stachel löckte, war zu allen deutschen Zeiten dran – und manchmal auch drin, im Gefängnis. Der leidenschaftliche Katholik Johann Joseph von Görres (1776 bis 1848), Chef des »Rheinischen Merkur«, zum Beispiel, hatte sich nach dem Sieg über das Ungeheuer Napoleon für ein einiges Deutsches Reich zu früh stark gemacht. Preußens Regierung verbot das Kampfblatt im Januar 1816. Von Görres kämpfte, von Koblenz aus, weiter – neue Schrift: »Teutschland und die Revolution«. Jetzt befahl Preußen durch königliche Kabinettsorder seine Verhaftung und zugleich die Beschlagnahme seiner Schriften. Im ebenfalls königlichen Bayern fand der Preuße dann Zuflucht und, als Professor für Geschichte in München, Auskommen und Ruhe.

Von-Görres-Kollege Karl Heinrich Marx (1818 bis 1883) war nicht viel besser dran. Nachdem sich seine Hoffnungen auf eine akademische Laufbahn als Illusion herausgestellt hatten und seine Jugendfreundin Jenny von Westphalen – nach siebenjähriger Wartezeit – energisch auf die Ehe drängte, mußte sich der glücklose Trierer Justizratssohn intensiv nach einem sicheren Erwerb umsehen. Wie mancher Unbeständige, so wurde auch Karl Marx Mitarbeiter einer Gazette, der »Rheinischen Zeitung« in Köln, in der er sich bis zum Chefredakteur hochschrieb. Als er ausplauderte, die Regierung denke an ein neues Gesetz über die Ehescheidung, sollte er den Namen des Beamten nennen, der ihm die spektakuläre Neuigkeit gesteckt hatte. Marx – damals gab es das Redaktionsgeheimnis und den Informantenschutz noch nicht – deckte seinen Gewährsmann, und prompt wurde seine »Rheinische Zeitung« verboten. Marx ging nach Paris, seit der Französischen Revolution Welt-Hauptstadt der Gedanken- und Meinungsfreiheit, und schrieb mit seinem Journalistenkollegen Friedrich Engels (1820 bis 1895) »Das Kommunistische Manifest« – mit jenem Anfangssatz, der heute Journalisten noch zur Ehre gereichen würde: »Ein Gespenst geht um in Europa – das Gespenst des Kommunismus.« Das Marx/Engels-Pamphlet veränderte die Welt.

(Dabei hätte es dazu gar nicht kommen müssen, wie eine Geschichte aus dem Rheinischen wissen will: Chefredakteur Marx wollte von seinem Verleger die Aufstockung seines Salärs um drei Rheinische Taler, der Verleger lehnte ab. Karl Marx schmiß die Brocken hin, ging ins lebensfrohe Paris und beschrieb, in Wut auf seinen Verleger, den Weg zum Kommunismus. Erkenntnis heute: Für drei Rheinische Taler, rechtzeitig vom Verleger dem Redakteur gezahlt, hätte sich die Welt den ganzen Ärger mit dem Kommunismus, Sozialismus, Bolschewismus – kurz: mit dem Marxismus – sparen können. Kommunisten an der Elbe, am Gelben Fluß und in Havanna: Ergebnis vom Verleger-Geiz...)

Theodor Fontane (1819 bis 1898) mußte als Journalist zwar nicht das Land verlassen, hatte aber auch kein Zuckerschlecken. Als 23jähriger Hitzkopf schrieb er sich im Leipziger Sonntagsblatt »Die Eisenbahner« seinen Zorn gegen »Spießbürger, Egoismus und Gleichgültigkeit« von der zarten Seele. 1848 stand der Journalist Fontane sogar auf den Barrikaden, statt der Feder das Gewehr zur Hand: Welch eine logische Fortentwicklung! Als gnadenloser Kritiker war er bald vielerorts im Verschiß; er bettelte die Redaktionen um Veröffentlichung seiner Schreibarbeiten an: »Vielleicht finden Sie ein Plätzchen.« Und: »Der arme, kontrakte Mann bedarf der Aufrichtung.« Aber die Kritik konnte Fontane dennoch nicht lassen, ob er Bücher rezensierte oder Theaterstücke. Als Mitarbeiter der »Vossischen Zeitung« in Berlin hatte er im Theater einen Stammplatz, Platz 23 war stets für ihn reserviert. »Da sitzt das Scheusal wieder«, hörte er oft die Zuschauer raunen. (Das Schicksal meinte es zuletzt gut mit dem Scheusal: Fontane schrieb Bücher, »Effi Briest«, »Der Stechlin«, »Wanderungen durch die Mark Brandenburg« – der Tagesschriftsteller Fontane erreichte den Rang eines echten Schriftstellers von nationalem Rang.)

Maximilian Harden (1861 bis 1927), als Ernst Felix Witkowski in Berlin geboren und einer der kämpferischsten Journalisten deutscher Feder überhaupt, begann so leidenschaftlich wie Fontane, Marx, Görres – aber er litt mehr als sie alle zusammen. Der gelernte Schauspieler, 1889 Mitbegründer der Berliner »Freien Bühne«, kam über das »Berliner Tageblatt« und die Zeitschriften »Deutsches Monatsblatt«, »Nation« und »Gegenwart« in den Journalismus. Harden engagierte sich ab 1892 mit seiner Wochenzeitschrift »Die Zukunft« und griff das persönliche Regiment Kaiser Wilhelm II., die sogenannte Kamarilla, unablässig an. Harden, glühender Verehrer Bismarcks, attackierte Wilhelm Zwo und redete ihn in einem offenen Brief mit »Herr Kaiser« an. Zweimal wurde der »Zukunft«-Herausgeber Harden wegen »Majestätsbeleidigung« mit Festungshaft bestraft.

Als der Herr Kaiser, nach Holland geflohen, sich mit Holzhacken auf Haus Doorn die Langeweile vertrieb, hatte der Publizist Harden längst einen anderen Feind im Visier: die Nazis. Er bekämpfte sie so hart, daß sie sich entschlossen, ihn nach NS-Art umzulegen. Am 3. Juli 1922, an einem Sommerabend, wurde er beim Spaziergang in der Nähe seiner Villa in Berlin-Grunewald überfallen und niedergeknüppelt – wochenlang schwebte er in Lebensgefahr. Sein Erzfeind Joseph Goebbels – nach Machtübernahme unter Adolf Hitler »Reichsminister für Volksaufklärung und Propaganda« – auch ein Journalist –, widmete ihm zu seinem Tod durch eine Lungenentzündung in der NS-Zeitschrift »Der Angriff« einen haßerfüllten Nekrolog.

Goebbels schrieb: »Maximilian Harden ist durch eine Lungenentzündung hingerichtet worden. Damit geht eines der gemeinsten und niederträchtigsten Individuen, die Deutschland an den Rand des Abgrundes gebracht haben, aus dem Zeitlichen heraus. Maximilian Harden ist der Typ der jüdischen Literaturbestie, die bedingungslos und ohne Rücksicht das Gastrecht des Wirtsvolks mißbraucht und ihrem ewigen Trieb zur Zerstörung frönt.«

Der Journalist Goebbels (1897 bis 1945) hielt nichts von Gedanken und Meinungen, wenn sie nicht denen seiner Partei entsprachen. Er war einer der Drahtzieher, die in der »Reichskristallnacht« vom 9. auf den 10. November 1938 die jüdischen Synagogen abbrennen und die jüdischen Geschäfte zerstören ließen. Er war dabei, als die Bücher und Schriften deutscher Geister, die nicht seiner braunen Meinung waren, öffentlich verbrannt wurden. Die Welt-Werke von Thomas Mann bis Carl Zuckmayer waren bereits am 10. Mai einem Autodafé übergeben worden.

Carl von Ossietzky (1889 bis 1938) war als Herausgeber der »Weltbühne« glühender Pazifist. Bereits 1913, 23jährig, fand er sein Thema: Krieg dem Krieg. Im Mai 1932 hatten ihn endlich die Machthaber und steckten ihn für 18 Monate wegen angeblichen Landesverrats ins Gefängnis. Aufgrund einer Amnestie wurde der streitbare Friedenskämpfer im November 1932 zwar freigelassen, aber die Nazis nahmen ihn am 28. Februar 1933 nach dem Reichstagsbrand in »Schutzhaft«. Weltberühmt ist das Foto, das vor dem kleinen Ossietzky einen klotzigen Deutschen in schwarzer SS-Uniform zeigt, die Arme in die Hüften gestemmt, die Schenkel in Lackstiefeln – die Herrenrasse hatte den kritischen Geist bezwungen. 1935 erhielt Ossietzky den Nobelpreis – für den »Führer« Anlaß, allen Deutschen fortan die Annahme des Nobelpreises zu verbieten. Am 4. Mai 1938 starb der Journalist Carl von Ossietzky in einer Berliner Klinik – unter Polizeiaufsicht.

Als von Ossietzky starb, war die Pressefreiheit in Deutschland, einst das Land der Dichter und Denker, längst tot. Nazis hatten sie mit ihren Händen und Gesetzen erwürgt. Der Journalist Goebbels ließ als »Reichsminister für Volksaufklärung und Propaganda« die Zeitungskorrespondenten in der Reichshauptstadt antanzen und »Sprachregelungen« verpassen: Da war später dann der Rückzug der deutschen Truppen in Rußland nur eine »Frontbegradigung« (ab 8. Mai 1945 war die Front dann endgültig »begradigt«: Russen und Amerikaner gaben sich in Torgau an der Elbe die Hand, Hitler und sein Volksaufklärer waren tot). Die Durchhalte-Reden des hinkenden Goebbels im Rundfunk wurden an der Front nur »Klumpfüßchens Märchenstunde« genannt.

Die junge Republik gab nach der Gründung im Mai 1949 den Deutschen die Meinungs- und Pressefreiheit zurück. Artikel 5 des Bonner Grundgesetzes vom 23. Mai 1949 stand da wie gemeißelt:

»Jeder hat das Recht, seine Meinung in Wort, Schrift und Bild frei zu äußern und zu verbreiten und sich aus allgemein zugänglichen Quellen ungehindert zu unterrichten. Die Pressefreiheit und die Freiheit der Berichterstattung durch Rundfunk und Film werden gewährleistet. Eine Zensur findet nicht statt.«

Dennoch steht die Presse nicht über oder gar außerhalb der allgemeinen Gesetze wie Strafgesetzbuch und Bürgerliches Gesetzbuch. Absatz 2 des Artikels 5 bestimmte denn auch:

»Diese Rechte finden ihre Schranken in den Vorschriften der allgemeinen Gesetze, den gesetzlichen Bestimmungen zum Schutze der Jugend und in dem Recht der persönlichen Ehre.« Jedermann in der Bundesrepublik darf sagen und schreiben, was er denkt – aber niemand ist gezwungen, der Presse Auskunft zu geben und ihr bei der Erfüllung ihres Verfassungsauftrags zu helfen.

Der Deutsche Presserat, im Jahr 1973 als freiwilliger Zusammenschluß von Journalisten- und Verlegerverbänden entstanden, schrieb in seinen »Publizistischen Grundsätzen« – »Pressekodex« genannt –, wie sich der Journalist im Rahmen der verbrieften Pressefreiheit zu verhalten habe. Danach schließt die durch das Grundgesetz verbürgte Pressefreiheit »die Unabhängigkeit und Freiheit der Information, der Meinungsbildung und der Kritik ein«. Verleger, Herausgeber und Journalisten müßten sich »bei ihrer Arbeit ihrer Verantwortung gegenüber der Öffentlichkeit und ihrer Verpflichtung für das Ansehen der Presse bewußt sein. Sie nehmen ihre publizistische Aufgabe nach bestem Wissen und Gewissen, unbeeinflußt von persönlichen Interessen und sachfremden Beweggründen, wahr«.

Der Pressekodex verlangte von den Journalisten die Pflicht zur Sorgfalt, die »Achtung vor der Wahrheit und wahrhaftige Unterrichtung der Öffentlichkeit sind oberstes Gebot der Presse«:

○ Zur Veröffentlichung bestimmte Nachrichten und Informatio-

nen in Wort und Bild sind mit der nach den Umständen gebotenen Sorgfalt auf ihren Wahrheitsgehalt zu prüfen. Sie dürfen durch Bearbeitung, Überschrift oder Bildbeschriftung weder entstellt noch verfälscht werden. Unbestätigte Meldungen, Gerüchte und Vermutungen sind als solche kenntlich zu machen.
○ Nachrichten, die sich nachträglich als falsch herausstellen, sind unverzüglich in angemessener Weise richtigzustellen.
○ Bei der Beschaffung von Nachrichten, Informationsmaterial und Bildern dürfen keine unerlaubten Methoden angewendet werden.
○ Vereinbarte Vertraulichkeit ist grundsätzlich zu wahren.
○ Jede in der Presse tätige Person hat das Berufsgeheimnis (»Redaktionsgeheimnis«) zu wahren, vom Zeugnisverweigerungsrecht Gebrauch zu machen und den Informanten ohne dessen Zustimmung nicht preiszugeben.
○ Die Presse achtet das Privatleben und die Intimsphäre des Menschen.
○ Auf eine unangemessene sensationelle Darstellung von Gewalt und Brutalität soll verzichtet werden. Der Schutz der Jugend ist in der Berichterstattung zu berücksichtigen.
○ Niemand darf wegen seines Geschlechts, seiner Zugehörigkeit zu einer rassischen, religiösen oder nationalen Gruppe diskriminiert werden.
○ Die Berichterstattung über schwebende Ermittlungs- und Gerichtsverfahren muß frei von Vorurteilen erfolgen.
○ Die Annahme und Gewährung von Vorteilen jeder Art, die geeignet sein könnten, die Entscheidungsfreiheit von Verlag und Redaktion zu beeinträchtigen, sind mit dem Ansehen, der Unabhängigkeit und der Aufgabe der Presse unvereinbar. Wer sich für die Verbreitung oder Unterdrückung von Nachrichten bestechen läßt, handelt unehrenhaft und berufswidrig.
○ Es entspricht fairer Berichterstattung, vom Deutschen Presserat ausgesprochene Rügen abzudrucken, insbesondere in den betroffenen Publikationsorganen.

Beschwerden, eine Zeitung oder Zeitschrift habe gegen den Pressekodex verstoßen, gingen im Laufe der Jahre beim Deutschen Presserat zuhauf ein – viele wurden, nachdem die Beschuldigten aus den Redaktionen gehört worden waren, als unbegründet zurückgewiesen – so die Beschwerde über vier Titelbilder der Hamburger Illustrierten »stern«, gegen die vorgebracht wurde, das Ansehen der Frau in der Gesellschaft verletzt zu haben. Henri Nannen, an die 30 Jahre Chefredakteur des größten Bilderblatts Europas, war es gleichgültig, ob der Presserat nach umstrittenen Veröffentlichungen seinen guten »stern« an allen Kiosken bestätigte oder rügte – er ging gar nicht mehr hin, wenn beim Presserat wieder eine Beschwerde eingegangen war.

Auch der Verfasser dieses Buchs wurde zweimal vor den Presserat geladen und zweimal gerügt:

○ Einmal als Chefredakteur des in Köln erscheinenden Wirtschaftsmagazins »Capital«, das im Mai 1974 in einer Vorausmeldung zu einem nie erschienenen Bericht behauptet hatte, der amerikanische Geheimdienst CIA halte Bonns obersten Verfassungsschützer Günther Nollau für ein »Sicherheitsrisiko« (security risk) – »Capital« hatte sich offiziell entschuldigt, Nollau die Entschuldigung sofort akzeptiert und den Fall für erledigt erklärt. Trotzdem rügte der Presserat den »Capital«-Chefredakteur Simoneit.

○ Zum anderen als Redaktionsdirektor des Stuttgarter Automagazins »auto motor und sport«, das nach sorgfältigen Recherchen die Meldung veröffentlicht hatte, der Initiator der Bleireduzierung im Benzin, Ministerialrat Arno Katin vom Bonner Innenministerium, werfe seinen Kritikern »Antisemitismus« vor – Katin war Jude. Obwohl alle Behauptungen von »auto motor und sport« stimmten, rügte der Presserat den »auto motor und sport«-Redaktionsdirektor Simoneit.

In Zeiten wie heute lebt in der Bundesrepublik Deutschland kein Journalist – den Vätern des Bonner Grundgesetzes sei's gedankt – annähernd so gefährlich wie bei Wilhelm Zwo oder beim Kollegen Joseph Goebbels. Aber dennoch ist die Presse manchmal dran:

○ Im Herbst 1962 wurde der »Spiegel« in einer konzertierten Aktion von Staatsanwaltschaft und Polizei überrollt – bei dem größten Presse-Spektakel der Nachkriegszeit wurden die »Spiegel«-Zentrale im Hamburger Pressehaus hermetisch abgesperrt, die Redaktions- und Verlagsräume durchsucht und verriegelt, Material beschlagnahmt und die Verlagsspitze mit Herausgeber Rudolf Augstein und Hans Detlev Becker sowie die verantwortlichen Redakteure – 24 bis mehr als 100 Tage – eingelocht. Anlaß: Kritik am

Nato-Manöver »Fallex 62«; Vorwurf: Verdacht auf Landesverrat. Verteidigungsminister Franz Josef Strauß ließ einen der Autoren der brisanten Titelgeschichte »Bedingt abwehrbereit«, den späteren Bundespressechef der Regierung Brandt, Conrad (»Conny«) Ahlers, bei Nacht aus seinem spanischen Urlaubsdomizil nach Deutschland bringen und in Untersuchungshaft stecken. Ahlers' Co-Autor Hans Schmelz, ehemaliger Fallschirmjäger-Offizier und später im Planungsstab des Verteidigungsministeriums, interviewte, während die Heimatredaktion überrollt wurde, mit dem Verfasser dieses Buchs in Budapest Ungarns stellvertretenden Ministerpräsidenten Gyula Kállai; der Verfasser dieses Buchs brachte den per Haftbefehl gesuchten Schmelz über die deutsch-österreichische Grenze und chauffierte ihn ins Gefängnis der Bonner Sicherungsgruppe in der Bad Godesberger Friedrich-Ebert-Straße 1: Schmelz hatte sich freiwillig gestellt. Der Vorwurf der Staatsanwälte, angefeuert von Kanzler Adenauers Behauptung: »Vor einem Abgrund von Landesverrat«, erwies sich als Windei. Das Verfahren wurde Jahre später eingestellt. Bonns damaliger Innenminister, der CSU-Mann Hermann Höcherl, zuckte über den Übereifer seiner Polizeiorgane nur die breite bayerische Schulter: Man könne eben nicht den ganzen Tag »mit dem Grundgesetz unterm Arm herumlaufen«.

○ Im Januar 1983 wurde in Hamburg die Redaktion der linken Zeitschrift »Konkret« von Staatsanwaltschaft und Polizei – nach »Spiegel«-Muster – überrollt; Redaktionsräume und Privatwohnungen von »Konkret«-Chefredakteur Manfred Bissinger und seinem Redakteur Jürgen Saupe wurden gefilzt. Anlaß: Bericht über Praktiken des bayerischen Verfassungsschutzchefs Hans Langemann; Vorwurf: Verdacht der Preisgabe von Staatsgeheimnissen. Das Bundeskanzleramt in Bonn bestätigte, die »erforderliche Ermächtigung zur Strafverfolgung« gegen »Konkret« erteilt zu haben; der Hamburger Senat sprach von einer »Strafaktion gegen eine kritische Zeitschrift«, die eingeschüchtert werden solle. Auch dieser Schuß der Bonner Mächtigen gegen die Presse erwies sich als Rohrkrepierer.

○ Im Sommer 1984 wurde vom Amtsgericht Hamburg eine sogenannte Beugehaft gegen den Rechtsanwalt Jochen Stiebeling angeordnet – der Justitiar des Heinrich Bauer Verlags (»Quick«, »Neue Revue«, »Playboy« und andere Zeitschriften) sollte vier Monate brummen und derweil ausgiebig Zeit haben zu überlegen, ob er nicht doch den Informanten für eine Veröffentlichung in einem Bauer-Blatt nennen wolle. Der tapfere Presse-Anwalt wollte nicht petzen, berief sich weiterhin auf das Zeugnisverweigerungsrecht der Presse und mußte weder zur Beugung ins Loch noch aus dem Land flüchten wie einst der Kollege Karl Marx als Chefredakteur der »Rheinischen Zeitung«: Das einsichtige Landgericht Hamburg, die zweite Instanz, hob das »Beugehaft«-Urteil des Amtsgerichts gegen den Pressevertreter auf.

In allen Zeiten, das kann man – zugegeben vergröbert – sagen, waren die Mächtigen, ob sie nun in der Ära von Pressezensur oder von Pressefreiheit herrschten, nur am Lob für sie interessiert: Der Journalist als Posaunist für die Herrschaften. In der wirklich guten, alten Zeit wurde das auch noch offen gesagt. Matthias Claudius (1740 bis 1815) hatte zum Beispiel einen lukrativen Job mit 800 Gulden im Jahr bei der »Hessen-Darmstädtischen privaten Landzeitung« in Aussicht: Er sollte »die Handlungen der . . . s. g. Landcommission in der neuen Zeitung lobpreisen«. Obwohl es dem Journalisten Claudius dreckig ging, lehnte er solche Schreib-Hurerei ab und mußte ziemlich darben, bis er den undankbaren Beruf verließ und Hauslehrer bei feinen Leuten im Rheinischen wurde. Später machte er mit seinem »Wandsbecker Boten« als Journalist noch einmal von sich reden. Geblieben ist nur sein Abendlied: »Der Mond ist aufgegangen, die gold'nen Sterne prangen am Himmel hoch und wunderbar . . .«

Lobpreisen verbirgt sich heutzutage hinter dem 1000-Dollar-Wort »Objektivität«. Deutschlands Kanzler laden Journalisten auf Staatskosten zu Weltreisen ein, deren Sinn dem deutschen Steuerzahler verborgen bleibt: Hauptsache, Zeitungen, Funk und Fernsehen berichten groß. Dafür gehen ärmere Landesväter auch schon mal auf eine peinliche Betteltour: »Lieber Eberhard«, schrieb Bernhard Vogel als Ministerpräsident von Rheinland-Pfalz den in jeder Hinsicht spendierfreudigen Flick-Gesellschafter Eberhard von Brauchitsch an und informierte ihn über seine Absicht, Südafrika zu besuchen. »Im Sinne einer vernünftigen und objektiven Berichterstattung über die Situation an dieser sensiblen Stelle der Welt erschiene es mir sehr nützlich, wenn mich folgende drei Journalisten begleiten könnten« – der Mainzer Objektivitäts-Politiker benannte Vertreter der »Welt«, der »Rhein-Zeitung« und des ZDF. Vogel bat – so der »Spiegel« – den finanzstarken Flick-Manager um Übernahme der Reisekosten für den Journalistentroß. Vogel bedankte sich im voraus, was umsonst war: Die ausgesuchten Journalisten lehnten ab.

Die Mächtigen aus der Industrie stehen dem Establishment aus der Politik nicht nach, wenn es gilt, journalistische Jubelchöre zu organisieren. Heinrich Nordhoff (»König Heinrich«) fing als Generaldirektor des Volkswagenwerks mit dem Journaille-Tourismus an. Sein PR-Agent Frank Novotny charterte schon Anfang der 60er Jahre oftmals eine Boeing 707 für Reisen in die Vereinigten Staaten, wo VW tatsächlich echte Erfolge vorzuweisen hatte. Die Farbwerke Hoechst und der Elektrogigant Siemens machten es nach. Hinterher wurden in den Presseabteilungen der Industriefirmen die Presseberichte dann liebevoll zusammengebunden und dem Herrn Generaldirektor als »Presse-Echo« präsentiert. (Auch der Verfasser dieses Buchs hat an solchen Reisen teilgenommen, aber nie darüber berichtet – erst nach der Zusage der Firma, keinen Bericht zu erwarten, folgte die Zusage, mitzureisen.) Rheinstahl-Generaldirektor Werner Söhngen nannte den Verfasser in einer Woche öffentlich einen »kundigen Mann«, nachdem er gelobt worden, und einen »Dilettanten«, nachdem er von ihm kritisiert worden war.

Überall, ob in der Bundesmetropole, in einer Landeshauptstadt oder in einer Gemeinderatsverwaltung, werden Journalisten zu »vertraulichen Hintergrundgesprächen« von den Mächtigen eingeladen. Dabei gibt es oft gute Informationen, alle »off the record« – »Nicht zur Veröffentlichung!«. Natürlich müssen Journalisten Zusagen zur vertraulichen Behandlung korrekt einhalten. Oft haben diese Einladungen aber einen hinterlistigen Sinn: Der Journalist soll zum Mitwisser und dadurch mundtot gemacht werden. Journalisten, die als kritisch gelten und darum bei Hofe nicht zugelassen sind, sollten sich deswegen nicht grämen: Nicht offiziell informiert worden zu sein, kann von Vorteil sein.

Die Journalisten sollten sich weder schämen noch genieren, die Mächtigen zu kontrollieren, zu kritisieren und notfalls ihre Kreise zu stören. Professor Martin Löffler in Stuttgart, Deutschlands anerkannter Presserechtler, sieht die Aufgabe der Journalisten und ihrer Zeitungen so: »Die schärfste Waffe der Presse im Kampf um die Sicherung der Freiheit ist ihre von der höchstrichterlichen Rechtsprechung anerkannte Funktion der öffentlichen Kontrolle und Kritik. Autoritäre Systeme stützen sich auf den Untertanengeist und den menschlichen Herdentrieb. Die Demokratie setzt ihre Hoffnung auf die schöpferische und kritische Mitarbeit ihrer Bürger, deren Sprachrohr die Presse ist. Ohne einen scharfäugigen Wächter, der Mißstände des öffentlichen Lebens aufspürt, liefe die Demokratie Gefahr, der Korruption oder der Verführung durch politische Scharlatane zu erliegen.«

Löffler weiter: »Wo immer im Staat etwas faul ist, soll die Presse Laut geben und so nach dem Willen der Verfassung das Amt eines öffentlichen Wächters ausüben. Zahlreich sind die Fälle, in denen die Presse – und nur sie allein – dieses Wächteramt in unserer Bundesrepublik mit Erfolg ausgeübt hat. Daß die Gefahr einer um sich greifenden Korruption gebannt wurde, ist mit ein Hauptverdienst der Presse«, schrieb Kommentator Löffler 1963 – die Parteispendenaffäre, der Fall Barzel und die Wohltaten des Flick-Konzerns für Politiker aus allen Parteien waren da noch nicht bekannt.

Die Presse als Wächter, der Laut schlägt, wenn der Nation Gefahr droht – »Hitler wäre verhindert worden, wenn es vor 1933 die ›Bild‹-Zeitung gegeben hätte«, soll »Bild«-Verleger Axel Springer behauptet haben.

Je mächtiger ein Mächtiger ist, ob nun Politiker, Konzern oder Verband, um so größer muß die Wachsamkeit und das Mißtrauen der Presse sein, will sie ihren Verfassungsauftrag erfüllen. Als zum Beispiel Ende der 50er Jahre vor allem im Ruhrgebiet die Konzentration in der deutschen Schwerindustrie, die nach dem totalen Zusammenbruch Hitler-Deutschlands von den alliierten Siegern in kleine Firmen zerschlagen worden war, einsetzte, empörte sich die Öffentlichkeit bis hin zum damaligen Bundeskanzler Adenauer. Der Gründer der Bundesrepublik warf den Bossen »Instinktlosigkeit« vor – am lautesten protestierten die Gewerkschaften gegen die Zusammenballung von Macht und Geld in den Händen weniger Manager. Aus allen Ländern der Republik karrte der Deutsche Gewerkschaftsbund DGB in gecharterten Bussen 25 000 Mitglieder in die Westfalenhalle in Dortmund – die Werktätigen waren über die machtversessenen Unternehmer und Manager bis aufs Blut gereizt. Redner gegen die industrielle Konzentration waren der

DGB-Chef Willi Richter und sein Wirtschaftsfachmann Ludwig Rosenberg, ein Volksredner mit Goebbelsscher Demagogie – bevor sie gegen die Konzentration der Kapitalisten protestierten, hatten die Funktionäre in einem abgelegenen Saal der Westfalenhalle selber die Konzentration gewerkschaftlicher Banken zum Geldkonzern Bank für Gemeinwirtschaft beschlossen – keines ihrer 25 000 Mitglieder bei der Westfalenhalle-Kundgebung ahnte etwas von diesem doppelten Spiel der Spitzenfunktionäre. Der »Spiegel« meldete es.

Ein alter Pressemann in der amerikanischen Provinz, Rosann Doran, kritisierte seine Nachwuchsleute immer wieder: »Junge Journalisten wollen nicht wahrhaben, daß es etwas gibt, was *nicht* faul ist.« Wolf Schneider, Journalisten-Erzieher in Hamburg, verlangt: »Viele Journalisten könnten mutiger, andere könnten redlicher und die meisten könnten mißtrauischer sein.« Noch einmal Schneider, auch Journalisten-Kritiker von Ruf: »Gutgläubigkeit ist eine journalistische Todsünde.« Journalisten sollen die Bürger wach und bewußt machen, ihnen mit ihren Informationen auch mal auf den Wecker fallen; Journalisten sind Überzeugungstäter.

Hans Magnus Enzensberger (»verteidigung der wölfe«, »Der kurze Sommer der Anarchie«) nennt die Presse – trotz Funk, Film, Fernsehen und Reklame – die »heute noch lehrreichste Branche der Bewußtseins-Industrie«. Für Enzensberger ist diese Bewußtseins-Industrie »ein Kind der letzten hundert Jahre«, seit es eben »die Presse« gibt. Und bei jedem Umsturz irgendwo in der Welt wüßten die neuen Machthaber auch, wen sie zur Erhaltung ihrer neuen Macht umgehend beseitigen müßten: die etablierte Presse samt ihrer Redakteure. Bei jedem Putsch reißen die Putschisten die Armee an sich und schalten die Presse aus (später, als drittes, verstaatlichen sie dann die Banken, weil jede Revolution, besonders eine soziale, Geld braucht). Enzensberger: »Während die Manager und Experten der Schwer- und Konsumgüterindustrien sowie der öffentlichen Dienste ihre Positionen im allgemeinen behaupten können, werden die Funktionäre der Bewußtseins-Industrie unverzüglich ausgewechselt.« Enzensbergers Fazit: »In diesen extremen Lagen wird die Schlüsselstellung (der Presse) sichtbar.«

Um »Bewußtsein und Zustände zu verändern«, so erkannte Horst Stern als kämpferischer Herausgeber des Münchner Umweltmagazins »Natur«, brauche der seriöse Journalismus »Mut und faktensichere Substanz, nicht Wut und formale Sensation«. Der Journalist muß den Mut haben, große Politikerworte als bloße Sprüche (Hans Magnus Enzensberger: »Staubwolke von Redensarten«, Johannes Gross: »Wortmüll«) zu entlarven, Hersteller-Murks auch »Murks« zu nennen und Behörden »Willkür gegenüber dem Bürger« vorzuwerfen, wenn er Mißstände sauber recherchiert hat.

Mehr als die großen Aufmacher auf den Frontseiten der Tageszeitungen – zum Beispiel in der »Stuttgarter Zeitung« vom 17. November 1984: »Späth: Eigenverantwortung der Länder stärken, Für Föderalismus und größere Freiheit vom Staat, Antrittsrede des neuen Bundesratspräsidenten (Späth)« und: »Die Lage in Nicaragua entspannt sich offenbar, Weitere sowjetische Schiffe passieren den Panama-Kanal« – interessieren den Leser irgendwo in einem kleinen Dorf auf den schwäbischen Fildern, den Käufer der Zeitung also, doch wohl ganz andere Dinge, die ihm ans Portemonnaie gehen – zum Beispiel: »Heizkostenabrechnungen machen mißtrauisch, Zwei Fachleute geben Tips«; diese Beratung war erst auf der Seite 25 zu finden. Wen auf den Fildern interessiert es drei Zeitungsspalten groß, daß die Völker in Nicaragua immer noch aufeinanderschlagen?

(Ein Gedanke: Es sollte einmal untersucht werden, wieviel Leser wieviel in ihrer Zeitung lesen. Man wird finden, daß man ganze Zeitungsspalten am Leser vorbeigeschrieben hat. Möglichkeiten, *Leserverhalten* zu erforschen, gibt es zwar zur Genüge. Aber der kritische Leser – sozusagen der »preisbewußte Leser«, der für seinen Abonnementspreis nicht etwas geliefert haben will, was er gar nicht bestellt hat – hat nicht den Eindruck, daß die »Blattmacher«, Chefredaktion und Redakteure seiner Zeitung, die erforschten *Leserwünsche* auch bei ihrer Blattmache beherzigen.)

Lebenshilfe zu bieten, das wäre nicht die schlechteste Auffassung vom Auftrag der Presse. König Salomon hat mit seinen Sprüchen (»Sprüche Salomo 31,8«) der Presse ins Stammbuch geschrieben: »Tu deinen Mund auf für die Stummen und für die Sach' aller, die verlassen sind.« Verlassen sind ganz viele, nur nimmt sich ihrer kein Journalist an:

○ Behörde verlangt von 84jähriger Witwe Lohnsteuerkarte.
Eine Bürgerin unserer Gemeinde, die 84jährige Frau Paula F. aus

dem Nanetteweg 6, erhielt vor Monaten einen Formbrief des Landesamts für Besoldung und Versorgung, der sie sehr aufregte und von dem die Redaktion erst gestern erfahren hat. Frau F. wurde aufgefordert, umgehend »ihre Lohnsteuerkarte« einzureichen, da es sonst Schwierigkeiten mit der Überweisung ihrer Pension geben werde.

Die Mitbürgerin, Witwe eines vor mehr als zehn Jahren verstorbenen Polizei-Obermeisters (Witwen-Pension: 1367 Mark im Monat), bat eine Nachbarin um Hilfe, die beim Landesamt anfragte, wieso die 84jährige, niemals berufstätig und auch heute ohne Erwerbseinkommen, eine Lohnsteuerkarte benötige. Am Telefon gab die Landesamts-Beamtin die bündige Auskunft: »Jeder braucht eine Lohnsteuerkarte. Wir haben Frau F. auch eine zugestellt, die sie wohl verbummelt hat.« Die Nachbarin bat um eine neue Steuerkarte. Antwort: »Eine Ersatz-Lohnsteuerkarte müssen Sie beim Einwohnermeldeamt anfordern.«

Die Nachbarin rief nun das Einwohnermeldeamt an, bekam die zuständige Beamtin, ein Frl. K., und bat dringend um eine Ersatzkarte, da es sonst »Schwierigkeiten mit der Überweisung der Pension« geben werde. Frau F. wartete Wochen, das Landesamt für Besoldung und Versorgung wurde unwirsch – die Karte kam nicht. Wieder rief die Nachbarin beim Einwohnermeldeamt an, wieder war die Sachbearbeiterin Frl. K. am Apparat. Die Beamtin gab die Auskunft: »Sie kriegen die Ersatzkarte erst, wenn Sie Briefmarken im Wert von drei Mark eingeschickt haben.« Die Frage, warum die Beamtin das nicht schon beim ersten Telefongespräch gesagt habe, blieb ohne Antwort. Die hilfsbereite Nachbarin schickte sofort Briefmarken im Wert von drei Mark ans Einwohnermeldeamt, die Ersatz-Lohnsteuerkarte kam und wurde umgehend ans Landesamt für Besoldung und Versorgung geschickt. Inzwischen hatte es die angekündigten »Schwierigkeiten mit der Überweisung der Pension« für unsere 84jährige Mitbürgerin gegeben.

Die Redaktion sprach gestern mit dem Leiter des Einwohnermeldeamts und erzählte ihm die ärgerliche Geschichte. Der Amtschef entschuldigte sich für seine junge, unerfahrene Beamtin und schickte Frau F. einen großen Blumenstrauß: »Es wird nicht mehr vorkommen. Mit freundlichen Grüßen ...« Die Bürger in der Stadt nickten anerkennend – »bürgernahe Verwaltung«.

○ Warum fehlt seit Monaten das Straßenschild?
Bürger der Oberen Ringstraße in unserem Neubaugebiet klagen seit Monaten, daß an der Stichstraße, in der sie wohnen, ein Schild mit dem Hinweis »Zu den Häusern 49 und 51« fehle. Lieferanten finden die Häuser nicht, Möbelspeditionen von weither seien unverrichteter Dinge wiederabgefahren. Anrufe der Bürger beim Bauamt hatten keinen Erfolg.

Auch der Besuch eines Bürgers beim zuständigen Beamten brachte nichts. Der Hinweis, Lieferanten müßten noch einmal kommen und ließen sich die zweite Fahrt bezahlen, beeindruckte den Beamten nicht: »Das ist kein Grund zur Veranlassung«, beschied er den Bürger. Erst müßten die neuen Häuser von der Baupolizei abgenommen werden, dann würde das Hinweisschild aufgestellt. Die Bitte des Bürgers, das Amt möge ein provisorisches Schild montieren, lehnte der Beamte barsch ab: »Das steht nicht im Gesetz.«

Die Redaktion hat gestern mit dem Leiter des Bauamts telefoniert und ihm die Sachlage vorgetragen. Baurat Ernst L. bestätigte zwar, daß der Beamte korrekt gehandelt habe, versprach dennoch, schon in den nächsten Tagen ein vorläufiges Schild mit dem Hinweis »Zu den Häusern 49 und 51« aufstellen zu lassen.

Einige Blätter in der Bundesrepublik setzen sich für ihre Leser auf diese Weise ein, »Bild kämpft für Sie«, der »stern« haut Händlern und Handwerkern auf die gierigen Pfoten, die »allzu stark hingelangt« haben. Aber die anderen Zeitungen im Land? Was tun die Redaktionen in den kleinen Städten und Gemeinden? Zugegeben: Solcher Einsatz für den Bürger bringt in einer Gemeinde, in der jeder jeden kennt, oft nur Ärger – was schon im Sommer 1840 die »Augsburger Allgemeine« schmerzlich erfahren mußte. Der »Lese- und Singverein« von Lenzkirch im Hochschwarzwald nannte die »Augsburger Allgemeine« ein »Schadblatt«, das »Lügen und verleumderische Berichte gebracht« habe und kündigte das Abonnement. Die angenehmeren Gazetten wie die »Vaterländischen Hefte« wurden dagegen unter den Lenzkircher Sängern versteigert...

Wer seinen »Mund aufmacht für die Stummen und für die Sach' aller, die verlassen sind«, muß sich den Vorwurf gefallen lassen, Partei ergriffen zu haben – mithin nicht objektiv zu sein. Den

Vorwurf mangelnder Objektivität erhebt stets der von der Presse Angegriffene und Entlarvte, dabei müßte die allgemeine Lebenserfahrung schon klarmachen, daß von Journalisten nicht »Objektivität« erwartet werden kann – »Objektivität« ist so etwas Chemisches, so ein 100 Prozent reiner Stoff. Verlangt werden kann und muß möglichst geringe Subjektivität – auch der Reporter ist ein Mensch.

Zwei Beispiele aus dem Reporterleben des Verfassers dieses Buchs:

○ Der Fall Horten

Der Düsseldorfer Warenhaus-Nabob Helmut Horten führte ein ziemlich aufwendiges Leben: Villen am Rhein, in Österreich und an der Côte d'Azur, ein Jet, eine Flotte von Rolls-Royce-Kaleschen – alle mit standesgemäßem Kennzeichen: D–HH1, D–HH2. Im »Spiegel« stand laufend über ihn zu lesen.

Vorwurf Hortens an den »Spiegel«-Reporter Simoneit: »Das durften Sie nicht schreiben. Das ist nicht objektiv. Was sollen meine 22000 Verkäuferinnen sagen, wenn sie das lesen?«

Antwort des Reporters: »Ich habe nur berichtet, was Sie gemacht haben.«

○ Der Fall Berg

Im heißen Herbst 1969 rotteten sich die Stahlkocher im Ruhrgebiet zusammen und verlangten höhere Löhne. Einige zogen auch vor die Villa von Dr. Dr. Friedrich Harders, Generaldirektor des Hoesch-Konzerns in Dortmund. Sie hätten das Haus des Managers stürmen wollen, aber die resolute Frau Generaldirektor sei dem Arbeiter-Mob mit dem Jagdgewehr ihres Mannes entgegengetreten, berichtete Dr. Wilhelm Throm am nächsten Tag auf der Seite 1 seiner »Frankfurter Allgemeinen«. Die Presse nahm die Throm-Version auf.

Am Mittag des Tages, als der Throm-Bericht erschienen war, traf sich der »Spiegel«-Reporter Simoneit im Düsseldorfer Nobelrestaurant »Industrieclub« mit Dr. Juergen Krackow, Generaldirektor der Werft AG Weser in Bremen, zum Essen. Krackow erzählte, er komme geradewegs von einem Empfang des Industrieverbandspräsidenten Fritz Berg, auf dem der Bericht über die verhinderte Erstürmung der Harders-Villa durch die mutige Harders-Gattin im Mittelpunkt des small talks gestanden habe. Präsident Berg habe

auch einen Kommentar dazu gegeben: »Die hätte doch ruhig schießen sollen, einen totschießen sollen. Dann wäre endlich Ruhe gewesen.« Deutschlands Presse hing sich an diese »Spiegel«-Information.
Industrie-Vorwurf an den »Spiegel«-Reporter Simoneit: »Sie sind nicht objektiv. Mit einem einzigen Satz, auf einer Party gesprochen, haben Sie die Sache (Lohnforderungen der Stahlarbeiter) unnötig angeheizt.«
Antwort des Reporters: »Mir genügt, daß mein Zitat stimmt.«
Vorwurf Krackows an den »Spiegel«-Reporter Simoneit: »Das war eine Information bei einem Mittagessen. Sie waren indiskret.«
Reporter: »Auch beim Essen ist ein Journalist im Dienst.«
Horten und Berg – diese Informationen waren so wichtig, daß die vorgeworfene Indiskretion gleichsam journalistische Ehrensache war. Die freie Presse lebt nicht vom Wissen und Verschweigen, sondern vom Veröffentlichen. Heinrich von Kleist sagte es besser: »Die Journalistik ... ist eine gänzliche Privatsache, und alle Zwekke der Regierung (und der Mächtigen – Der Verfasser), sie mögen heißen, wie man wolle, sind ihr fremd.«

Wächter im Land zu sein, das bedeutet dann:

○ Blutprobe! Höcherl Führerschein weg
»Bild« am 7. November: »Der Passat fuhr in Schlangenlinien durch Regensburg, sagt die Polizei. Am Steuer: der frühere Innenminister Hermann Höcherl (72, CSU), der auch Vorsitzender der Verkehrssicherheitskommission (des Bundestags) ist ... Er mußte zur Blutprobe. Der Staatsanwalt: »Ich muß den Führerschein behalten.« Höcherl: »Ich habe zwei bis drei Gläser Wein getrunken, fühle mich voll fahrtüchtig.«

○ Grüner Reents: Dienstfahrt zum Schnapsholen
»Bild« am 29. Oktober 1984: »Grüner Abgeordneter Reents (35) bestellte nachts einen Dienstwagen der Bundestags-Fahrbereitschaft, ließ sich zu einer Tankstelle in Bad Godesberg fahren, um eine Flasche Schnaps zu kaufen. Dann ließ er sich zurückbringen.«

○ Tempogegner Börner fährt 190
»Frankfurter Allgemeine« vom 15. Oktober 1984: »Man muß schon Tempo 190 fahren, wollte man am Samstag auf der Autobahn Frankfurt–Kassel mit Ministerpräsident Börner mithalten ... Wie billig sind doch die rot-grünen Jeremiaden über den sterbenden

Wald und all die Appelle im Hessischen Landtag, der Bürger solle freiwillig höchstens noch Tempo 100 fahren. ptn.«

O Bezahlt der Staat Schmidts Mitarbeiter?

»Stuttgarter Nachrichten« vom 16. November 1984: »SPD will Kosten auf Steuerzahler abschieben, 35 000 Mark Reisekostenzuschuß für Exkanzler. In einer Überraschungsaktion versucht die SPD-Bundestagsfraktion, Kosten auf den Steuerzahler abzuwälzen, die ihr bislang durch den früheren Kanzler entstanden sind. Bleibt es dabei, dann bezahlen die Steuerzahler künftig dem früheren Kanzler nicht weniger als acht Mitarbeiter, darunter drei in der für Ministerialräte vorgesehenen Besoldungsgruppe (über 7000 Mark Monatsgehalt).

Keinen Politiker haben demokratische Skrupel von seinem zweifelhaften Tun abgehalten: den Autofeind Reents nicht, mit dem Auto nächtens Schnaps zu kaufen, den Verkehrssicherheits-Politiker Höcherl nicht, mit Alkohol am Steuer herumzufahren, den Tempofeind Börner nicht, mit Tempo 190 durchs Land zu jagen, den Sparappellisten Schmidt nicht, sich acht Mitarbeiter zuschanzen zu lassen. Auch die politischen Notabeln sind nur menschlich, allzu menschlich. André Gide, Nobelpreisträger für Literatur von 1947: »Der wahre Heuchler ist jener, der die Täuschung nicht mehr erkennt, sondern in voller Aufrichtigkeit lügt.« Oder Hannah Arendt: »Noch nie hat jemand die Wahrhaftigkeit zu den politischen Tugenden gerechnet.«

Selbst die ganz Großen der Schreiberei waren, sieht man sie privat, nur Menschen – mit einer Portion Heuchelei. Charles Dikkens (1812 bis 1870), der große Moralist, »der glühende Kämpfer für vernachlässigte Kinder und ein gottesfürchtiges Familienleben« (»Frankfurter Allgemeine«) war privat so streng moralisch nicht: Er zeugte mit seiner Schwägerin einen Sohn, dessen Sohn, ein 80jähriger pensionierter Postbeamter in Südafrika, von seinem Dichter-Großvater sagt: »Er hatte die Moral einer streunenden Katze.«

Die Presse als Wächter, der Laut schlägt wie die Gänse auf dem Kapitol – ihr Auftrag ist ein Dauerauftrag der Demokratie. Aber noch keineswegs wachsam genug sind die Journalisten im Land. Sonst würden sie stärker kritisieren, welchen Aufwand auf Kosten der Steuerzahler und der Arbeitslosen unsere Politiker treiben:

Müssen diese bombastischen Staatsempfänge mit Ehrenkompanie und Militärmusik sein, diese operettenhaften Überreichungen von Orden und Ehrenzeichen? Die lächerliche Vorstellung, auf diese Weise müsse das Land repräsentiert werden, müßte in den Zeitungen auch »lächerlich« genannt werden. Unsere demokratischen Volksvertreter spielen Kaiser und König. Und gegenseitig versichern sie sich, sich »um das Wohl des Vaterlands verdient« gemacht zu haben.

Baden-Württembergs Ministerpräsident Lothar Späth läßt gern von der willigen Hofjournaille seine schwäbische Sparsamkeit verbreiten (»Wohnt immer noch in seinem Reihenheim in Bietigheim«). Aber er läßt sich als Bundesratspräsident einen zweistrahligen Bundeswehr-Jet vom Typ HFB 320 zuweisen, mit dem er in 40 Minuten von Stuttgart in Bonn ist. »Bild-Stuttgart«: »Früher flog mit der Maschine auch Vizekanzler Hans-Dietrich Genscher. Er hat jetzt eine größere . . .«

Ein Politiker, der zu seinem Dienst-Jet mit seinem grünen Panzer-Daimler, geschmückt mit einem Stander für das Ministerpräsidenten-Amt und mit einem für das Bundesratspräsidenten-Amt, rollt, ist im Deutschland von heute zumindest eine ziemlich exotische Erscheinung – als spiele der fröhliche Johannes (»Joopie«) Heesters einen Serenissimus.

Wird sich dieser Typ »Deutscher Politiker« vor der wachen und kritischen Presse bald ebenso schützen lassen wollen, wie diese Politiker einstens die deutschblütige Schah-Frau Soraya schützen wollten? Das Schutzgesetz »Lex Soraya« war in Bonn so gut wie fertig.

Meint Professor Hans-Christian Röglin vom »Institut für angewandte Sozialpsychologie« in Düsseldorf: Nicht die vielbeschimpften Medien – Presse, Funk und Fernsehen – hätten zur Image-Misere der Mächtigen geführt, weil sie nämlich immer erst einen Meinungsprozeß aufgreifen und verstärken, »nicht aber sozusagen lostreten« (Günther Nething in der »Stuttgarter Zeitung«).

Aufgreifen und verstärken – das ist kein schlechter Auftrag für die Presse.

ERSTES KAPITEL
(Zweiter Teil)

Schriftstellern für den nächsten Tag
oder
Wie Alfred Polgar seinen Journalismus rechtfertigte:

»Nein,
ich glaube nicht,
daß meine Arbeit wichtig ist;
dennoch muß ich sie tun.
Sie ist meine Reflexbewegung des Widerstands . . .«

Spätestens hier, an dieser Stelle, muß – nach den gemeißelten Worten des Bonner Grundgesetzes (»Jeder hat das Recht, seine Meinung in Wort, Bild und Schrift frei zu äußern«) und dem klugen Rat des Königs Salomon an die Journalisten (»Tu deinen Mund auf für die Stummen«) – versucht werden zu schildern, was Journalismus ist. Genauer: wie ein Journalist sich und seinen Journalismus sieht. Was soll er sein, Chronist, Kritiker, Lohnschreiber? Wie rechtfertigt er sich für das, was er tut – und anderen oft antut?

Für diesen notwendigen Versuch, meint der Verfasser dieses Buchs, eignet sich am besten Alfred Polgar, sozusagen der immer gültige Prototyp des Journalisten. Stellen wir ihn den Lesern, die Journalisten werden, und auch denen noch einmal vor, die Journalisten begreifen wollen. Der Journalist Siegfried Melchinger schrieb über die Arbeit des Journalisten Alfred Polgar dieses Fazit: »Sein Urteil war erbarmungslos.« Doch habe es ihm »kein Vergnügen« bereitet, »Erbarmungsloses von sich zu geben«.

Alfred Polgar, 1873 in Wien als Sohn eines jüdischen Komponisten und Musiklehrers geboren, steckte das Musikstudium auf, um Feuilleton-Redakteur zu werden. Obwohl er nur »ungern für Tageszeitungen« schrieb (Biograph Melchinger), verdingte er sich bei der schnellen Presse. Von Wien aus berichtete er für das »Prager Tagblatt« und für die »Vossische Zeitung« in Berlin. 1924 siedelte Polgar in die vor Lebensfreude brüllende Hauptstadt des Reichs und wurde ein großer Journalist – eben Alfred Polgar. 1933, die Nazis waren an die Macht gekommen, Kollege Goebbels hatte die Presse gleichgeschaltet und die Chefredakteure zu »Hauptschriftleitern« degradiert, ging er nach Wien zurück. 1938, auch in Wien waren die Nazis an die Macht gekommen, und auch hier hatte Kollege Goebbels die Presse auf seinen braunen Kurs gebracht, emigrierte Polgar nach Paris. 1940, deutsche Truppen waren auf hohem Roß mit klingendem Spiel durch den Arc de Triomphe marschiert, flüchtete Polgar ins Franco-Spanien und weiter in die USA.

In Hollywood fand der journalistische Emigrant Unterkommen in den Filmstudios von Metro-Goldwyn-Mayer, aber nichts klappte: »Ich bekam nicht die kleinste Gelegenheit ... Man nahm von meinem Vorhandensein kaum Kenntnis ... Ich besinne mich meiner Profession als sozusagen Schriftsteller.« In Hollywood fand sich kein Filmstoff, der auf den Autor aus Deutschland wartete, auch nicht in New York, wohin er dann ging. 1947 kam Polgar über Zürich zurück, lebte abwechselnd in Deutschland, Österreich und in der Schweiz. 1951 erschien sein Name noch einmal gedruckt: als Preisträger der Stadt Wien für Publizistik. Seine Zeit als Journalist war abgelaufen. 1955 starb Alfred Polgar in Zürich.

Zum Journalismus war der Journalist Polgar gekommen wie viele und viele Große vor ihm: ziemlich zufällig. Keiner kam über eines der heute grassierenden Journalistik- oder Publizistik-Studien ins journalistische Gewerbe, keiner hatte mit der Urkunde eines »Diplom-Publizisten« die Redaktionsstube betreten. Polgar besaß das einzige Gut, das der Journalismus braucht: journalistisches Talent.

Polgars Herkunft aus eigener Feder: »Ich studierte, nach Absolvierung des Gymnasiums, mancherlei: Ich wollte Musiker werden wie mein Vater; da ich aber nur seine Liebe zur Musik geerbt hatte, nicht aber sein Talent, wurde nichts draus und ich Journalist... Ich habe vielerlei studiert und nichts gelernt. War Journalist, Parlamentsberichterstatter, Theaterkritiker... Besondere Kennzeichen meines Lebens: keine.«

Was immer der Journalist Alfred Polgar schrieb, für das »Prager Tagblatt«, für die »Vossische Zeitung« (»Die alte Tante Voss«) oder mit Kurt Tucholsky für »Die Weltbühne«, ob er Theaterkritiken, Glossen, Skizzen oder Essays zu Papier brachte: »Alles war für den Tag geschrieben. Journalismus eben«, hält Biograph Melchinger fest.

Das entsprach – wiederum Melchinger, in Stuttgart als Professor Inhaber des Lehrstuhls für Theorie des Theaters – bester Tradition: »Auch Theaterstücke, die wir zu den größten zählen, obwohl sie vor mehr als zweitausend Jahren entstanden sind, waren für den Tag geschrieben: In Athen durften die Tragödien nur ein einziges Mal gespielt werden (erst für Aischylos wurde nach dessen Tod eine Ausnahme zugelassen). Wir verstehen sie besser, wenn wir an die Zeitgenossen denken, an die ihre Dichter gedacht haben, als sie sie schrieben und zur Aufführung brachten. Ihre Zeit ist nicht die Ewigkeit, sondern die Gegenwart. Nur wenn wir imstande sind, sie noch heute zu vergegenwärtigen, erreichen sie unsere Betroffenheit.«

Die Hälfte der journalistischen Arbeiten Alfred Polgars waren

Kritiken – Kritik an der Politik, der Umwelt, am Theater. Kritik am Theater sei, hat einmal ein großer Schauspieler gesagt, zwar mit Tinte, aber »in Wasser geschrieben«. Polgar sah die Welt als Theatrum mundi, als Welt-Theater. Die Hälfte seiner Arbeiten also Kritiken, das ist keine schlechte journalistische Strecke.

1943, im amerikanischen Asyl, ging es dem naturalisierten Amerikaner Polgar sauschlecht, gestand er im Vorwort zu einem Auswahlband mit dem Titel »Geschichten ohne Moral«. Sätze, die der Polgar-Kenner Melchinger für Polgars »Rechtfertigung« hält: »Nein, ich glaube nicht, daß meine Arbeit notwendig ist; dennoch muß ich sie tun. Sie ist meine Reflexbewegung des Widerstandes gegen das Bedrängende, Lächerliche, unentwirrbar Dunkle innerer und äußerer Welt, sie ist natürlicher Ausdruck meiner Freude am Geschenk des Daseins und meines Zweifels an dem Wert dieses Geschenks, sie ist ein so wesentlicher Teil von mir, daß ich mich selbst verneinen müßte, wollte ich sie vermissen. Dazu fehlt mir zwar nicht die Lust, aber die Kraft.«

»Es ist schwer zu sagen«, meinte einmal Fritz J. Raddatz, »warum ein Schriftsteller schreibt. Sich mitteilen? Selbstverständigung? Erziehung?« Thomas Mann gab schon die Antwort: »Sein Herz waschen.« Das gilt – vielleicht – auch für den Journalisten.

Die ironische Distanz des Zeitungsautors Polgar zu seinem oft liederlichen Gewerbe zeigt dieser entlarvende Satz: »Erst die Sprache und dann der Gedanke.« Der Journalist Polgar selber bemühte sich konsequent, aus 100 Zeilen zehn zu machen. Und dieses Bemühen sei »mit mancher Qual verbunden«. Was dabei herauskam, las sich so – und liest sich auch heute noch gut:

○ Schwejk »ist durchaus bezaubernd als Soldat und brav, fügsam dem Gott, der die Flinten wachsen ließ und das Korn, in das man sie wirft«,
○ »Weißes Weizenbrot, das schmeckt wie gebackener Friede«,
○ Joachim Ringelnatz »hat den Stein der Narren entdeckt, welcher dem der Weisen zum Verwechseln ähnlich sieht«,
○ »Wenn eine Frau schweigt, hört man es«,
○ »Man konnte sogar die Schritte hören, mit denen er in sich ging«,
○ »Ach, was wäre die Anna für eine Anna, wenn sie wie die Gnädige eine Anna hätte«,
○ »Alles ist glatt und schön, nobel und herrlich. Und auch die

bösesten Wunden, die der Kampf geschlagen, sekretieren noch Sirup. Durchaus edle Menschen handeln durchaus edel. Ein edler General, mild und stark, geht über den Tod seines Sohnes in anekdotischer Gelassenheit an die Arbeit. Wo er hintritt, wächst Gras«, schrieb Polgar mit bitterer Ironie über eines der »patriotischen Schauspiele«, die damals im Übermaß auf die Bühnen kamen.

Und dann der Satz aller Sätze des Journalisten Alfred Polgar – seine Definition der »Zeit«: »daß Heute morgen Gestern ist«.

Daß er den Nazis nicht paßte und die Nazis nicht ihm, wäre schon 1918 erkennbar gewesen, als Polgar die Inschrift am Arc de Triomphe in Paris »mort pour la patrie« in »mort par la patrie« korrigierte: »Tod durchs Vaterland« anstatt »Tod fürs Vaterland«. Polgar schrieb: »Sie starben, auf daß kommende Geschlechter schön und gut leben. Aber das ist eine verfluchte Lüge. Sie starben überhaupt nicht ›auf daß‹. Sie starben, weil man sie nicht leben ließ.«

1933–1945: Nach den tausend Jahren Hitlerei wußten dann alle, daß es gar nicht süß war, fürs Vaterland zu sterben.

Polgar-Biograph Melchinger urteilt über den Journalisten Polgar: »Am Stigma der Vergänglichkeit erkannte er die Grenzen des Menschlichen. Der Journalismus war seine Philosophie. Wie sinnlos erschien ihm das meiste, was die Menschen trieben. Oft graute es ihn, wenn er dahinter blickte. Aber er hatte doch auch die Gabe, darüber zu lächeln.«

Für Polgar war der Journalismus kein »Organ der Gottheit«, keine moralische Anstalt sondern, eben Theatrum mundi – Welt-Theater –, in dem er als Kritiker einen guten Platz erwischt hatte, von dem aus er besonders gut und viel sah. Und er fühlte »die Pflicht zum Schreiben«.

ZWEITES KAPITEL

Die Journaille
oder
Was Hans Heigert von seinen Kollegen hält:

»... viele eitle Gesellen,
windige Burschen
und selbstgerechte Paschas«

Der Journalist, der die Welt veränderte, war – aus der Sicht einer perfekt und diszipliniert arbeitenden Redaktion – ein vollendeter Chaotiker: Karl Marx, wäre er heute Schreiber und Redakteur bei der »Rheinischen Zeitung« in Köln, hätte längst zum Personalchef seines Verlags kommen müssen und wäre von ihm »abgemahnt« worden, seine bezahlte journalistische Beschäftigung nun endlich ordentlich und pünktlich zu verrichten – die »Abmahnung«, juristisch gesehen sozusagen die letzte Warnung an den Arbeitnehmer Dr. phil. Karl Marx, wäre dann in Marx' Personalakte gesteckt worden; Zeichen dafür, daß Marx in aller Form verwarnt worden war. Hätte danach der angestellte Redakteur Marx immer noch nicht gespurt und wäre sein Chef immer noch sauer auf ihn gewesen, hätte der Verlagsjurist die »Abmahnung« aus der Personalakte geholt und dem Redakteur Karl Marx unter Hinweis auf diese »Abmahnung« gekündigt. Plausible Gründe finden sich allemal, zum Beispiel »Störung des Redaktionsablaufs« – Redakteur und Verlag hätten sich vor dem Arbeitsgericht wiedergetroffen.

Den Gang zum Betriebsrat des Verlags, sonst letzte Schutz-Hütte für Bedrängte im Betrieb, könnte sich der gefeuerte Redakteur Dr. Karl Marx sparen: Das Betriebsverfassungsgesetz, seit Herbst 1952 eine der beachtlichen Errungenschaften der westdeutschen Demokratie, ist nicht für angestellte Journalisten gemacht – es gilt im Pressewesen nur für Verlagskaufleute, Setzer und Drucker. Die deutschen Redakteure stehen, betriebsverfassungsrechtlich betrachtet, unter Ausnahmerecht: Presseunternehmen gelten als sogenannte Tendenzbetriebe. Die »Tendenz« einer Zeitung oder Zeitschrift hat ihr Herausgeber vorgegeben – Axel Cäsar Springer zum Beispiel für sein Tagblatt »Die Welt«: Die Redakteure der »Welt« müssen für die Wiedervereinigung Deutschlands, für die Aussöhnung mit Israel und für die freie Marktwirtschaft eintreten und gegen Extremismus von links und rechts sein. Wer gegen diese Herausgeber-»Tendenz« verstößt, weil er – beispielsweise – der privat publizierten Meinung ist, ein geteiltes Deutschland garantiere den Frieden in Europa am besten, muß gehen – da hilft kein Arbeitnehmer-Schutz mehr. Auch bei dem Vorwurf der »Störung des Redaktionsablaufs« sieht ein Redakteur alt aus, er hat bei einem Streit mit dem Verlag immer die schlechteren Karten. Seine Gewerkschaft, der Deutsche Journalisten-Verband (DJV) oder die

Deutsche Journalisten-Union (dju) in der Industriegewerkschaft Druck und Papier, kann nur durch Rechtshilfe helfen.

Dem gekündigten Redakteur Marx von der »Rheinischen Zeitung« würde der Arbeitsrichter, fast immer an der Seite des »sozial Schwächeren«, ein pragmatisches Angebot machen: mit der Aufhebung des Arbeitsverhältnisses »im gegenseitigen Einvernehmen« einverstanden zu sein. Die streitenden Parteien, Marx und der Verlag, würden auch den richterlichen Vergleich akzeptieren: Redakteur Marx bekommt vom Verlag eine Abfindung (Formel: Für jedes Dienstjahr im Verlag ein Monatsgehalt, vom Gesamtbetrag der Abfindung sind 24 000 Mark steuerfrei), ein Zeugnis oder auch nur eine Arbeitsbescheinigung – und danach hätte der Journalist Marx auf der Straße gestanden.

Was war passiert? Karl Marx (1818 bis 1883), seit Herbst 1842 Journalist, »braucht den ganzen Tag für einen Leitartikel, den unsereiner in zwei Stunden schreibt, als hätte er ein tiefes psychologisches Problem zu lösen«, stöhnte Marx-Freund Stefan Born, der auch Marx' Artikel setzen mußte. »Er feilt und ändert und verbessert das Verbesserte und wird nie fertig.«

Der Redakteur Marx »hatte überhaupt keinen Sinn dafür, daß die Setzer warten und die Zeitung zu einer bestimmten Stunde erscheinen muß« (Marx-Biograph Heinz Pächter, ehemals »Handelsblatt«-Korrespondent in New York und Professor an der City University). »Die Wahrheit, die er zu verkünden hatte, sollte ja länger anhalten als den Tag, an dem sie gedruckt wurde. Daß ein Journalist sich hinsetzen und etwas beschreiben muß, weil es heute passiert ist, oder daß er morgen seine Meinung ändern muß, weil die Zeitung am Nachmittag erscheinen soll – das Gefühl ging Marx vollkommen ab.« Marx-Setzer Born verächtlich über Freund Marx, der es immerhin zum Chefredakteur gebracht hatte: »Marx ist kein Journalist und wird nie einer werden.« Marx' Spezi Arnold Ruge, mit dem Marx ein Heft der »Deutsch-Französischen Jahrbücher« herausgeben wollte, war bald mit seinen Nerven am Ende: Marx sei »ganz zum Schriftsteller und Gelehrten geeignet, aber zum Journalisten vollständig verdorben«.

Der liederliche Journalist der Kölner »Rheinischen Zeitung« machte erst als politischer Schriftsteller seinen Weg zum einsamen Weltruhm. Sein gellender Trompetenstoß »Proletarier aller Länder, vereinigt euch!«, auf dem Flugblatt »Forderungen der Kommunistischen Partei in Deutschland« vom 25. März 1848, ertönte pünktlich zur Revolution in Deutschland; ein Jahr früher war »Das kommunistische Manifest«, herausgegeben vom Kollegen Friedrich Engels, auf der Straße gewesen. Der erste Satz des Manifestes ist – sozusagen – ein klassischer journalistischer Vorspann: »Ein Gespenst geht um in Europa – das Gespenst des Kommunismus.« An seinem Hauptwerk »Das Kapital« schuftete der Ex-Journalist Marx dann 20 Jahre, er »feilte und änderte und verbesserte das Verbesserte«, um noch einmal seinen Setzer Stefan Born aus alten Zeitungszeiten zu Wort kommen zu lassen. Der erste Band war 1867 da, die Bände 2 und 3 veröffentlichte der treue Engels in den Jahren 1885 und 1894. Vom Schreiber Marx, der das größte Werk der politischen Weltliteratur verfaßte und dessen Bedeutung nur von der »Bibel« übertroffen wird, berichtet sein Biograph Pächter: »Er konnte sich von keinem Manuskript trennen«; das war schon bei der »Rheinischen« so gewesen.

Die Völker hörten die Signale des Karl Marx – lange bevor Eugène Pottier die »Internationale« gedichtet (1871), Emil Luckhardt nachgedichtet und Adolf de Geyter, ein Arbeiter aus Lille, sie vertont hatte (1915): »Wacht auf, Verdammte dieser Erde, die stets man noch zum Hunger zwingt. Das Recht, wie Glut im Kraterherde, nun mit Macht zum Durchbruch dringt. Reinen Tisch macht mit den Bedrängern. Heer der Sklaven, wache auf. Ein Nichts zu sein, tragt es nicht länger. Alles zu werden, kommt zuhauf. Völker, hört die Signale . . .«

An Adam Smith und seinen »Wohlstand der Nationen« glaubte der stets mit größten Geldnöten kämpfende Marx nicht – der Marxist Marx (»Ich ließ meine Familie in den allerschwierigsten und trostlosesten Verhältnissen zurück . . . meine Frau wahrhaft von den Gläubigern harceliert und in ganz miserabler Geldverlegenheit«) rief zum »Klassenkampf« auf. Sein jahrelanger Kampf um die Pressefreiheit war vergeblich gewesen – am 5. Mai 1842 hatte Marx mit seinem ersten politischen Artikel die Spalten der »Rheinischen« so gefüllt und geschrieben: »Das Wesen der freien Presse ist das charaktervolle, vernünftige, sittliche Wesen der Freiheit. Der Charakter der zensierten Presse ist das charakterlose Unwesen der Unfreiheit, sie ist ein zivilisiertes Ungeheuer, eine parfümierte Mißgeburt.« Jetzt entdeckte er sein eigentliches Ziel: die Diktatur des Proletariats.

Für den Ex-Journalisten Marx war es eine historische Entdekkung, daß die traditionelle Teilung der menschlichen Gesellschaft in Herren und Sklaven, in Unterdrückte und Unterdrücker, in Arme und Reiche auf die Dauer keinen Bestand haben würde. Als Ergebnis der industriellen Revolution werde der Klassenunterschied zwischen Lohnarbeitern und Kapitalisten so groß werden, daß es zur Explosion, zur Revolution, kommen müsse. Eine politische Partei, »die Partei der Kommunion aller Unterdrückten«, werde sich der Arbeiter annehmen und die Macht ergreifen – der Kommunismus, die klassenlose Gesellschaft, sei die Herrschaftsform der Zukunft, eben die Diktatur des Proletariats.

Marx habe, so sein englischer Lebensbeschreiber Robert Payne, ein »vernichtendes Urteil über Welt und Menschheit... Er hatte kein Mitleid für die Welt oder die Menschen auf ihr, diese in ewiger Knechtschaft lebenden ›Affen eines kalten Gottes‹.« Alle »seine unleserlichen Manuskripte« schrieb seine in jeder Hinsicht leidgeprüfte Frau Jenny (»Die rote Jenny«), geborene Baroness von Westphalen, geduldig ins Reine und Leserliche – sie gab ihrem großen Mann, der es schon nach einem halben Jahr nach seinem ersten Leitartikel in der »Rheinischen Zeitung« zum Chefredakteur mit einem Jahresgehalt von 600 Thalern gebracht hatte, das spaßige Diminutiv »Schwarzwildchen«.

Zu ihrem obenan in der Geschichte dieser Welt angekommenen Kollegen Marx haben heute seine Nachfahren in den deutschen Redaktionsstuben ein gebrochenes Verhältnis – seine historische Größe macht ihn über sie arrogant erhaben, seine lässige Arbeitsweise könnten sie sich nicht erlauben – die 25000 Presseleute im Land Deutschland, bei Zeitungen und Zeitschriften beschäftigt oder bei Funk und Fernsehen, arbeiten genauso knochenhart wie die Fließbandwerker in Untertürkheim und die Stahlkocher in Rheinhausen. Über 80 Großhändler werden rund 2000 Zeitungen und Zeitschriften – Sammelbegriff »Titel« – an 90000 Einzelverkaufsstellen, Kioske und Supermärkte, gebracht und feilgeboten. 2000 Titel, das sind journalistische Maßarbeit und auch Massenproduktion, aber auch Unmengen Schund.

Brav und fleißig tippen die Redakteure in ihren meist lieblosen

Büros zwischen Flensburg und Füssen ihre Manuskripte in die Schreibmaschine oder auf die grünen Bildschirme. Nichts erinnert mehr an die gute, alte Zeit, als ein Johann Gensfleisch zur Laden das Drucken mit gegossenen beweglichen Lettern erfand und sich nach seinem Haus »Zum Gutenberg« in Mainz »Gutenberg« nannte. Es erinnert auch nichts mehr an die Tage von Marx oder Mostar – es sei denn, daß immer noch der Kaffeefleck auf dem Manuskript zum guten Manuskript gehört; erst Rotweinflecke sind verdächtig. Der Redakteur von heute hat – laut Tarifvertrag zwischen den Verleger- und Journalisten-Verbänden – Anspruch auf Urlaub bis zu sechs Wochen im Jahr, aber er schafft es nicht, auch nur einen Teil davon zu nehmen – zu viel Arbeit in der Redaktion, zu viel Arbeit im Dienst für den Leser. Morgens muß die Zeitung pünktlich im Briefkasten stecken und griffbereit neben Kaffee und Marmeladenbrötchen liegen: »Zu einem guten Frühstück gehören für viele ein paar Katastrophenmeldungen in der Zeitung«, verlangte in der »Süddeutschen« der Leser Robert Rocca.

Der journalistische Ehrgeiz, eine Neuigkeit als erster im Blatt zu haben, beherrscht die Journalisten in den Redaktionen stärker denn je. Und kommt kurz vor Redaktionsschluß am späten Abend noch eine neuere Neuigkeit aus dem Fernschreiber oder aus der telefonischen Nachrichtenaufnahme, wird eine schon umbrochene, das heißt: fertige Zeitungsseite gnadenlos umgeschmissen und neu zusammengebastelt – alles unter äußerstem physischen und psychischen Druck: Journalismus ist nun einmal Tagesschriftstellerei und – zum Schluß – pünktliches Handwerkern. Die Redaktion arbeitet gegen die Uhr. Der Leser im Land will auf sein Blatt nicht warten. Und am nächsten Tag? Bevor in der Redaktion die Arbeit an der neuen Ausgabe beginnt, wird in der Morgenkonferenz die gerade erschienene Ausgabe kritisiert, und gnade Gott dem Ressortleiter, der in seinem Teil – im Lokalen oder im Sport – eine Meldung oder Story nicht hat, die der Ressortleiter des Konkurrenzblatts bringt. Jeder will glänzen, am besten mit einer exklusiven Sensation – auch wenn der ehemalige Bundespräsident Walter Scheel, wie viele andere schon vor ihm, erkannt hat: »Die Sensation ist letztlich Desinformation, da sie den Zusammenhang der Dinge sprengt.«

Streß, gnadenloser Druck, ist denn auch das deutlichste Kennzeichen des Berufs. Die Phobien des Journalisten quälen massenhaft:

vom Vorgesetzten in der Redaktion ein Manuskript zurückzukriegen mit dem Vermerk, die Story müsse neu geschrieben werden; vom Jüngeren überholt und verdrängt zu werden; vom Chefredakteur gerüffelt zu werden, weil der Reisekosten-Etat überschritten worden ist; vom Verlag gerügt zu werden, weil »die unnötige Schärfe« eines Berichts einen wichtigen Anzeigenkunden verschnupft hat. Man motzt eine Geschichte auf, um dem Leser wie ein Clown im Zirkus zu gefallen, und der denkt und sagt doch nur verächtlich: »Die lügen wie gedruckt.« Man weiß, daß nur »eine schlechte Nachricht eine gute Nachricht ist«. Tucholsky hat sich für alle im Gewerbe bemitleidet: »Wir Negativen.« Und jeder Journalist weiß, daß er in der »öffentlichen Meinung«, beim Leser, seinem zahlenden Kunden also, nicht in hohem Ansehen steht. Ärzte und Professoren rangieren in der Ansehens-Liga obenan, ganz unten Versicherungsvertreter und Immobilienmakler – der Journalist steht nur knapp vor ihnen.

Frust schlägt aufs journalistische Gemüt, weil von Berufsjahr zu Berufsjahr die Erkenntnis wächst, doch nicht erreicht zu haben, was der junge Idealist beim Start erreichen wollte: eine etwas bessere Welt. Der Journalist beschreibt, andere handeln; er sammelt die Brosamen auf, die vom Tisch der Mächtigen gefallen sind. Im Beruf ist der Zug abgefahren: Der 60jährige hockt immer noch in der Lokalredaktion und muß über Hühnerzuchtvereine und kleine Eierdiebe schreiben, ohne noch eine Chance zu haben, Chef der Lokalredaktion zu werden; der Redakteur wird kein Ressortleiter mehr, der Ressortleiter bringt es nicht mehr zum Chefredakteur. Die eine Hälfte der Redakteure verfällt in Resignation (weil sie nichts erreicht hat), die andere verfällt dem Suff (weil sie auch nichts erreicht hat).

Alkohol und Nikotin, eine Flasche Cognac und 80 Zigaretten am Tag, sind keine Seltenheit. Das Risiko des Herzinfarkts erscheint – Politiker ausgenommen – bei keiner Berufsgruppe so groß wie bei der Journaille. Deutschlands Journalisten, angestellt bei Zeitungen und Zeitschriften, sterben früh: Das Durchschnittsalter wird mit 57 Jahren genannt. Mit 57 Jahren starben in dem kurzen Zeitraum, in dem dieses Buch entstand, Klaus Freund, Chefredakteur einer Automobil-Zeitschrift in Stuttgart, Adolf Hüngsberg, Pressechef des Auto-Japaners Toyota und vorher stellvertretender Chefredakteur der »auto Zeitung« in Köln, und Matthias Walden (1927 bis 1984), eigentlich: Otto Baron von Saß, Kommentator in Springer-Zeitungen – Walden, übrigens, erhielt den wohl achtenswertesten Nekrolog auf einen Journalisten in dieser Republik: »Gehaßt von der Diktatur, geliebt in der Freiheit«.

Der Journalismus ist – und wird – keine Idylle, keine Kuschelecke des Lebens, wie vielleicht früher, als Samuel Longhorne Clemens (1835 bis 1910) unter seinem Pseudonym »Mark Twain« beim »Sacramento Union« reportierte. Der Verfasser der Lausbubengeschichten »The adventures of Tom Sawyer« (1876) und »The adventures of Huckleberry Finn« (1879) schrieb seine Sachen gern im Liegen, »immer gemütlich in meinem Bett«. Auch als Reiseschriftsteller gewann er hohen Ruf – Leseprobe: Die Europäer »leben in dunklen Grabstätten, die bei aller Größe und Pracht doch eine Gemütlichkeit sind. Wenn der Durchschnittsamerikaner mit seiner Familie verdammt wäre so zu hausen, wie der Durchschnittseuropäer, dann wäre das Leben für ihn eine unerträgliche Last«. Was Mark Twain in seiner kommoden Liege aufs Papier brachte, qualifizierte Reporter-Kollege Ernest Hemingway in einem Brief an seinen Freund Ernest Walsh 1926 als »riesige Mengen wertlosen Zeugs« ab.

Ernest Hemingway war genauso ein Kauz wie Mark Twain: »Ich trinke (beim Schreiben) soviel eiskalten Tee wie ein Säufer Bier.« Und: »Ich bin nie fähig gewesen, länger als zwei Stunden zu schreiben«, gestand der Schreib-Weltmeister, »ohne nicht völlig außer Atem zu kommen – ein bißchen länger, und das Zeug fängt an, zu Schund zu werden.«

Wie heute, so wurden auch früher Journalisten und ihre Produkte selten geliebt, viel öfter gehaßt. »Noch ein Jahrhundert Zeitungen – und alle Worte stinken«, stänkerte der faule Philosoph Friedrich Nietzsche 1881 die Journaille an. Der philosophische Aufklärer Georg Christoph Lichtenberg (1742 bis 1779) hatte es vorher schon dezenter gesagt, wohl aber das gleiche wie Nietzsche gemeint: »Ich habe mir die Zeitungen vom vorigen Jahr binden lassen. Es ist unbeschreiblich, was für eine Lektüre das ist: 50 Teile falsche Hoffnungen, 47 Teile falsche Prophezeiungen und 3 Teile Wahrheit. Die Lektüre hat bei mir die Zeitungen von diesem Jahr sehr herabgesetzt; denn ich denke: was diese sind, das waren jene auch.«

Der hinterlistige Spötter Karl Kraus (1874 bis 1936), ein Wiener Journalist, der sich verbat, »Journalist« genannt zu werden, ließ nicht gelten, daß das große Wort aus dem Johannes-Evangelium »In principio erat verbum« (»Am Anfang war das Wort«) von Journalisten für ihr Selbstverständnis beschlagnahmt wurde. Kraus: »Im Anfang war die Presse, und dann erschien die Welt.« Und dann trat der Journalist Kraus noch mal nach: »Feuilletonisten und Friseure haben gleich viel mit den Köpfen zu schaffen.«

Daß Journalisten ihren Verfassungsauftrag – »das Amt des öffentlichen Wächters« (Löffler) – korrekt ausüben, hat gemeinhin nichts mit der Arbeitszeit des Journalisten, genauer: der Zeit ihrer Anwesenheit in der Redaktion, zu tun. Viele schreiben ihre Sache, die sie nach dem Auftrag ihres Chefredakteurs und nach ihrem journalistischen Selbstverständnis schreiben müssen, und liefern sie termingerecht ab, gehen dann, auch vorzeitig, wieder nach Hause oder in die Kneipe oder zu einem wichtigen Recherchier-Termin. Als zum Beispiel August Dresbach, in der ersten Nachkriegszeit Redakteur (und Bundestagsabgeordneter) im Rheinischen, von seinem Verleger barsch darauf hingewiesen wurde, er habe in der Arbeitszeit gefällig auch am Schreibtisch zu sitzen, antwortete Dresbach ebenso barsch: »Ich habe Ihnen meinen Kopf vermietet und nicht meinen Arsch.«

Rudolf Augstein hat sich Ende der 50er Jahre als über allen Wassern schwebender »Spiegel«-Herausgeber einmal in die Niederungen des Chefredakteurs begeben, um für Zucht und Ordnung seiner Redakteure zu sorgen, die morgens zu sehr individuellen Zeiten die rot gestrichene Doppeltür zur »Spiegel«-Redaktion im sechsten Stock des Hamburger Pressehauses schnell öffneten und in ihre Schreibstuben hasteten. Augstein ließ eines Morgens die Tür um zehn Uhr einfach schließen; wer zu spät kam, hätte klingeln müssen und wäre als Spätanfänger zu ertappen gewesen, glaubte Augstein. Unter den Redakteuren aber hatte sich Augsteins List am Vortag schon herumgesprochen. So kamen sie am nächsten Morgen erst gar nicht um zehn Uhr, sondern erst um zwölfe – und behaupteten, am ganzen Vormittag eine auswärtige Besprechung gehabt zu haben. Dann gingen sie, ohne ein schlechtes Gewissen zu spüren, auf dem langen, schmalen, weißen Gang im sechsten Stock in ihre schmalen, weißen Zellen durch eine kleine weiße Tür – »und hinter jeder Tür sitzt ein Kaiser von China«, so im »stern« Erich Kuby, der Paradiesvogel der deutschen Nachkriegs-Journaille.

Das freie Leben der Journalisten in den Redaktionen haben die Kaufleute in ihren Verlagskäfigen zu allen Zeiten voll Neid mitansehen müssen. Redakteure kommen und gehen, wann immer sie wollen; erscheinen mit offener Hemdbrust und modischem Drei-Tage-Bart im Verlagsaufzug und suchen in der Arbeitszeit den Hairstyler auf, natürlich müssen sie nicht die Stempeluhr drücken; zur Mittagszeit sind sie beim besten Italiener der Stadt anzutreffen und ziehen ihren Lunch bis zwei Uhr hin; sie beziehen auf Verlagskosten Berge von Zeitungen und Zeitschriften und telefonieren – auch privat – mit der halben Welt; um die ganze Welt reisen sie dann auf Spesen. Und: Nur ein Artikelchen in der Woche (bei Wochengazetten wie »Spiegel«, »stern« und »Zeit«) oder im Monat (beim Monatsmagazin »Capital«) kommt zustande.

Verlagskaufleute – Verlegersohn Axel Springer (»Sven Simon«), nannte sie »Flunkies« – werden, so vom journalistischen Alltag provoziert, gern bestätigen, wie Hans Heigert, Chefredakteur der »Süddeutschen«, seine Mitmenschen im Gewerbe charakterisierte: ». . . viele eitle Gesellen, windige Burschen und selbstgerechte Paschas«.

Heigert hat recht:

○ Da schrieb Mitte der 70er Jahre »Bild am Sonntag«, der Auftritt der Kölner TV-Emanze Carmen Thomas im Sportstudio des Zweiten Deutschen Fernsehens sei wieder mal eine Panne (Branchenjargon: »Flop«) gewesen; Frau Thomas hatte als ZDF-Moderatorin Schalke 04 »Schalke 05« genannt – nun zeigte sie im Sportstudio am Samstagabend die »Bild am Sonntag« mit dem Verriß ihres Fernsehauftritts vor, der noch gar nicht stattgefunden hatte.

○ Da verkaufte der Hamburger Reporter Gerd Heidemann im Frühjahr 1983 seiner Illustrierten »stern« Hitlers Tagebücher zum Preis von mehr als neun Millionen Mark – sie stellten sich bald als die plumpeste Fälschung im Pressewesen dieses Jahrhunderts heraus und gingen als »größter Presseskandal« in die Geschichte des an Skandalen reichen Gewerbes ein.

○ Da schlich sich 1977 der Kölner Spektakel-Reporter Günter Wallraff als »Hans Esser« in die »Bild«-Redaktion Hannover ein, schnüffelte die Denk- und Arbeitsweise der Journalisten von Springers Vier-Groschen-Blatt aus und haute seine geleimten Kollegen auf 272 Paperback-Seiten reihenweise zynisch in die Pfanne (»Der Aufmacher – Der Mann, der bei ›Bild‹ Hans Esser war«). Wie's Wallraff trieb, war's keine lobenswert-clevere Reporterei; sein schlechtes Beispiel verdarb nur die ohnehin schlechten Sitten in der Journaille noch mehr. Denn

○ da kopierte ein Dr. Jörg Heimbrecht die miese Wallraff-Masche, empfahl sich im Herbst 1984 bei Kommunal- und Landespolitikern als »Unternehmensberater«, um mögliche Steuervergünstigungen bei der Ansiedlung einer Chemiefirma auszukundschaften; mit versteckter Kamera filmte er seine Informanten – um sie im WDR-Fernsehmagazin »Monitor« dann bloßzustellen. Empörte sich ein Bürger, als die journalistische Flegelei herauskam: »Gibt es denn für das deutsche Fernsehen keine Dienstaufsicht?«

Im Vergleich zu diesen windigen Burschen waren einige eitle Gesellen, die der Verfasser dieses Buchs um sich hatte, ausgesprochen liebenswert. Da gab es jenen Fotografen, der weit und stilvoll über seine Kölner Honorare lebte: Er richtete sich im Wachtturm einer Ringmauer der Domstadt ein Studio mitsamt Privatgemächern ein, das Hollywood in den Schatten stellte. Da legte sich ein junger Reporter einen Doktortitel zu, ging auch seine Verlobung mit diesem akademischen Dekor ein – und fiel bebend auf die Knie, als sein Chefredakteur ihn zur Rede stellte: »Gnade vor Recht«. Da fuhr ein Brüsseler Reporter einen Cadillac und kündigte sein Eintreffen in seiner Kölner Redaktion mit dem Einschalten seines gellenden Martinshorns an – als er wegen einer sensationellen Falschmeldung entlassen wurde, drohte er seinem Chefredakteur seine Unsterblichkeit an: »Ich werde meinen Namen mit einem Flammenwerfer in die Wand des Bundeshauses in Bonn brennen.«

Liederlich waren sie zwar, bunte Vögel, schräge Vögel – die buntesten schrägen Vögel schreiben oft am besten. Da hielt der Bonner Korrespondent eines Kölner Magazins den auf mittwochs zwölf Uhr festgesetzten Redaktionsschluß nie ein. Erst ab Freitag mittag pflegte er seine Manuskripte zu liefern: mit einem Taxi, auf dessen Rücksitz immer nur ein Skript-Blatt lag. Seine Geschichten waren kaum kürzer als zehn Seiten – Transportkosten: zehn Taxifahrten Bonn–Köln. Da besorgte ein Redakteur eines Magazins in Stuttgart Spielzeug-Autos aus Aachen, vergaß aber die versprochene termingerechte Rücksendung und verreiste – weil die Mini-Modelle Prunkstück der Nürnberger Spielwarenmesse sein sollten, charterte sein Chefredakteur eine Telecar und ließ die kleinen Flitzer, sauber im Fond der Telecar gepackt, zur Messe nach Nürnberg chauffieren.

Herausgeber, Verleger und Chefredakteure haben in ihren Redaktionen viele Sonderlinge und Käuze. Da versuchte der Verfasser dieses Buchs als Chefredakteur von »Capital« einem Redakteur, Ostspezialist mit intimsten Verbindungen in Warschau, Prag und Moskau, klarzumachen, »Capital« könne sich seinen Informationsdienst, der monatlich 1000 Mark im Abonnement kostete, eigentlich nicht leisten. Der Ostexperte nannte den Dienst »lebenswichtig« und ließ ihn nicht einsparen – als er zwei Jahre später aus der Redaktion in Köln ausgeschieden und in Moskau »stern«-Korrespondent geworden war, wurden alle gekauften Exemplare in einem Schrank aufgefunden, alle steckten noch ungeöffnet im Streifband.

An Selbstbewußtsein, das zuweilen monströse Formen annimmt, läßt es die Journaille nicht fehlen. Paul C. Martin, beispielsweise, fuhr als junger Redakteur schon das italienische Protzauto De Tomaso; heute nennt er sich »Publizist«. Der Verfasser dieses Buchs verspottete Martin im »Spiegel«: »Sonntags – beim Kirchgang, am Stammtisch – sonntags eben nennt sich der Journalist ›Publizist‹.«

Auch die Alten, die bewunderten Großen von Gestern, waren keine Heiligen und als Vorbild künftiger Journalisten-Generationen nicht unbedingt geeignet. Ihr Berufskleid war die Eitelkeit.

Alfred Kerr, der meistbewunderte und meistgehaßte unter den deutschen Kritikern seiner Zeit, lobte seine gesammelten Artikel, ohne dabei rot zu werden: »Es gibt in Deutschland kein Stück so konzentrierten Schrifttums wie dieses Werk«; er selber, versteht sich, bezeichnete seine Kritiken schlichtweg als »Kunstwerke«. Warum andere Autoren schrieben? Kerr-Version: »Das Verdienst mancher besprochener Schauspiele war: Anlaß meiner Kritik zu werden.« Kerr legte seinen Rezensenten streng ans Herz, wie sie ihn zu loben hätten: »Der Verfasser (Kerr) und seine hervorragenden kritischen Aufsätze . . .«

Karl Kraus, der legendäre Gründer der Wiener Kultur-Zeitschrift »Die Fackel«, sah sich beileibe nicht als Zeitungsmensch. Er wollte nur »in Gesellschaft Lessings« erscheinen, hielt sein Biograph Hans Weigel fest: »Seine Kritik war sakrosankt – Kritik an ihm war Majestätsbeleidigung.« Der »Fackel«-Träger Kraus war so stolz, daß er für sein Blatt keine Anzeigen annahm. Dafür hielt er auf der Frontseite seines Blattes fest: »Sämtliche Beiträge von KARL KRAUS« – in Versalien, natürlich.

Friedrich Sieburg, Literaturpapst der »Frankfurter Allgemeinen« nach dem Krieg, Autor von »Gott in Frankreich« und in der Nazi-Zeit »ein hochfeiner Collaborateur« (Biograph Joachim Fest), hielt es zeitlebens mit der Devise: »Nicht nur sein, sondern auch zu gelten.« Als ihm in den 50er Jahren bei einem Empfang in Stuttgart ein Journalist gleichen Namens vorgestellt wurde, entsetzte sich der große Sieburg: »Mein Gott, wie furchtbar! Sieburg zu heißen, und nicht ich zu sein.« Die Deklassierung zum Pfau hatte stattgefunden. Der Star unter den Kultur-Journalisten bekannte ungehemmt: »Ich bin ja für meine Eitelkeit berühmt« und wunderte sich: »Warum hassen mich die Leute?« Die zornigen Jungen der Gruppe 47 mochten den eitlen Fatzken Sieburg nicht und schickten ihm Gartenzwerge ins Haus.

Heinrich Heine war einer jener zahlreichen Kritiker, die selber keine Kritik vertragen konnten: »Wenn du meine Verse nicht lobst, laß ich mich von dir scheiden«, drohte er seiner Liebsten.

Kerr, Kraus, Sieburg und Heine – sie waren alle Nichts im Vergleich mit Kurt Tucholsky, dem blendenden Stilisten, der – neben seinem eigenen Namen – noch ein halbes Dutzend Pseudonyme berühmt machte.

Tucholsky kam, über den Umweg einer Banklehre, 1926 nach Siegfried Jacobsons Tod zur »Weltbühne« und lebte auf dem größten Fuß, den jemals ein Journalist in Deutschland besessen hat. Der Autor so zauberhafter Stücke wie »Rheinsberg, ein Bilderbuch für Verliebte« und der Sommergeschichte »Schloß Gripsholm« stand nach der Inflation blank und nackt da; sein kleines Schriftstellervermögen – vom »Rheinsberg«-Buch waren zum Beispiel in kürzester Zeit 50 000 Exemplare verkauft worden – war zerronnen. 1924 ging er, arm wie eine Kirchenmaus, nach Paris, das schon so viele journalistische Hitzköpfe und Schwärmer aus Deutschland magisch angezogen hatte – und mietete als standesgemäße Residenz einen alten Kardinalspalast mit 16 Zimmern in einem riesigen Park bei

Fontainebleau, südlich von Paris, wo früher die französischen Könige und das kleingewachsene Ungeheuer Napoleon I. ihre Sommersitze aufgeschlagen hatten. Unbekümmert und fröhlich schrieb Tucholsky heim nach Deutschland: »... ich sitze still und lasse mich bescheinen und ruh von meinem Vaterlande aus.«

Palast-Herr Tucholsky vergaß dabei aber die Armen in der fernen Heimat nicht: »Immer wenn ich schreibe, denke ich an das Leid der Anonymen, an den Proletarier, den Angestellten, den Arbeiter, an ein Leid, von dem ich durch Stichproben weiß.« Selbst das war gelogen. Das Leid der Proletarier, Angestellten und Armen kannte Tucholsky nicht einmal vom Hörensagen.

Schizophren bis zur Lüge sind vor allem jene Schreiber, die die Welt verändern und das Los ihrer Bewohner in ein Paradies auf Erden verbessern wollen. Kein treffenderes Beispiel gibt es für diese Behauptung als Karl Marx, der die Welt bestimmt verändert hat, aber auch dafür sorgte, daß die Proletarier und Armen neue Unterdrücker bekamen. Als er 1847 in seinem »Kommunistischen Manifest« als drittes seiner zehn Gebote seiner Frau Jenny die »Abschaffung des Erbrechts« diktierte, beauftragte er zugleich den Rechtsanwalt Schmalhausen aus Maastricht/Holland, bei seiner über 80jährigen Mutter in Trier seinen väterlichen Erbteil einzutreiben. Als die Proletarier und Armen Marx' Verheißung von der »Abschaffung des Erbrechts«, das nur die Feudalisten und Kapitalisten traf, als Lichtblick in ihrem tristen Dasein erwarteten, hatte Marxens holländischer Onkel Lion Philips von der verstörten Marx-Mutter gerade einen Erbvorschuß von 6000 Franken eingetrieben. Der rote Messias der Diktatur des Proletariats hatte Talent zum Wucherer.

Auch die treue Gattin Jenny hatte Marx' Zwiespalt zwischen Wollen und Machen zu erleiden. Vier ihrer Kinder waren gestorben, als sie am 28. März 1851 zum Schlafzimmer in der Dean Street in Londons Zentrum wieder ein Mädchen gebar, das auf den Namen »Franziska« getauft wurde – drei Monate später schenkte in demselben Zimmer die Marxsche Dienstmagd Helene Demuth, das »treue Lenchen«, einem Knaben das Leben, »Frederick« gerufen und als »Frederick Demuth« ins Geburtsregister eingetragen.

Der Ex-Journalist, der die Weltordnung auf den Kopf stellte, hatte schon lange auf einem Zusammenleben zu dritt – Marx:

»ménage à trois« – bestanden; auch im Tode blieben Karl Marx, Frau Jenny Marx, geborene Baroness von Westphalen, und ihr Dienstmädchen Helene vereint; sie ruhen gemeinsam im selben Grab auf dem Friedhof zu Highgate, in einer Ecke, die »Abteilung der Verdammten« genannt wird. Karl Marx war zu schwach, als Frau Jenny dort am 5. Dezember 1851 beigesetzt wurde, um am letzten irdischen Gang seiner Leidensgefährtin teilzunehmen.

Verzweifelt über seine menschliche Pflicht, seine Frau und die von ihm in diese trostlose Welt gesetzten Kinder zu ernähren, und seinem historischen Auftrag, die Völker aufzuwecken und von ihren Ketten zu befreien, stöhnte Marx oft auf lateinisch: »Beatus ille«, »glücklich ist, wer keine Familie hat«. Voller Sarkasmus behauptete er, im Kindermachen viel erfolgreicher als im Geldverdienen zu sein – aber da wußte der liederliche Ex-Redakteur der längst eingegangenen »Rheinischen Zeitung« in Köln noch nicht, daß die Völker seine Signale gehört hatten und dabei waren, sich zur Weltrevolution zu formieren.

100 Jahre später war es nicht anders, als linke Journalisten in Hamburg das Nachrichtenmagazin »Der Spiegel« erobert und zum intellektuellen Hauptquartier für den Umsturz in der Bundesrepublik Deutschland ausgebaut hatten. Als die gestandenen Redakteure des Blatts die hochbezahlten linken Jungrevoluzzer aus dem »Spiegel«-Haus an der Ost-West-Straße gejagt hatten, fragte der linkeste den Verfasser dieses Buchs voller Verzweiflung: »Wie finanziere ich denn jetzt meinen Alfa Romeo?«

Eitelkeit, Heuchelei bis zur Lüge – Robert Haiman weiß als Präsident der Associated Press Managing Association (APME), wovon er spricht: »Ich bin beunruhigt über die Selbstgerechtigkeit, den Hochmut und die Arroganz, die manche Reporter und Redakteure an den Tag legen, wenn sie sich auf das Grundrecht der Informationsfreiheit berufen, ohne einen einzigen Gedanken darauf zu verwenden, daß damit auch ein gewisses Maß an Verantwortung verbunden sein muß.«

Die Glaubwürdigkeit, die menschliche Zuverlässigkeit, die intellektuelle Redlichkeit geht vielen Journalisten gänzlich ab (natürlich auch genauso vielen hohen Verlagsmanagern). Die Journalisten wollen den Effekt, viele wollen einen »fertigmachen«, »abschießen« – nach der Westernsitte: »Give him a fair trial – and than hang him.« Ein »richtiger Journalist«, hat einmal ein gewisser Paul Scheffer festgestellt, »schießt nur auf lebendes Wild«. So ist die Journaille – manchmal – leider.

Sind Journalisten Zyniker? Menschen, die für die Verbesserung dieser Welt schreiben, obwohl sie, oftmals hochdotiert, selber nicht mehr daran glauben? Sind sie Zyniker, weil sie Nachrufe auf Lebende schreiben, in der Schublade aufbewahren und hervorholen, wenn die Todesnachricht die »Neuigkeit« des Tages ist?

Als im Herbst 1962 Staatsanwälte und Polizisten die Zentrale des »Spiegel« in Hamburg überrollten – Adenauers Anklage im Bundestag: »Abgrund von Landesverrat« – und alles auf den Kopf stellten, fanden sie auch den fertigen Nachruf auf Kanzler Adenauer vor, eingetragen werden mußte nur noch das Todesdatum. Der alte Herr, der von den Menschen nichts hielt, bekam seine Abschrift zu lesen; seine Redaktion wurde nicht bekannt.

Da starb an einem Samstag im November des Jahres 1984 in Berlin der Springer-Kolumnist Matthias Walden; 24 Stunden später standen lange Nachrufe in den beiden Springer-Blättern »Welt am Sonntag« und »Bild am Sonntag« geschrieben von dem Freund Ernst Cramer und den Kollegen in der Redaktion.

Der Verfasser dieses Buchs ist sich sicher, daß in einer Schublade der »Spiegel«-Redaktion in Hamburg auch schon der fertig geschriebene Nachruf auf den Herausgeber Rudolf Augstein liegt. Augstein wird das wohl am wenigsten stören – Augstein-Originalton: »Wer mich Zyniker nennt, der ehrt mich. Ich bin gerne Zyniker.«

DRITTES KAPITEL

Der schönste Beruf der Welt
oder
Wie naiv Heinrich von Kleist das Gewerbe lobte:

»Die Journalistik
überhaupt ist die treuherzige
und unverfängliche Kunst,
das Volk von dem zu unterrichten,
was in der Welt vorfällt«

Wie wird man nun Journalist? Wie kommt man zum schönsten Beruf der Welt? Viele junge Leute, voller Idealismus, schreiben hoffnungsvoll an die Redaktion des Blatts, für das sie als Reporter oder Redakteur arbeiten möchten: »Bitte schicken Sie mir Ihre Einstellungsbedingungen. Im voraus meinen Dank...« Und sie erleben ihre erste Enttäuschung im Journalismus, denn sie bekommen in aller Regel keine Antwort – Chefredakteure oder führende Redakteure haben Wichtigeres zu tun, als so naive Anfragen zu beantworten. Wer sich in dieser Weise um den Eintritt in den Journalismus bewirbt, ist für den schönsten Beruf ohnehin nicht geeignet. Etwas mehr Intelligenz und Einfallsreichtum muß der künftige Journalist schon mitbringen.

In eine Redaktion kommt man etwa so – der Verfasser dieses Buchs erzählt dieses Kapitel in Ich-Form:

Ich schrieb schon immer gern. Noch keine zehn Jahre alt, schrieb ich Geschichten und las sie meiner Großtante, einer Weinbäuerin in Bacharach am Rhein, vor – sie lobte den »Bub«. Als 16jähriger Hitlerjunge verfaßte ich die Geschichte des Jungvolk-Banns 235 in Duisburg, meiner Geburtsstadt. Das dickleibige Werk ist Gottseidank verschollen. Ich kam schwerkriegsbeschädigt in die Duisburger Ruinen zurück, wurde zuerst Hafen- und dann Bauarbeiter, bis ich das Studium von Architektur/Hochbau aufnahm und abschloß. Als Bau-Student entdeckte ich eine Lücke in den Zeitungen: Sie schrieben laufend über den Aufbau der Städte, aber dabei – aus meiner Architektur-Perspektive – einen ungeheuren Unfug. Ich besuchte 1949 die Lokalredaktion der »Westdeutschen Allgemeinen« in Duisburg, zeigte dem verstörten Lokalchef Albert Longjaloux die Fehler in seiner Berichterstattung über den Wiederaufbau meiner Heimatstadt – und als er verärgert fragte, ob ich es denn besser könne, zog ich ein fertiges Manuskript über die geplante Architektur für die zerstörte Kirche am Dellplatz in der City heraus und gab ihm dazu eine eigene Tuschezeichnung des neuen Gotteshauses (zur Erläuterung: Ich wollte auch mal Kunstmaler werden). Longjaloux druckte meinen Erstling, der am nächsten Tag mit meinem Kürzel F.S. erschien – damit hatte ich den Fuß in der Redaktionstür. Ich bot mich anderen Blättern als Architekturkritiker an, schrieb bald für die »Kölnische Rundschau«, den Westdeutschen Rundfunk, das Düsseldorfer Wirtschaftsblatt »Industriekurier« und die FDP-Wochenzeitung »Der Fortschritt« (»Industriekurier« und »Fortschritt« sind eingegangen).

Dann kam ein entscheidendes Angebot: Hans Baumann, Macher von »Welt am Sonntag« in Essen, der mich irgendwo gelesen hatte, wollte für jeden Sonntag eine ganzseitige Reportage für seine westdeutsche Beilage haben. Natürlich schrieb ich jetzt Reportagen: als Kumpel unter Tage, als Schiffer zwischen Duisburg und Herne, als Besucher der Schlösser von Krupp, Klöckner, Haniel, Thyssen und Stinnes. Ich verdiente bald als schreibender Student mehr als meine Architektur-Dozenten.

Jetzt, schon so etwas wie ein Journalist, wollte ich auch ein richtiger Journalist werden. Aber wie? Ich schrieb nach meinem Examen ganz einfach an Karl Arnold, den Ministerpräsidenten von Nordrhein-Westfalen, der Mitherausgeber der Düsseldorfer Tageszeitung »Rheinische Post« war. Der Brief war kurz, mein Verlangen klar: Ich hätte als Soldat einiges fürs Vaterland getan, sei ziemlich kriegsbeschädigt – jetzt könne er, der Landesvater, mal etwas für mich tun und mir Arbeit als Journalist bei seiner »Rheinischen Post« besorgen. Die Antwort des Ministerpräsidenten kam prompt und war positiv: Ich solle mich umgehend bei Heinrich Darius, dem Chefredakteur, melden. Das tat ich und bekam einen Vertrag mit 450 Mark Gehalt im Monat: Arbeit in Duisburg-Hamborn, in der Nebenstelle der Duisburger Lokalredaktion. Ich war Volontär und Jungredakteur in einer Person. Ich schrieb über ausgerissene Bullen vom Schlachthof, über den jungen Löwendompteur Gerd Siemoneit, über den geifernden jesuitischen Straßen-Pater Johannes Leppich und über jede Menge Morde. In der Freizeit arbeitete ich an meinem ersten Buch; ich schrieb meine Kriegs- und Nachkriegserlebnisse auf 485 Seiten – Titel: »Die Seele aus dem Leib«. Ich ließ es liegen, und der Erstling vergilbte. Das war 1953.

1954 kam ich zur »Rheinischen Post«-Konkurrenz »Duisburger Generalanzeiger«, ich war richtiger Lokalredakteur mit einem Monatsgehalt von 650 Mark geworden. Meine erste große Geschichte stand bald: Kritik an den Gesundheitseinrichtungen für die Kumpel der Zeche »Rheinpreußen« am linken Niederrhein. Die Bergbau-Bosse beschwerten sich, »Generalanzeiger«-Verleger Gert Wohlfahrt schmiß mich raus. Die »Rheinische Post« nahm mich wieder auf. Längst war ich regelmäßiger Käufer des »Spiegel«, des Blatts, das geeignet war, jungen Journalisten klarzumachen, was eine journalistische »Geschichte« ist.

Mitte 1955 rief ich einfach beim »Spiegel« in Hamburg an und offerierte ihm meine Mitarbeit bei der im argen liegenden Berichterstattung aus dem Ruhrgebiet. Hier schlug in den späten 50er und ersten 60er Jahren das Herz der deutschen Wirtschaft: Wiederaufbau der Stahl- und Kohle-Konzerne, die Konzentration der gewaltigen Industrieimperien wie Thyssen, Klöckner, Krupp, Haniel, Stinnes, Hoesch und Harpen. Ein »Spiegel«-Redakteur namens Kurt Blauhorn hörte mich am Telefon freundlich an und lud mich nach Hamburg ein – ich brachte sofort eine Geschichte mit, von der ich glaubte, sie sei eine »Spiegel«-Story: Um endlich ein wirksames Mittel gegen die häufigen Grubenkatastrophen wie auf den Zechen »Grimberg« und »Nordstern« in die Hand zu bekommen, hatten die Grubenherren angeordnet, daß alle neuen Kumpel sich einer Spezialuntersuchung unterziehen müßten, um herauszukriegen, wer davon ein »typischer Unfäller« werden könne und seine Kumpel mit ins Verderben reißen würde. Blauhorn befand die Geschichte für druckreif, ich wurde »Spiegel«-Reporter für Ruhrgebiet mit Sitz in Düsseldorf und einem Gehalt von 1250 Mark im Monat – und »Kuddel« Blauhorn wurde mein journalistischer Lehrer.

In jenen Jahren war der »Spiegel« im Hamburger Pressehaus am Speersort die Strafkompanie des deutschen Journalismus, kommandiert von Hans Detlev Becker, Jahrgang 1921, damals Geschäftsführender Redakteur (ab 1961 Chefredakteur).

Hans Detlev Becker, Diktatkürzel: H.D.B., sorgte in der sechsten Etage des Pressehauses gnadenlos für Zucht und Ordnung. Er drillte seine Redakteure auf sauber recherchierten und ebenso formal wie stilistisch gut geschriebenen Journalismus. Auf grünen Laufzetteln vermerkte Becker mit grüner Tinte, die im »Spiegel« nur er benutzen durfte, was er von einer Story hielt: »Müssen wir diese Pißkacke etwa auch noch drucken?« oder: »Ist der Herr, der dieses schrieb, etwa immer noch bei uns beschäftigt?« Der geknechtete Musikredakteur Klaus Wagner warf H.D.B. eine Schere nach, traf nicht und verließ den »Spiegel«. Ich trat als junger Spund immer vorsorglich in die Toilette, wenn mir der gefürchtete Becker auf dem Flur entgegenkam. Eiskalt war in jenen Jahren das Betriebsklima beim deutschen Nachrichtenmagazin. Rudolf Augstein, den Herausgeber, interessierte der Tageskram nicht; er wurde von uns Bodenpersonal kaum gesehen und im eigenen Blatt nur als Kolumnist »Jens Daniel« gelesen.

Irgendwann, es muß um 1960 gewesen sein, steckte mir mein Kollege Klaus Kröger, der stets meine Reporter-Stories gefühlvoll redigierte, eine umwerfende Neuigkeit: »Becker hält dich für den besten Korrespondenten des Hauses.« »Der Spiegel« hatte viele Korrespondenten im Land (»Beckers böse Buben«), und ich sollte »der beste« sein?

Bald spürte ich auch Beckers Wohlwollen an den chicen Aufträgen, die er mir, seinem Korrespondenten in Düsseldorf und inzwischen Leiter des Düsseldorfer Büros, gab. Ich recherchierte beispielsweise Anfang 1961 in Indien für die Titelgeschichte über das mißratene deutsche Stahlwerk Rourkela westlich von Kalkutta im Bundesstaat Orissa und schrieb die Story: »Die Russen auf dem Dach«. Ich, aus Ostkriegs-Zeiten ziemlich russophil, wollte jetzt Korrespondent in Moskau werden, aber Augstein/Becker machten mich zum »Wirtschaftspolitischen Chefkorrespondenten«. Schöne Geschichten und noch schönere Reisen: In der libyschen Sahara deutsche Ölexploration, in der DDR Versorgungsschwierigkeiten für die Menschen, in New York Pläne der deutschen Großchemie, in Moskau deutsche Industriechancen, in Spanien und Portugal deutsche Fabriken. Treffen mit den Großen dieser Erde: Dalai-Lama, John F. Kennedy, Nikita Chruschtschow, Walter Ulbricht, Francisco Franco. Im Herbst 1962, in Budapest interviewte ich gerade Ungarns Ministerpräsidenten-Vize Gyula Kállai, wurde in Hamburg »Der Spiegel« von der Bundesanwaltschaft hochgenommen – Kállai bot mir schriftlich Asyl an. Im Frühjahr 1964 war ich der erste offiziell eingeladene deutsche Journalist in Rotchina, Ministerpräsident Tschou En-lai schenkte mir in Peking sein Foto mit Signatur.

Hans Detlev Becker persönlich verfaßte seine erste »Hausmitteilung« über seinen Reporter. Im »Spiegel« vom 19. Mai 1964 stand: »Betr.: Redakteur Simoneit«: »Seit Simoneit eine Titelgeschichte über das indische Entwicklungs-Heiligtum der deutschen Industrie in Rourkela geschrieben und darin zum Verdruß von Krupp und Demag Verbesserungsvorschläge gemacht hatte (die ›Deutsche Stiftung für Entwicklungsländer‹ lud ihn später zur Diskussion), war es sein Wunsch, auch die chinesische Industrie zu sehen. Als Kenner heimlichster Ost-Träume der Ruhr ist Simoneit auch selber Kenner der Ost-Wirtschaft geworden und in der Sowjetzone, in Polen, der Tschechoslowakei und Ungarn gereist ... Als Abkömmling eines litauischen Ruhr-Malochers Simoneitis konnten ihn weder Traditionalisten noch Neuerer der Gewerkschaften, weder Gutermuth und Brenner noch Leber und Rosenberg in ›Spiegel‹-Gesprächen über Fron und Lohn der Arbeit außer Atem bringen.«

Auch im Land gab's einiges zu recherchieren und zu beschreiben. Fast jede Woche eine exklusive Geschichte im Blatt, ab und an eine Titelstory oder ein »Spiegel«-Gespräch: über den makabren Streit des alten Friedrich Flick mit seinem unglücklichen Sohn Otto Ernst, Thyssen-Tycoon Sohl, Henschel-Herr Goergen (zwei Titelgeschichten), Gebrauchtwagen-König Auto Becker, Neuwagen-Bauer Borgward, Grubenboß Burckhardt, Forschungsminister Stoltenberg, Börsenprophet Otto Graf Lambsdorff (ich warb seinen Bruder Hagen später beim »Handelsblatt« ab und brachte ihn als Militärfachmann im »Spiegel« unter), Automation in Deutschland, Gastarbeiter in Deutschland, Lufthansa im Abwind, deutsche Exportoffensive, Wiederaufstieg der deutschen Großchemie, Niedergang der deutschen Stahlindustrie, Macht der Banken – über oder unter kaum einer Story stand der Autorenname »Simoneit«, aber jene, die es anging (und getroffen wurden), wußten, von wem der Artikel stammte.

Die Kontakte zu Mächtigen (und Informanten, den unsichtbar Mächtigen) waren solid: Morgens in Wolfsburg bei VW-Chef Heinrich Nordhoff, mittags in Frankfurt bei Deutsch-Bankier Hermann Josef Abs, abends in München bei Siemens-Chef Gerd Tacke. Becker schrieb in einer weiteren »Hausmitteilung« am 7. November 1966, wie es sein Reporter machte: »Von einer Bilanzbesprechung zur anderen, vom Gewerkschaftstag zur Industrieverbandssitzung, von der Untertage-Besichtigung zum Privatgespräch im obersten Geschoß der Konzernverwaltungen (nur Presse-Empfänge meidet er).« »Der Spiegel« war mein Stern. Henri Nannen, der Herr vom anderen »stern«, ließ mir ein klotziges Angebot zuspielen ...

Augstein selber war es, der mich ermunterte, ein Buch über die Großen der deutschen Wirtschaft zu schreiben – bei einem Abendessen Anfang der 60er Jahre in der Hamburger Nobelherberge »Vierjahreszeiten«; John Jahr senior, der »Spiegel«-Verleger, saß dabei (Augstein selber fungierte stets als »Herausgeber«). 1965/66 entstand der Erstling »Die neuen Bosse oder So wird man Generaldirektor«, verlegt von Erwin Barth von Wehrenalp bei Econ in Düsseldorf: Fünf Auflagen in Hardcover, Taschenbuch bei S. Fischer, Vorschlagsbuch des Deutschen Bücherbunds, Paperback-Ausgabe auch in Japan: Gesamtauflage 100 000 Exemplare. Wochenlang lief das Buch als Fortsetzungsserie in »Süddeutsche Zeitung«, »Rheinische Post«, »Kölner Stadt-Anzeiger«, »Stuttgarter Nachrichten« und Berliner »Tagesspiegel«. Von den 52 möglichen Wochen standen »Die neuen Bosse« 51 Wochen lang auf der Bestseller-Liste – beste Position: Platz 2, vor Adenauers »Erinnerungen« und Carl Zuckmayers »Als wär's ein Stück von mir«. Wieder stand es in einer »Hausmitteilung«: »Simoneits Erfolgsbuch ist hergeleitet aus seiner Tätigkeit für den ›Spiegel‹.« Die südamerikanischen Nachrichtenmagazine »Vision« und »Visao« beauftragten mich – auf Anregung des damaligen »Spiegel«-Mit-Chefredakteurs Claus Jacobi (»Jacco«) – mit ihrer Vertretung in Deutschland.

Im Frühjahr 1967 schreckte ich in der Düsseldorfer Redaktion bei der morgendlichen Lektüre der »Bild«-Zeitung hoch: »Strauß: VW hat geschlafen.« Damals steckte das Volkswagenwerk in einer Krise, die Käfer verkauften sich schlecht, der Konzern schickte seine unterbeschäftigten Fließbandwerker in Kurzarbeit – Strauß polterte los. Ich witterte eine Chance – und rief VW-Generaldirektor Heinrich Nordhoff an: »Haben Sie geschlafen, Herr Professor?« Nordhoff, »Mister VW«, ein Macher des deutschen Wirtschaftswunders, war wegen der Strauß-Tirade am Boden zerstört. Ich riet ihm, endlich zu zeigen, daß VW nicht geschlafen habe – und mir sein sogenanntes Mausoleum zu öffnen: In einem streng bewachten Trakt mitten im Werk standen alle geheimen Autoentwicklungen von VW. Ins Mausoleum hatten schon viele journalistische Kollegen gewollt, alle waren bei Nordhoff abgeblitzt. Aber: Mir erlaubte er es (hinterher erklärte Nordhoff: »Herr Simoneit hat mich in einem schwachen Moment erwischt – ein Tag vorher, ein Tag nachher, ich hätte ›Nein‹ gesagt«). Am nächsten Montag stand eine ansehnliche Story im »Spiegel«, der zugleich mit der Aufnahme der 37 geheimen Modelle das größte Foto in seiner Geschichte veröffentlichte; die Geschichte ging um die Welt, »Die Welt« sprach von der »Meisterleistung eines Reporters«. Wieder eine »Hausmitteilung«, auf Seite 3 in Heft 21/Jahrgang 1967: Warme Redaktionsworte für die Reporter Simoneit (und Rudolf Glismann, meinen Sozius, wenn Auto-Technik erklärt werden mußte). Anton Zischka machte in seinem Buch »Heinrich Nordhoff« ein Kapitel daraus.

Heinrich Nordhoff, dieser spröde und menschlich todunglückliche Mann, den alle als Deutschlands Auto-König bewunderten, mochte mich. Er kam zu mir ins Düsseldorfer »Spiegel«-Büro, ein leichter Mosel stand bereit. Er starb Karfreitag 1968, standesgemäß an einem Herzinfarkt. Als seine Sekretärin seinen Schreibtisch ausräumte, fand sie ein großes Nordhoff-Foto, gerahmt – »Für Herrn Simoneit«.

Dann passierte jene Sache, von der Reporter immer träumen, die aber nie eintritt: Ich bekam einen Blankoscheck, ausgestellt auf die Commerzbank. Ich hatte am Vorabend der Internationalen Automobil-Ausstellung (IAA) im September 1967 in Frankfurt mit Chrysler-Generaldirektor Townsend im schmalen Kaminzimmer des Schloßhotels »Kronberg« im Taunus zu Abend gegessen und über Autos, Autoindustrie und Automanager geplauscht. Sozusagen als Digestiv bekam ich von einem kleinen Chrysler-Mann einen Umschlag in die Hand, steckte ihn achtlos ein und besah ihn erst Tage später in der »Spiegel«-Redaktion in Düsseldorf: ein Scheck mit Firmenstempel und zwei Unterschriften ppa. – kein Datum, kein Betrag. Ich war ziemlich erschrocken, Augstein und Becker auch. »Der Spiegel« berichtete über die generöse Zuwendung an seinen Chefkorrespondenten – ich habe, leider, nicht versucht herauszukriegen, welchen Betrag Chrysler eingelöst hätte (Zehn Jahre später traf ich im Moskauer Flughafen Sheremetyevo den Chrysler-Mann Heinz Thomass, der damals gefeuert worden war, wieder; wir haben sehr gelacht). Ich habe mich damals bemüht zu ergründen, warum die spendablen Chryslers mich so dotieren wollten – sie erklärten: »Für Ihre Anreise«, »Für Ihre Unkosten« – ich erklärte: »Das ist alles Quatsch. Alles was ich dienstlich ausgebe, muß mir Rudolf Augstein zurückgeben.« Da kapitulierten sie: Das sei »doch so üblich«. Da nahm ich den Blankoscheck und hängte ihn in meine Bar – neben ein »Wanted«-Plakat des Räubers Jesse James.

Im Sommer 1968 hörte ich von einem befreundeten Düsseldorfer

Anwalt, Adolf Theobald, der Gründer und Chefredakteur des Kölner Wirtschaftsmagazins »Capital«, wolle mich neben sich in der Chefredaktion des jungen Blatts haben. Über John Jahr, der seine Verlegerfinger auch in »Capital« hatte, sagte ich zu – nach fast 15 Jahren als Reporter eines Magazins wollte ich endlich selber beim Machen eines Magazins mitmischen; außerdem kam ich mit meinem Ressortleiter Leo Brawand, der neidisch auf meine Verbindungen und Weltreisen war, nicht mehr klar – er mochte mich nicht und ich ihn – darum – auch nicht.

Ich kündigte beim »Spiegel«, und Mentor Becker, zunächst ziemlich böse, schickte mir auf zwei Schreibmaschinen-Seiten ein nicht verlangtes »Zeugnis«: Ich sei »tragende Kraft« des Blatts gewesen, besäße »hervorragende Informationskontakte in der Wirtschafts- und Finanzwelt«; er nannte mich einen »profunden Kenner groß- und gesamtwirtschaftlicher Zusammenhänge« und einen »theoretisch gründlich fundierten Wirtschaftsfachmann«. Mein Abgang, behauptete Hans Detlev Becker, der mich beim Eintritt in die Redaktion Mitte der 50er Jahre abfällig einen »Wald-, Feld- und Wiesenreporter« genannt hatte, bedeute einen »kaum ausgleichbaren personellen Verlust«. Fünf Nachfolger stellte der »Spiegel« für den ausgeschiedenen Reporter Simoneit ein: die Herren Eglau, Brackmann, Feyerabend, Rickelmann und Meyer-Larssen; nur Rickelmann und Meyer-Larssen überlebten.

Herausgeber Rudolf Augstein schrieb einen Brief: »daß wir in allerbestem Einvernehmen auseinandergehen, und vielleicht ja nicht für immer«. Augstein wußte es wohl schon. Ich war knapp zwei Monate bei »Capital« in Köln, als bei einem Abendessen im Düsseldorfer Hotel »Breidenbacher Hof« Hans Detlev Becker sofort zur Sache ging: Ich solle die Chefredaktion des »manager magazin« in Hamburg, das der »Spiegel« gründen wollte, übernehmen. Ich überlegte heftig und kurz, wie schön es doch sein könnte, im großen »Spiegel«-Laden ein Chefredakteur zu sein – doch ich sagte ab: »Ich will aus meinem Vertrag bei ›Capital‹ nicht einfach weglaufen.« Becker wurde mein freundschaftlicher Berater mein ganzes Berufsleben lang.

»Capital« war, als ich am 1. April 1970 die Redaktion in der Eupener Straße betrat und mich zu Adolf Theobald setzte, auf der Rutschbahn in die roten Zahlen: Die Auflage sank, die Anzeigen blieben weg, die Stimmung in der Redaktion war mies – draußen im Land demonstrierten die Studenten gegen Kapitalisten und ihre Profitgier. »Die Angst der Unternehmer« hieß denn auch meine erste »Capital«-Titelstory, mit dem Bild von Hermann Josef Abs, Symbol der deutschen Wirtschaft, auf dem Cover. Bald verließ Theobald »Capital« und mich, ging in den Vorstand des Zeitschriftenkonzerns Gruner + Jahr nach Hamburg und wurde unglücklich – glücklich war ich, alleingelassen, gerade auch nicht. Ich schlief schlecht: Wie rettet man sein Capital?

Nur langsam bekam ich Boden unter meine Füße. Serien wie »Die Mafia in Deutschland« und »Karriere-Kurs: Wie Sie Ihr Gehalt verdoppeln« kamen beim Leser an. Die auf 140 000 Exemplare gesunkene Auflage überschritt in kurzer Zeit die Grenze von 200 000, die Anzeigen kamen lastwagenweise ins Haus. Ich war über Nacht ein gefragter Mann: ZDF-Kommentator (auf Vorschlag von Hanns Joachim Friedrichs), Vorträge vor Verbänden und auf Kongressen, Lieblingsthema: »Hat die Presse Macht?«

Und da passierte die Geschichte mit Günther Nollau, dem Präsidenten des Bundesamts für Verfassungsschutz in Köln. »Capital«-Reporter Rienk H. Kamer, früher beim »Spiegel« in Brüssel und stets von größter Zuverlässigkeit bei seinen Recherchen, brachte Anfang Mai 1974 Unterlagen an, nach denen der amerikanische Geheimdienst CIA den Verfassungsschutz-Chef für ein »Sicherheitsrisiko«, »security risk«, halte; die Geschichte wurde ausrecherchiert und für die Veröffentlichung in der Juni-Ausgabe vorbereitet. Zugleich ging am 22. Mai 1974 eine damals übliche »Vorausmeldung« an die Zeitungen, mit der auf die »Capital«-Story aufmerksam gemacht wurde.

Die »Voranmeldung« wurde ein Schuß in den Ofen: Kamers Konfidenten – er hatte auch mit dem pensionierten Geheimdienst-General Gehlen gesprochen – waren ob des Spektakels in Bonn und in der gesamten Presse auf Tauchstation gegangen. Mir war schnell klar, daß »Capital« es nicht durchhalten würde, wenn die Zeitungen wochen- oder monatelang laut fordern würden, nun endlich die Beweise zu präsentieren. Ich zog die »Vorausmeldung« nach schnellem Nachdenken bereits am 26. Mai zurück und stoppte die Veröffentlichung der Nollau-Story im Heft. In seinem Haus in Köln-Marienburg entschuldigte ich mich später beim Verfassungsschutz-Präsidenten, der sofort akzeptierte. Ich übernahm die Verantwortung und ging; G+J-Jahr-Generaldirektor Manfred Fischer bestätigte, er werde sich an meinen bis Ende 1979 laufenden Chefredakteurs-Vertrag halten und zahlen. Er zahlte, und ich richtete mich darauf ein, lange Zeit meine viele Zeit mit Golfspielen zu verbringen.

Es war dann auch auf einem Golfplatz, in Freiburg, an einem schönen Freitagabend im Juli 1974. Paul Pietsch, Herausgeber und Verleger der Stuttgarter Fachzeitschrift »auto motor und sport« (vor dem Krieg war Pietsch eine der großen deutschen Rennfahrer-Hoffnungen, der unter anderem Dritter beim Grand Prix von Deutschland 1939 geworden war), hatte mich eingeladen und hielt in seiner Villa in Titisee-Neustadt seine Idee nicht lange zurück: Ich solle als Redaktionsdirektor »auto motor und sport« baldmöglichst übernehmen. Ich hatte das Fachblatt seit 1961 abonniert, es las sich schrecklich und sah genauso schrecklich aus. Die sogenannte Ölkrise, die keine Krise war, sondern nur das bald erkannte Komplott von Ölscheichs und Ölkonzernen, um den Benzinpreis in die Höhe zu treiben, hatte »auto motor und sport« voll erwischt: Die Auflage war von 450000 auf 340000 verkaufte Exemplare abgesackt, die Anzeigen waren weggeblieben.

Ich stellte mich im Spätsommer des Krisenjahres 1974 der Redaktion in Stuttgarts Leuschnerstraße 1 artig-selbstbewußt vor und erklärte: »›auto motor und sport‹ ist das einzige Blatt, das ich kenne, das sein Licht unter den Scheffel stellt. Holen wir es gemeinsam hervor. Machen Sie guten Automobil-Journalismus – und ich bringe ihn an den Leser.« Die elitäre Redaktion machte mit, sie war – im Soziologen-Deutsch – »motiviert«. Die fachjournalistisch einmalig gute Leistung der Redakteure konnte vom neuen Blattmacher durch ein appetitliches Layout und eine dramaturgiegerechte Blattstruktur potenziert werden. Als mit der Nummer 5 im Spätwinter 1975 meine Version vom »Deutschen Automagazin« vorlag, erhielt ich in der Redaktion einen Beerdigungskranz. »auto motor und sport im jugendlichen Alter von 25 Jahren sanft entschlafen. Die trauernden Leser ...« Das Blatt aber wurde jetzt erst richtig lebendig: Im Herbst 1975 erreichte die verkaufte Auflage wieder die 400000-Grenze; danach überschritt sie das Traumziel von 500000 Exemplaren; im Herbst 1979 kam mein Rekord: 565000

Exemplare (der in den nächsten Jahren nicht gehalten werden konnte).

»auto motor und sport« erfand Aktionen, die beim Leser spontan ankamen und großes Echo bei den Autofans im Land hervorriefen: die Aufforderung an die Autofirmen, »Für junge Leute ein 8000-Mark-Auto« zu konstruieren; der Aufruf an die Leser, »Die besten Autos der Welt« zu wählen (rund 90 000 Leser wählten); der monatelange Wettbewerb für die Leser, »Gesucht: der beste deutsche Autokenner« (der wochenlang Zeitungen, Behörden und Verbände durch Leseranfragen blockierte); der Wettbewerb, »Nachfolger für berühmte Automodelle gesucht« wie für die Citroen-Ente und den Porsche 911 (erster Preis: Design-Studium am Royal Art College in London); eine aufwendige Technik-Serie über das Automobil im Jahr 2000 – und der »Idioten-Test«, mit dem der arrogante TÜV seit Jahrzehnten Deutschlands sündig gewordene Autofahrer gequält hatte: »auto motor und sport« recherchierte alle Fragen dieses »Medizinisch-psychologischen Eignungstests« und veröffentlichte auch alle richtige Antworten. Die Freunde von »Bild«-Chef Günter Prinz wiesen bundesweit auf die Sensation in »auto motor und sport« hin.

Dieter von Holtzbrinck, Chef des Stuttgarter Mediengiganten, zeigte sich als »auto motor und sport« lesender Autofreund beeindruckt vom erfolgreichen »Deutschen Automagazin« und bot mir im Frühjahr 1976 an, Mit-Gesellschafter seiner »Handelsblatt«-Gruppe und Chefredakteur seines »Handelsblatt«-Ablegers »Wirtschaftswoche« in Düsseldorf zu werden. Die dritte, letzte Stufe des Journalismus zeigte sich: Nach dem Schreiben (beim »Spiegel«) und dem Blattmachen (bei »Capital«) das Mitverleger-Sein bei Holtzbrinck.

Paul Pietsch, mein Verleger bei »auto motor und sport«, lehnte nach einem Golf-Match in Donaueschingen ab, mich aus meinem Fünf-Jahres-Vertrag zu entlassen. Statt dessen holte er mich 1976/77 in die neue Geschäftsleitung der Vereinigten Motor-Verlage (u.a. »auto motor und sport«, »Motorrad«, »Flug Revue«), die sich in den nächsten Jahren unter der Leitung von Ralf Hoffmann, einem Verlagsmanager mit umfassenden Qualitäten, zu einer multinationalen Zeitschriftengruppe mit Verlagsbeteiligungen in Zürich, Madrid und Paris entwickelten; ich übernahm in dieser Geschäftsleitung in Stuttgart den Geschäftsbereich Redaktionen. Es gab wieder die großen Reisen, die das Ungemach des Journalismus heilen: Oft Japan, oft Rußland, oft Nordamerika, Brasilien, Südafrika, mehrmals die gesamte Sahara, Kenia, Malaysia. Und Interviews mit den Großen der Autowelt: in Paris mit Renault-Präsident Bernard Vernier-Palliez, in Mailand mit dem Alfa-Boß Dottore economia e commercio Gaetano Cortesi, in Göteborg mit Volvo-Generaldirektor Pehr Gyllenhammer, in Turin mit dem Fiat-Eigner Giovanni Agnelli, in Detroit mit Henry Ford, in London mit seinem Europa-Statthalter »Bob« Lutz.

Das zweite Buch des Journalisten Simoneit entstand: Gemeinsam mit dem alten »Spiegel«-Spezi Hermann Schreiber (inzwischen Chefreporter beim Hamburger Reportage-Magazin »Geo«) und Professor Dieter Honisch von der Nationalgalerie in Berlin brachte ich 1980 »Die Rosenthal Story« mit Erwin Barth von Wehrenalp wieder bei Econ heraus; mein alter Wanderfreund Philip Rosenthal hatte mich zum Schreiben beschwatzt. Die Universitäten Hohenheim (Stuttgart) und Stuttgart kamen mit einem Lehrauftrag – Thema: Journalistische Praxis. Econs Spürnase von Wehrenalp witterte sofort ein Buch und animierte mich, meine Vorlesungen doch als Buch-Skript aufzubauen – hier wird das »Buch für alle, die Journalisten werden, und für alle, die Journalisten verstehen wollen«, gerade geschrieben –, als Manu-Skript, mit der Hand und Bleistift.

Wie kommt man nun dahin, zum »Spiegel«-Reporter, »Capital«-Chefredakteur, Buchautor, Fernsehkommentator, Leiter des Geschäftsbereichs Redaktionen in einer Zeitschriftengruppe, Dozent für »Journalistische Praxis« an einer deutschen Universität? Wie kommt man also zum Journalismus? Wie hält man Journalismus länger als 30 Jahre aus? Was hat man dann im Journalismus erreicht? Und vor allem: Welche Eigenschaften braucht man, um Journalist zu werden?

Wie kommt man zum Journalismus? Indem man schreibt, sogar gern schreibt, ein Thema findet, das andere Menschen interessiert, sich und seine Geschichte einer Redaktion anbietet – und die Redaktion nicht eher verläßt, bis sie einen als Mitarbeiter akzeptiert hat. Ist man einmal gedruckt, ist die Sache gelaufen.

Wie hält man Journalismus länger als 30 Jahre aus (ohne dem Suff und der Kettenraucherei verfallen zu sein)? Indem man mit Spaß bei der Sache bleibt. Man kann – nach Plan und mit einigem Glück – im schönsten Beruf der Welt gut und zügig vorankommen, wenn man mit dosiertem Gasfuß und tapferem Herzen die Kurven nimmt und die »Ideallinie« ausfährt – ein »Ausritt« in einen Graben, Nollau war ein Ausritt, muß nicht zum Ausscheiden aus dem Rennen führen.

Was hat man erreicht? Da war einst jener Anfänger bei der »Frankfurter Allgemeinen Zeitung (FAZ)«, der später überzeugt gestand: »Als wir jung waren, haben wir immer geglaubt, die Weltpolitik werde in der Großen Eschenheimer Landstraße gemacht« – in der Großen Eschenheimer Landstraße in Frankfurt saß die »FAZ«-Redaktion. Später, heute, weiß der Verfasser dieses Buchs über Journalismus, daß er Spuren hinterlassen hat – freilich: Spuren in fließendem Wasser. Aber dennoch gibt es keine Spur von Resignation, nur nüchterne Gelassenheit; und immer wenn er schreibt, »wäscht er sein Herz«, wie Thomas Mann die Hygiene der Schreiber enthüllt hat.

Welche Eigenschaften braucht man, um Journalist zu werden? Marion Gräfin Dönhoff (Heinrich Böll: »La comtesse rouge«, Die rote Gräfin), große alte Dame des deutschen Journalismus, hat im November 1984 – nach 36 Berufsjahren als Zeitungsfrau – in ihrer »Zeit« die Frage so beantwortet:

Der Journalist »darf nicht an sich selber denken – das ist vielleicht ein Dollpunkt bei mir. Er muß denken, daß es das Wichtigste ist, das Problem, das er vor sich hat, den Menschen klarzumachen. Manche spreizen ein Pfauenrad und denken: Wie schön habe ich das jetzt gesagt! Ich finde es wichtig, daß es gelingt, einen Gesichtspunkt rüberzubringen. Wenn man sich vorstellt, daß man etwas schreibt, was dann in 400 000 Exemplaren gedruckt wird! Mich hat eine Rotationsmaschine immer beeindruckt, weil ich immer dachte: Hast du auch wirklich keinen Fehler gemacht?«

Honoré de Balzac beschrieb seine Erfahrungen mit der Journaille einmal so: »Der Journalismus ist eine ungeheure Schleudermaschine, die von Gehässigkeiten in Bewegung gesetzt wird.« Die Journalistin Dönhoff sprach sich gegen »Hinrichtungsjournalismus« und »journalistische Todesschwadrone« aus, die in unseren Tagen das Land durchschweifen: Sie sei »gegen diesen *investigative journalism,* denn da muß immer hochgepustet werden. Ich bin der Meinung, wir müssen gegenhalten; wir müssen, wenn die Leute sich zu viel aufregen, sagen: ›So schlimm ist es auch wieder nicht‹, und wir müssen anfeuern, wenn sie stumpf dasitzen und immer noch nicht kapiert haben, daß etwas Unerhörtes vorgeht.« Dönhoffs Imperativ für die Kollegen: »Emotionen zu rationalisieren, also etwas zu dämpfen.« Die Mitherausgeberin der »Zeit« ekelt sich vor den »muckrakers«, den journalistischen »Kloakenfegern«.

An ihrem 75. Geburtstag bekannte die Journalistin Marion Dönhoff, daß sie eigentlich »nur noch Bücher schreiben« möchte: »Der Journalismus aber ist so wichtig – die Leute lesen keine Bücher, sie lesen Zeitungen.«

Was ist nun ein Journalist? Ein Redakteur, spottete der Redakteur Kurt Tucholsky, »ist ein festangestellter Literat«. Ein Redakteur sitzt in aller Regel an seinem Schreibtisch, wartet wie ein Schleusenwärter auf einlaufende Manuskripte und redigiert sie, das heißt: Er macht die Artikel der Mitarbeiter im Land fertig für den Druck, druckreif also. Er kürzt sie gefühlvoll und längt sie kenntnisreich, verbessert sachlich oder stilistisch und kontrolliert auch die Interpunktion. Das kann richtige Knochenarbeit sein, wenn der Autor beim Schreiben einen schlechten Tag erwischt hat; das kann ein sinnliches Vergnügen sein, wenn der Autor ein Könner ist. Manche Redakteure schreiben auch, aber viele von ihnen können – streng journalistisch gesehen – gar nicht schreiben. Mehr als ein Redakteur ist – wiederum streng journalistisch gesehen – der Journalist.

Ein Journalist

○ ist ein aufmerksam-hellwacher Zeitgenosse, der nicht nur hört, daß das Gras wächst, sondern auch sieht, wo es wächst. Er betrachtet neugierig seine Mitmenschen und seine Umwelt und erkennt, welches Ereignis eine Meldung oder eine Geschichte hergibt, die bei seiner Umgebung auf allgemeines Interesse stoßen könnte,

○ ist in der Lage, seine sorgfältig gesammelten Informationen dem Leser in verständlicher Weise mitzuteilen und in Zusammenarbeit mit Fotograf und Grafiker als optischen Genuß zu präsentieren,

○ ist überzeugt, daß sein Kapital seine Informationen sind und er in einem Service-Unternehmen namens »Presse« – und nicht in einer moralischen Anstalt – arbeitet, bei dem der Kunde der Leser ist. Der Journalismus ist Transport von Informationen.

Wie sind bei diesem »Dienstleistungsbetrieb Presse« die Einstellungsbedingungen? Wie kommt man in den schönsten Beruf der Welt?

Journalist kann sich jeder nennen, wohl selbst der, der gar nicht schreibt. Bäckergeselle ist ein eingetragener Beruf, Bäckermeister ist man nur mit behördlicher Anerkennung. Man darf sich »Journalist« nennen und von Journalisten auch verleumden lassen, wie es der gelernte Journalist Willy Brandt, ehemals SPD-Kanzler in Bonn, im Herbst 1984 vor dem Parlamentarischen Untersuchungsausschuß tat: Die Flick-Schmiergeld-Eintragungen »wegen Eppler« (prominenter SPD-Politiker in Baden-Württemberg) bedeuten doch in Wirklichkeit »gegen Eppler«, das hieße: Flick habe Journalisten geschmiert, damit sie den SPD-Mann Eppler diskreditieren sollten – »Infames von Brandt«, empörte sich die »Stuttgarter Zeitung«. Es fand sich kein Journalist und kein Journalistenverband, der Brandt »wegen Verleumdung« verklagt hätte.

Wen es in seinen Schreibfingern juckt, soll anfangen zu schreiben – ob für seine Schülerzeitung oder Lokalgazette. Er soll sich vorher aber ansehen, welche Leserschaft die Zeitung, für die er schreiben will, besitzt und dann zu Papier bringen, was er dieser Zielgruppe mitteilen will: Einen noch so überzeugenden Artikel gegen die freie Marktwirtschaft, beispielsweise, wird das bürgerliche Wirtschaftsblatt »Frankfurter Allgemeine« kaum drucken, wohl aber die Gewerkschafts-Wochenzeitung »Welt der Arbeit«. Die »Welt der Arbeit« nimmt keinen noch so plausiblen Aufsatz über die Faulheit der Funktionäre auf, eher schon die »Frankfurter«.

Der Anfänger soll sich zum Start auch eine Lücke suchen, an der seine Zeitung leidet – beispielsweise ein Defizit über Radrennsport im Lokalsport. Mitarbeiter für Fußball und Tennis haben Redaktionen kompanieweise, der Radsport ist eine Lücke, durch die ein talentierter Neuling in eine Redaktion vorstoßen und sich dann einnisten kann.

Hat er sein Spezialgebiet gesichert, gilt es, sich einen verläßlichen Informantenstamm aufzubauen und die Nachrichtenlieferanten auch zu pflegen. Für den Lokaljournalisten gibt es die lokalen Politikgrößen, wobei er sich besonders intensiv um die in aller Regel untergepflügte und darum mitteilungsfreudige Opposition kümmern sollte. Informanten gibt es auf Länderebene für Landesjournalisten, in Filmkreisen für Filmjournalisten – Informanten sind für den Zeitungsmenschen alles, Informationen sind sein Kapital. Daß manche Blätter, vor allem die oft marktschreierischen Illustrierten, Informationen auch noch honorieren, ist kein Glanzlicht im Gewerbe; wohin der sogenannte Scheckbuch-Journalismus führt, hat der »stern« mit den gefälschten Hitler-Tagebüchern demonstriert – das Blatt zahlte für sie mehr als neun Millionen Mark.

Wie ein Journalist an seine Informationen kommt, hat einmal Hans Schmelz, Journalist im Bonner »Spiegel«-Büro, mit unnachahmlichem Understatement vor der Fernsehkamera berichtet: »Man geht hierhin, man läuft dorthin. Man kriegt hier eine Information, man kriegt dort eine Information. Und in der Redaktion schreibt man alles auf.«

Das Abitur allein ist heute kaum noch Eintrittskarte in den Journalismus. Wer Journalist werden will, soll – neben dem fröhlichen Schreiben – auch noch etwas lernen. Eine richtige Lehre ist immer wichtig: Eine Banklehre für den, der Wirtschaftsjournalist werden will; eine Lehre als Kraftfahrzeugschlosser für den, den es zum Motorjournalismus zieht. Oder ein richtiges Studium, ein Studium generale, nicht eines, an dessen Ende das Titel-Ungeheuer »Diplom-Journalist« steht. Die Fächer kann man – gezielt auf die anvisierte journalistische Laufbahn – klug kombinieren: Neuere Geschichte, Romanistik und Italienisch für den Italien-Korrespondenten von morgen, Kfz-Technik mit Englisch und Französisch für den Motorredakteur in spe. Regelmäßige freie Mitarbeit bei einem Blatt und ein vernünftiges Studium, das nicht in jedem Fall mit einem akademischen Grad gekrönt sein muß, führen am besten zur ersten journalistischen Berufsstation: zum Volontariat.

Zum Volontariat in Deutschland muß zuerst gesagt werden, daß die deutsche Presse nicht allzuviel für den Nachwuchs tut. Viele Verlage – und lange Zeit selbst der journalistische Mammutbetrieb »Zweites Deutsches Fernsehen« – stellen überhaupt keine Volontäre ein (sie kaufen nur fertige Journalisten auf dem freien Markt), andere Verlage benutzen ihre Volontäre nur als billige Schreibkräfte, die ganze Lokalausgaben füllen müssen. Die Verlegerverbände haben Richtlinien für die Ausbildung von Volontären aufgestellt, aber es ist dem Verfasser dieses Buchs kein Verbandsmitglied bekannt, das sich an diese Richtlinien hält. Dem journalistisch Interessierten bleibt nur die Möglichkeit, bei einem Verlag die Volontärs-Bedingungen zu erbitten.

Der Springer-Konzern, zum Beispiel, bildet seine Volontäre vorbildlich und sorgfältig aus und erreicht das große Ziel des Volontariats, fast jeden ausgebildeten Volontär auch in den Redakteursstand zu erheben. 65 Volontäre zählte man bei Springer 1984/85, etwa 95 Prozent konnten mit einem Redakteursvertrag rechnen. In Hamburg betreiben die Verlage Gruner + Jahr und »Zeit« als Gesellschafter die »Henri-Nannen-Schule«, die zum Jahreswechsel 1984/85 ihre Ausbildungsplätze von 18 auf 36 erhöht hat (im April die ersten 18 und im Dezember weitere 18 Volontäre). Diese Journalisten-Schule leitet Wolf Schneider, ehemals Chefredakteur der »Welt«, als Medienkritiker mit beachtenswerten Fachbüchern (»Deutsch für Profis – Handbuch der Journalistensprache«, »Unsere tägliche Desinformation«) hervorgetreten und von der Hamburger Universität mit einem Lehrauftrag für Sprachkritik bedacht. Der Andrang bei Schneider ist groß, die Mühen und die Zähigkeit der Nannen-Schüler werden honoriert: Die deutsche Presse nimmt sie mit offenen Armen auf. Aber: Kein Nannen-Absolvent will zum »stern«, zu Nannens altem Blatt; die Kaderschmiede, der er seinen großen Namen gab, ist beim Nachwuchs nicht gefragt.

»Das Stuttgarter Modell« der Motor-Presse Stuttgart, vom Verfasser dieses Buchs seit Anfang 1977 betrieben, hat im deutschen Journalismus Anerkennung gefunden. Die Verlagsgruppe hat für jeweils zwei Jahre zwölf Planstellen für journalistische und drei für grafische Volontäre bereitgestellt, die – Basis 1985 – im ersten Jahr etwa 1500 und im zweiten Volontärsjahr 1700 Mark Gehalt beziehen. »Das Stuttgarter Modell« sieht so aus:

- Das Abitur allein genügt zur Bewerbung nicht. »Abitur plus –« lautet die Bedingung: plus abgeschlossene Lehre oder plus Studium (abgeschlossen oder nicht beendet)
- Der akzeptierte Bewerber muß einen Aufsatz schreiben, etwa zwei Schreibmaschinenseiten lang, Thema: »Warum ich Journalist werden will«. Die Arbeit wird vom Leiter des Geschäftsbereichs Redaktionen in der Motor-Presse, dem Verfasser dieses Buchs, und erfahrenen Redakteuren beurteilt. Wenn der Aufsatz das journalistische Talent und das Vermögen, aus der deutschen Sprache mehr als einen Schulaufsatz zu machen, erkennen läßt, werden von der

Personalabteilung die notwendigen Bewerbungsunterlagen angefordert. Der Leiter des Geschäftsbereichs Redaktionen bezeichnet die Bewerber, die sich so qualifiziert haben, als »Qualifikanten«
○ Der Qualifikant wird vom Verlag zu einer sogenannten Checkwoche eingeladen und ist in dieser Zeit Verlagsgast. Eine der Redaktionen der Motor-Presse übernimmt den Kandidaten, stellt für ihn einen Wochenplan auf und läßt ihn unter Aufsicht eines erfahrenen Redakteurs arbeiten: Schreiben von Meldungen, eine kleine Reportage, ein Interview. Am Ende der Checkwoche treffen sich der Kandidat und der Redakteur beim Leiter des Geschäftsbereichs zu einem ausführlichen Abschlußinterview; später wird noch der Personalchef der Verlagsgruppe hinzugezogen. Es wird geurteilt, ob der Kandidat die Prüfung bestanden hat. Wenn ja, bekommt er in der folgenden Woche seinen Volontärsvertrag. (Von 20 Bewerbern kommen in der Regel drei in die Checkwoche, zwei von ihnen werden Volontär.)
○ Der Volontär durchläuft mindestens sechs Redaktionen des Hauses und wird in jeder Redaktion von einem Mentor betreut. Artikel werden durchgesprochen, auf Fehler wird hingewiesen, Verbesserungen werden vorgeschlagen. Der Volontär hat zwei hausfremde Pflichtstationen: zwei Monate Tageszeitung (Stadtredaktion der »Frankfurter Allgemeinen«, »Rheinische Post« Düsseldorf oder »Stuttgarter Nachrichten«) und das »Journalistenzentrum Haus Busch« in Hagen-Helfe, Sauerland, das von den deutschen Verlagen finanziert wird
○ Alle Volontäre treffen sich zweimal an einem Nachmittag im Monat zu Vorlesungsthemen: »Wie funktioniert das Anzeigengeschäft?«, »Wie ist der Vertrieb organisiert?«, »Was ist ein Copytest?« Große Blattmacher schildern, wie sie's machen: Dr. Werner Funk vom »manager magazin«, Helmut Markwort vom »Gong«. Große Autoren erzählen, wie sie schreiben; so zum Beispiel Hermann Schreiber, Chefreporter von »Geo«, Mitautor der »Rosenthal Story«, Verfasser des Buchs »Die Midlife-Crisis«. Der Verfasser dieses Buchs, verantwortlich für die Volontärsschulung, bringt das »Stuttgarter Modell« mit der Universität Stuttgart zusammen, an der er über »Journalistische Praxis« liest
○ Im zweiten Volontärsjahr zeigt sich, ob sich ein Volontär so entwickelt hat, daß der Verlag ihm am Ende seiner Ausbildung

einen Redakteurs-Vertrag anbieten wird. Auf wen in dieser Zeit nicht das Auge eines Chefredakteurs wohlgefällig gefallen ist, bekommt den Wink, sich außerhalb des Hauses Motor-Presse nach Möglichkeiten seines journalistischen Fortkommens umzusehen.

Das Fazit des »Stuttgarter Modells« gegen Ende seiner ersten zehn Jahre: Von zehn eingestellten Volontären erreichen im Haus acht den Redakteurs-Status. Dennoch ist die Schwundquote größer: Andere Verlage und vor allem die Pressestellen der finanzkräftigen Industrie greifen schamlos in die Schar der Ausgebildeten und werben sie mit horrenden Angeboten ab.

Der Redakteur, solcherart aus dem Volontärsstand hervorgegangen, beginnt mit seinem Einkommen in der Regel – wenn sein Verlag ihm für ein abgeschlossenes Studium nicht ein oder mehrere Berufsjahre anrechnet – mit dem ersten Berufsjahr; Tarifgehalt zum Beispiel bei Zeitschriften: 2711 Mark im Monat. Es folgen – neben der alljährlichen Tariferhöhung – Gehaltssprünge nach Berufsjahren: »Einfache« Redakteure steigen im Tarif vom ersten bis zum fünften Jahr, Gehaltssprünge gibt es noch einmal ab dem fünften und dem zehnten Berufsjahr. »Redakteure in besonderer Stellung« wie stellvertretende Ressortleiter und Chefreporter stehen im Tarif eine deutliche Stufe höher. Vom Ressortleiter aufwärts bis zum Chefredakteur werden – laut Gehaltstarifvertrag für Redakteure an Zeitschriften – die Gehälter »frei vereinbart«. Das Einkommen des Journalisten hat – zumindest theoretisch – nach oben keine Grenze; »stern«-Chefredakteur Henri Nannen wurde im eigenen Haus mit einer Million Mark in jedem Jahr gehandelt (Siegfried Moenig, der frühere Chef des Bauer-Verlags, ein Kaufmann, galt als drei Millionen schwer).

Junge Journalisten denken selten bereits an ihr Berufsende. In kaum einem anderen Beruf gibt es mehr Sozialfälle als für alte Journalisten. Sie haben oft ein ganzes Leben als sogenannte Freie gearbeitet, Honorare kassiert und selbst versteuert – die notwendige Alterssicherung aber immer wieder aufgeschoben; sie mußten auch nicht in die Pflichtversicherung für Angestellte. Redakteure, angestellte Journalisten also, leben da sicherer: Sie sind bei der Bundesanstalt für Angestellte (BfA) in Berlin pflichtversichert und zusätzlich noch im Versorgungswerk der Presse, Sitz in Stuttgart, für das sich Redakteure und Verlag die Beiträge teilen. Bei steigendem Einkommen ist der Redakteur nicht mehr in der BfA pflichtversichert, die sogenannte Beitragsbemessungsgrenze in der gesetzlichen Rentenversicherung lag Anfang 1985 bei 64 800 Mark. Aber es empfiehlt sich, daß der Redakteur dort freiwillig versichert bleibt und später zweimal eine Altersrente kassiert: von der BfA und dem Presseversorgungswerk. Ins Presseversorgungswerk kommt der Redakteur, dessen Berufskriterien in Tarifverträgen zwischen Verleger- und Journalisten-Verbänden definiert ist.

Dem Anfänger und auch dem gestandenen Journalisten stellt sich immer wieder die Frage, bei welchem Blatt und in welchem Verlag er arbeiten soll: Jedes Blatt hat sein Image. Da gibt es Blätter, die einen guten Ruf haben und ihre Redakteure auch gut bezahlen – Beispiele: »Hör zu«, »Spiegel« und »Capital«. Da gibt es Blätter, die einen guten Ruf haben, aber in der Journaille nicht als gute Gehaltszahler gelten – Beispiele: »Frankfurter Allgemeine« und »Die Zeit«. Dann gibt es Blätter, die ein schlechtes Image haben, aber gut zahlen – »Kölner Express«. Und dann gibt es noch Blätter, die einen schlechten Ruf haben und schlecht zahlen – aber die nennt der Verfasser dieses Buchs nicht.

Manche Blätter, die für mäßige Dotierung ihrer Redakteure bekannt sind, erklären, bei ihnen sei der Lohn die Ehre, dort schreiben zu dürfen; und manch ein kluger Kopf glaubt das auch. In der Tat: Es gibt Blätter in Deutschland, für die zu arbeiten eine Ehre ist und deren Glanz auch auf den Redakteur fällt. Allerdings: Junge Journalisten sollten sich hüten zu glauben, die ihnen von hochmögenden Persönlichkeiten entgegengebrachte Hochachtung, die manchmal wie Freundschaft aussieht, gelte ausschließlich ihnen – sie gilt im Grunde nur dem Blatt, das der Journalist vertritt. Dabei, freilich, fällt oft auch Hochachtung für den Journalisten mit ab.

Die Journalistenverbände bemühen sich, auch ein wenig Standesorganisation zu sein. Die dju, die Deutsche Journalisten-Union in der Industriegewerkschaft Druck und Papier, geriert sich aber meist nur als Tarifmaschine und Instrument des Klassenkampfs: Sie ist für die Änderung der Eigentumsverhältnisse im deutschen Pressewesen – Detlef Hensche von der Spitze der IG Druck und Papier, ein »Auch«-Journalist, gebärdet sich wie Karl Marx der Jüngere.

Der DJV, der Deutsche Journalisten-Verband, nennt sich »die Berufsorganisation der hauptberuflich tätigen Journalisten« und »nimmt alle beruflichen, rechtlichen und sozialen Interessen seiner Mitglieder wahr«. Die Satzung nennt diese Aufgaben: Der DJV

○ setzt sich ein für die Sicherung der freien Information, der freien Meinungsäußerung und der geistigen Unabhängigkeit der Journalisten

○ wirkt mit bei der Vorbereitung von Gesetzen, die Presse, Hörfunk und Fernsehen berühren

○ nimmt die Interessen der Journalisten auf sämtlichen Rechtsgebieten wahr

○ wahrt das Ansehen des journalistischen Berufs und fördert die berufliche Aus- und Fortbildung

○ schließt Kollektive Arbeitsverträge und ähnliche Vereinbarungen ab. Der Verband bekennt sich zu den Mitteln des Arbeitskampfs

○ schafft auch Einrichtungen, die die soziale Stellung der hauptberuflich tätigen Journalisten und besonders deren Altersversorgung stärken und sichern

○ berät seine Mitglieder in beruflichen, tariflichen und steuerlichen Fragen sowie beim Arbeitsplatzwechsel und gibt Rechtsschutz entsprechend der Rechtsschutzordnung.

Die DJV-Mitgliedsbeiträge sind nach Berufsjahren gestaffelt: Je Vierteljahr zahlt ein Mitglied im ersten und zweiten Berufsjahr 75 Mark, ab dem 16. Berufsjahr 111 Mark; Volontäre kommen mit 45 Mark aus. Das Verbandsmitglied bekommt einen orange Presseausweis, auf dessen Rückseite – Aufschrift: »Bahnpolizeilicher Passierschein, Railway-Police Pass/Coupe-File« und »Amtlicher Passierschein, Official Pass/Coupe-File« – Amtspersonen »gebeten« werden, »die Aufgaben des Inhabers dieses Ausweises in jeder Weise zu erleichtern, insbesondere bei Aussperrungen Durchlaß zu gewähren«; ins Kino kommt man nicht umsonst rein. Wer dem DJV fünf Mark schickt, bekommt auch noch ein »Auto-Presse-Schild« – ein Schnick-Schnack, vor dem zu warnen ist. Neuerdings nimmt der DJV auch Volontäre auf.

Die Journalistenverbände DJV und dju haben mit dem Verband Deutscher Zeitschriftenverleger (VDZ) auch festgelegt, was ein »hauptberuflich festangestellter Redakteur (Wort und Bild)« ist.

Danach ist Redakteur,

○ wer überwiegend an der Erstellung des redaktionellen Teils regelmäßig in der Weise mitwirkt, daß er

1. Wort- und Bildmaterial sammelt, sichtet, ordnet, dieses auswählt und veröffentlichungsreif bearbeitet und/oder
2. mit eigenen Wort- und/oder Bildbeiträgen zum redaktionellen Inhalt der Zeitschrift beiträgt und/oder
3. die Gestaltung des redaktionellen Teils der Zeitschrift (insbesondere die Anordnung des Textes und der Bilder) journalistisch plant und bestimmt und/oder
4. diese Tätigkeiten in der Funktion eines Chefs vom Dienst, eines geschäftsführenden Redakteurs oder eines Solyredakteurs kombiniert.

Die Mitgliedschaft in einem der beiden Journalistenverbände empfiehlt sich in jedem Fall, denn das Betriebsverfassungsgesetz (BVG) ist für Journalisten bekanntlich nicht gerade maßgeschneidert; die Rechte des Betriebsrats in einem Presse-Verlag sind bei personellen Entscheidungen wie Einstellung und Entlassung von Redakteuren eingeschränkt, wie der BVG-Paragraph 118 bestimmt. Danach ist ein Verlag ein »Tendenzbetrieb«, der die in der gesamten deutschen Wirtschaft übliche Mitbestimmung der Arbeitnehmer, sprich: Betriebsrat, einschränkt: Die landesübliche Mitbestimmung findet nach dem BVG keine Anwendung auf Betriebe, »die unmittelbar und überwiegend der Berichterstattung oder Meinungsäußerung dienen«. Das Gesetz erklärt den »Tendenzschutz« für Verlage: Geschützt wird der Verleger, der einem Blatt eine Tendenz, eine politische oder fachkonzeptionelle Richtung, vorgegeben hat. Wenn ein Redakteur nach Verlagsmeinung gegen diese Tendenz verstößt, hat er im Verlag meist sein Recht auf Beschäftigung verwirkt – bei anschließendem Streit vor den Arbeitsgerichten, bei denen die Journalistenverbände ihrem Mitglied den Rechtsanwalt stellen, trennt man sich oft mit einer Abfindung für den Redakteur.

Die klassenkämpferisch eingestellte dju, eine Sektion der klassenkämpferischen IG Druck und Papier, müht sich seit einiger Zeit, neben der »äußeren Pressefreiheit«, garantiert durch das Grundgesetz, auch die »innere Pressefreiheit« per Landesgesetz zu sichern. »Innere Pressefreiheit« laut dju Bayern:

1. Die inhaltliche Gestaltung des redaktionellen Teils eines periodischen Druckwerks im Rahmen der allgemeinen publizistischen Haltung dieses Druckwerks ist ausschließlich Sache der Redaktion. Es ist unzulässig, Agenturmaterial oder andere Texte unter Umgehung der Redaktion in Satz zu geben

2. Im Rahmen der Grundhaltung des periodischen Druckwerks hat der Redakteur Freiheit bei der inhaltlichen Gestaltung seiner Beiträge im einzelnen. Einzelanweisungen des Verlages sind insoweit unzulässig

3. Kein Journalist darf veranlaßt werden, entgegen seiner journalistischen Verantwortung Veröffentlichungen vorzunehmen oder zu unterlassen. Aus einer Weigerung dürfen dem Journalisten keine Nachteile entstehen . . .

Wo der Journalist in einem Verlag die schriftliche Fixierung der »inneren Pressefreiheit« fordern muß, ist es für die Pressefreiheit allerdings längst zu spät. Kein halbwegs vernünftiger Verleger redet der Redaktion in ihre Arbeit unsittlich rein – und wo es ein Verleger tut, kann der Redakteur immer noch mutig »Nein« sagen und gehen. Vor dem Gedanken allerdings, die Arbeit eines Journalisten müsse im Originalton ins Blatt gerückt werden, sonst sei die »innere Pressefreiheit« bedroht, muß gewarnt werden: Ressortleiter und Chefredakteure haben nicht nur das Recht, sondern geradezu die Pflicht, Artikel, die ihrer Meinung nach nicht in ihr Blatt passen, neu schreiben zu lassen oder zurückzuweisen; sie werden ihr Veto natürlich plausibel machen müssen.

Die Diskussion um die »innere Pressefreiheit« ließ noch eine andere Forderung in den Redaktionen laut werden: nach einem sogenannten Redaktionsstatut. Es wurde Ende der 60er und Anfang der 70er Jahre zum Schlag- und dann zum Modewort der Journaille. Der »stern« machte den Anfang. Der »Spiegel« wurde von Linken in der Redaktion lange Zeit fast paralysiert; die Redakteure Dr. Bodo Zeuner, der Daimler-Benz-Direktorssohn Hermann L. Gremliza (heute »Konkret«-Herausgeber) und Dr. Alexander von Hoffmann (heute Professor an der Freien Universität in Berlin) wurden nach langen Rangeleien von Rudolf Augstein geschaßt, um den »Spiegel« vor dem Ruin zu bewahren.

Begonnen hatte der Streit um die »innere Pressefreiheit« und ein »Redaktionsstatut« ziemlich harmlos, sozusagen menschlich-egoistisch. Mitte der 60er Jahre war der Mitinhaber des neuen Großkonzerns Gruner + Jahr (G+J) in Hamburg, Richard Gruner, auf die einleuchtende Idee gekommen, einen Vertrauensmann in die Chefredaktion des G+J-Flaggschiffs »stern« zu schicken, das bis dahin von dem Egomanen Henri Nannen erfolgreich herumkommandiert worden war. Gruner verfiel auf seinen Freund Claus Jacobi, der gerade mit einer saftigen Abfindung aus der Chefredaktion des »Spiegel« ausgeschieden war. »Sir Henri« hielt absolut nichts davon, den smarten »Jacco« gleichberechtigt neben sich auf der Kommandobrücke seines Musikdampfers zu haben. Nannen mobilisierte die von ihm ansonsten geschundene »stern«-Redaktion: Ein Statut müsse her, damit kein Fremder in die Chefredaktion eingeschleust werden könne. Das Statut kam zustande: G+J müsse die »stern«-Redakteure um Zustimmung bitten, wenn der Konzern einen neuen Chefredakteur ernennen wolle. Mit dem Papier »Redaktionsstatut« in der Hand schreckte der »stern« den anmarschierenden »Jacco« ab, sein Gönner Gruner resignierte, verkaufte sein G+J-Paket und seinen 25prozentigen »Spiegel«-Anteil und erwarb damit die Aktienmehrheit an einer amerikanischen Fluglinie.

Überall im deutschen Blätterwald wurde danach um Redaktionsstatute gekämpft, aber keine so ausgerüstete Redaktion hat einen Chefredakteur abwehren können, den ein Verleger reindrücken wollte – auch die »stern«-Redaktion nicht. Das Ende der Diskussionen um Redaktionsstatute zur Sicherung der »inneren Pressefreiheit«, in einigen Verlagen wurden später Statute sogar offiziell von den Verlegern ersatzlos aufgekündigt, hat die »innere Pressefreiheit« nicht unsicherer gemacht, wohl aber auch nicht sicherer.

Um die Meinungs- und Pressefreiheit, ein natürliches Menschenrecht, mühen sich in der ganzen Welt viele, vor allem journalistische Institutionen in der freien Welt, so das IPI, Internationales Presse-Institut, eine private Vereinigung führender Redakteure, die mit ihrer Arbeit die Pressefreiheit schützen, den ungehinderten Nachrichtenaustausch fördern und journalistische Arbeitsmethoden verbessern wollen – oft bleiben es edle Absichten.

In drei Vierteln aller Staaten dieser Welt gibt es heute noch – oder schon wieder – die Pressezensur oder zumindest massive Versuche, die Presse zu beeinflussen, ermittelte Ende 1984 Sol Sussman,

Leiter der Organisation Freedom House in Washington, eine Gruppe, die sich die Überwachung der Menschenrechte zur Aufgabe gemacht hat. Zur Presse-Einschüchterung kommt für viele Presseleute oft noch körperliche Gefahr: 1984 wurden 21 Journalisten in Zusammenhang mit ihrer Tätigkeit getötet, meldete die US-Nachrichtenagentur AP, im Vorjahr waren es 14 gewesen. 1984 wurden fünf Journalisten entführt, 72 festgenommen, 22 aus 14 Ländern ausgewiesen und 31 erlitten Körperverletzungen der verschiedensten Art – Opfer ihres Berufs und im Dienst der Aufgabe, die Menschen zu informieren.

Der schönste Beruf der Welt? Der Journalismus ist der beschissenste Beruf, behauptet der Verfasser dieses Buchs nach mehr als 30 Berufsjahren – und wird ihn im nächsten Leben wieder ergreifen, sollte es ein zweites Leben geben.

VIERTES KAPITEL

Die journalistische Schreibe
oder
Welchen Rat François-Marie Arouet Autoren gab:

»Jede Art
zu schreiben ist erlaubt –
nur nicht die langweilige«

François-Marie Arouet, am 21. November 1694 in Paris als Sohn eines wohlhabenden Notars in den Beginn einer unruhigen Zeit hineingeboren, fiel schon als Knabe durch ungewöhnliche Begabung auf. In den aristokratischen und freidenkerischen Kreisen der französischen Hauptstadt war der Protegé der Marquise de Châteauneuf bald zu Hause und machte sich im Handumdrehen einen Namen als Autor geistreicher Epigramme und Satiren. Natürlich begrüßte der junge Spötter den Tod Ludwigs XIV., des Sonnenkönigs, im Jahre 1715, der dekretiert hatte: »Der Staat bin ich.« Bereits 1717 kam er, 21 Jahre alt, für ein Jahr in die Bastille – die Behörden lochten ihn für ein Pamphlet ein, das er erwiesenermaßen nicht verfaßt hatte. Der schriftstellernde Hitzkopf forderte den Chevalier de Rohan zum Duell auf, kam erneut in Haft und wurde nach England verbannt, »dem freiheitlichsten Land«, das er sich denken konnte. François-Marie Arouet schrieb und schrieb – 1718 nahm er den Namen an, mit dem er sich einen Platz in der Geschichte sicherte: Voltaire. Als Schriftsteller, Historiker und Philosoph ein Stern, der heute noch leuchtet, starb er 1778.

Voltaire schrieb, vielleicht, weil er wegen seiner freidenkerischen Schriften eingesessen hatte, jenen berühmten Satz, der der Sehnsucht der Menschen nach Gedanken- und Meinungsfreiheit entsprach:

> »Ich mag verdammen, was du sagst,
> aber ich werde mein Leben dafür einsetzen,
> daß du es sagen darfst.«

Und allen Autoren, Schreibern und Journalisten gab er den Rat: »Jede Art zu schreiben ist erlaubt – nur nicht die langweilige.« Und so tat's Voltaire denn auch selber.

Arthur Schopenhauer (1788 bis 1860) schrieb seinen Kollegen »über Schriftsteller und Stil« ins Stammbuch: »Man gebrauche gewöhnliche Worte für ungewöhnliche Dinge.« Juda Löw Baruch, der sich Ludwig Börne (1786 bis 1837) nannte, setzt spöttisch dagegen: »In Deutschland schreibt jeder, der die Hand zu nichts anderem gebraucht, und wer nicht schreiben kann, rezensiert.« Börne sah sein Tun gering: »Ich habe keine Werke geschrieben, ich habe nur meine Feder versucht, auf diesem, auf jenem Papier (jetzt sollen die Blätter gesammelt, aufeinandergelegt werden, und der Buchbinder soll sie zu Büchern machen – das ist alles).«

Wie haben sie geschrieben, die großen journalistischen Schreiber wie Ernest Hemingway, Heinrich Heine, Karl Marx, Maximilian Harden (»Der anerkannte Papst der damaligen Publizistik«, wie Axel Eggebrecht behauptet), Alfred Kerr, Theodor Wolff, Alfred Polgar, Siegfried Jacobsohn (Kürzel: »S. J.«), Egon Erwin Kisch, Carl von Ossietzky, Kurt Tucholsky (Pseudonyme: Ignaz Wrobel, Peter Panter, Theobald Tiger, Kaspar Hauser, Dagobert Dachs, Ladislaus Löwe), Benno Reifenberg, Gerhart H. Mostar, Rudolf Augstein? Sie waren Journalisten, im wahrsten Sinne des Worts also Tagesschriftsteller, sie schrieben »für den Tag« – wie gingen sie's an?

Es wird berichtet, daß Friedrich von Schiller nur schreiben konnte, wenn er den Duft fauler Äpfel, die in seiner Schreibtisch-Schublade reifer wurden, in die Nase bekam. Es wurde gesehen und gehört, daß Hermann Renner, in den 60er Jahren großer Schreiber des »Spiegel« im Hamburger Pressehaus, nach jedem Satz, der ihm gelungen schien, den Kopf in die schmalen Stuben seiner um typische »Spiegel«-Schreibe ringenden Kollegen steckte und frohlockte: »s'lauft, s'lauft.« Ernest Hemingway, gestartet beim »Kansas City Star«, schrieb seine großen Sachen an einem Stehpult und stand dabei oft auf einem Bein – länger als er es auf einem Bein aushalten konnte, durfte kein Satz werden. Der einbeinige Journalist brachte es bis zum »Weltmeister im Schreiben« (Selbstauskunft).

Siegfried Jacobsohn (1881 bis 1926), Gründer der »Weltbühne«, der schon mit 19 Jahren seine ersten Theater-Rezensionen in Hamburg veröffentlichte, zog sich zum Schreiben irgendwohin zurück und schickte seine Artikel auf kleinen Bogen in die Redaktion zu Kurt Tucholsky in Berlin: »Eng beschrieben von oben bis zum untern Rand, mit einer winzigen, fetten Schrift, die aussah wie ein persisches Teppichmuster.« »Spiegel«-Herausgeber Rudolf Augstein bringt seine Kolumnen in der seit Ende des Zweiten Weltkriegs unüblichen Sütterlin-Schrift zu Papier, die nur seine Sekretärin, die das Manu-Skript abschreibt, entziffern kann.

Heinrich Heine (1797 bis 1856), Korrespondent für die »Augsburger Allgemeine Zeitung« in Paris, lehrte seine Gegner das Fürchten, wenn sie seine Schreibe – so ein Zeitgenosse – lasen: »Sein Witz war kein kleines französisches Windhündchen; sein Witz war vielmehr ein großer deutscher Kater, der mit der Maus spielt, ehe er sie erwürgt.« Wie er schrieb?: »Nominales, Wörter, neue, fremde, noch nicht verbrauchte, ungewohnte wie allzu umgangssprachlich geläufige, Wortmischungen, Wortmixturen, Wortmischungsreize, Konkretisierungen im ungebrauchten Wort...« (Heine-Biograph Helmut Heißenbüttel). Heute noch hassen die Notabeln von Düsseldorf, seiner Heimatstadt, ihren unglücklichen großen Sohn so sehr, daß die Liberalen in der Stadt es nicht schaffen, der Düsseldorfer Universität seinen Namen zu geben. Heine mag sich trösten: Dafür heißt eine gemütliche Straße in der Düsseldorfer Altstadt »Heinrich-Heine-Straße«. Wenn Kollege Karl Marx (1818 bis 1883) zur Feder griff, ging die Umwelt in volle Deckung – als an der Berliner Universität das Gerücht umlief, der junge Student Marx werde dem Philosophen Ludwig Feuerbach bei der Herausgabe einer Zeitschrift helfen, schrieb ein Zeitgenosse seinen Schreck auf: »Da wird Gott gut tun, sich mit allen seinen Engeln zu umgeben.«

Der leidenschaftliche Zeitungsschreiber Heine, immer in allen Nöten, wurde vor größerem Ungemach oft nur durch eine Institution bewahrt, die er auf den Tod verachtete: die Zensur. Sie ließ nicht durchgehen, was er geschrieben hatte. Und wie hatte er geschrieben?: »Für die Wahrheit dessen, was ich sagte, will ich allenfalls verantwortlich sein, nicht aber für die Art und Weise, wie ich die Dinge sagte.«

Bert Brecht, Schriftsteller und kein Journalist, erkannte für sich »Schwierigkeiten beim Schreiben der Wahrheit« – er sagte es auch für die Tagesschriftstellerei. Kurt (»Kuddel«) Blauhorn, in den 60er Jahren in der Hamburger »Spiegel«-Zentrale einer der besten Storyschreiber des Nachrichtenmagazins und Schreib-Lehrer des Verfassers dieses Buchs, stöhnte nach langer Tagesfron verzweifelt in der Kneipe: »Eine Geschichte kann schön sein, eine Geschichte kann wahr sein. Aber die hier: (›Spiegel‹-Herausgeber Rudolf Augstein und sein Chefredakteur Hans Detlev Becker) wollen, daß eine Geschichte schön und wahr ist.« Profi Blauhorn empfand den Ablauf einer Story voraus, ein Rechercheur suchte im Land dann die Facts zusammen, was oft nicht deckungsgleich war – Stöhnen des Rechercheurs: »Es ist so gut wie unmöglich, die Facts mit den Vorstellungen der Redaktion in Übereinklang zu bringen.« Was dabei herauskam und schön und wahr war, war nie ein Bibelvers und schlug oft ein wie eine Bombe, wobei mancher eine Schramme abbekam – Reporter laufen nun mal nicht den ganzen Tag mit dem Presse-Kodex unterm Arm herum.

Stimmen muß es schon, wie ein Journalist was schreibt – in vielen Häusern wie »stern«, »Capital« und »Spiegel« gucken erfahrene Pressejuristen gern über ein journalistisches Skript und machen umstrittene Passagen wasserdicht. Selbst die vornehmsten Regeln der Verleumdungskunst bleiben dabei erhalten. »In Bayern ist man der Meinung«, was immer nach dieser Einleitung behauptet wird, wird juristisch nicht angreifbar sein (stellt allerdings auch keine journalistische Glanzleistung dar). Trotzdem sei es wohl nicht richtig, meint der Journalisten-Kritiker Wolf Schneider, erfahren als Chefredakteur der »Welt«, daß der Zeitungs- oder Zeitschriften-Schreiber nach der Devise verfährt: »Lieber neu und falsch als alt und richtig.«

Michael Gartner, Verleger des »Moines Register« in Amerika, hält nicht viel vom Talent und der Kunst seiner Autoren in der Redaktionsstube: »Jeder kann gut schreiben, wenn er sich nicht um die Tatsachen kümmern muß.« Als Fazit ihres gut 50jährigen Journalisten-Daseins schrieb Margret Boveri (1900 bis 1975), Korrespondentin der »Frankfurter Allgemeinen« in Skandinavien, in den USA und in Portugal, Verfasserin des vierbändigen Standardwerks »Der Verrat im 20. Jahrhundert«: »Ich möchte (weiter) schreiben und schreiben. Bin eben eine unverbesserliche Journalistin.« Und dann diese Sätze: »Wir lügen alle ... Man kann eine Sache so behaupten, aber man kann auch genau das Gegenteil sagen, und wahrscheinlich ist beides richtig.« Für den Franzosen Louis Aragon, der in seinen zahlreichen Romanen am liebsten den Niedergang der Bourgeoisie schilderte, war als strenger Moralist das Wort »Journalist«, der sich seine Themen aussucht, die passenden Fakten zusammenstellt und dann eine verführerisch logische Geschichte herunterschreibt, eine Umschreibung für »Drecksau«. In der Journaille selbst denkt man nicht anders von sich, sagt es nur ohne Verbalinjurie: »Friseure der Wahrheit« nannte Rolf Michaelis in der »Zeit« die Kollegen von der »Welt«.

Ausgerechnet der Journalist, in dem heute noch der klassische Reporter gesehen wird, Egon Erwin Kisch (1885 bis 1948), »Der rasende Reporter«, begann seine journalistische Laufbahn mit einer Fälschung. Sie hat dem Ruf Kischs, der 30 Bände Reportagen, Erzählungen und Berichte hinterließ, keinen Abbruch getan – der »stern« hat sogar einen Egon-Erwin-Kisch-Preis für die beste Reportage des Jahres gestiftet.

Kisch begann den Journalismus im Bärenhaus der Melantrichova, der damaligen Schwefelgasse, in der Prager Altstadt. Das Debüt als Lokalreporter der Zeitung »Bohemia« ließ den 20jährigen nicht lange warten: Kisch hatte über ein Großfeuer zu berichten. Weil er nur Feuer und nichts als Flammen sah, erfand »er eine rührselige Szene von Obdachlosen und Landstreichern, die dem Schauplatz der Verheerung das entsprechende Gepräge geben sollte«. In Prag wurde die Kisch-Story von den ahnungslosen Lesern mit Begeisterung verschlungen – nur der gelobte Reporter Kisch schämte sich. Er ging in sich: »Gestern hatte ich zum ersten Mal etwas erfunden, und alle hatten es geglaubt ... Sollte ich also bei der Lüge bleiben? Nein. Gerade weil mir bei der ersten Jagd nach der Wahrheit die Wahrheit entgangen war, sollte ich in ihr fürderhin nachspüren.«

»Der rasende Reporter« wurde im Mai 1913 mit seiner wahren Reportage »Wie ich erfuhr, daß Redl ein Spion war« über Nacht weltberühmt. Er hatte Reporter-Glück gehabt: Ein Fußballspieler des Clubs D. B. C. »Sturm I«, von Obmann Kisch betreut, kam nicht zum Spiel gegen SK Union-Holeschowitz, dem Gegner in der Rangliste. Der Mann, Schlosser von Beruf, entschuldigte sich beim Obmann Kisch: Kurz vor dem Spiel habe er im Auftrag hoher Offiziere die Wohnung eines Oberst Alfred Redl aufbrechen und auch alle Schubfächer und Schränke öffnen müssen. Im Obmann Kisch wurde der Reporter Kisch wach: Er recherchierte und fand, daß der österreichisch-ungarische Generalstabsoffizier, wegen seiner homosexuellen Neigungen erpreßt, den Russen seit dem Jahr 1900 die Aufmarschpläne seines k.u.k.-Vaterlands verraten hatte. Redl, zuletzt Generalstabschef des 8. Korps in Prag, verübte am 25. Mai 1913 in Wien Selbstmord – Kisch enthüllte: »Wie ich erfuhr, daß Redl ein Spion war.«

Die Schuld der Fälschung hat der Klassiker des deutschen Journalismus im Lauf der Reportage abgetragen: »Wahrheit ist das edelste Rohmaterial der Kunst«, hieß seine Erkenntnis.

In der Tat: Die Geschichte des Journalismus ist voll grotesker Falschmeldungen und großer Wahrheiten.

Beispiele:
○ »Der Spiegel« fiel Anfang der 60er Jahre auf einen Informanten namens Hermann Schäfer herein, der ihm enthüllte, wie der Judenmörder Adolf Eichmann nach Israel gelockt worden sei, wo ihn seine irdischen Richter erwarteten; der israelische Geheimdienst »Mossad« hatte die Fährte gelegt – kein Wort war wahr: Eichmann war am 11. Mai 1960 vom gleichen »Mossad« aus der argentinischen Hauptstadt Buenos Aires entführt und mit einer Sondermaschine nach Israel gebracht worden. Schäfer hatte als Agent beim »Spiegel« Nebel geworfen, um die tatsächliche Entführungspraxis von »Mossad« zu tarnen.
○ Die »Washington Post« hatte Mitte der 70er Jahre durch ihre Reporter Carl Bernstein und Bob Woodward recherchiert, daß Amerikas damaliger Präsident Richard Nixon die im »Watergate«-Hotel versammelte Opposition vor der Präsidentenwahl hatte belauschen lassen; Nixon stürzte über die Enthüllungen der beiden Journalisten, die für ihre Arbeit den hochbegehrten Pulitzer-Preis bekamen. Jahre danach versuchte in derselben »Washington Post« die Reporterin Janet Crooke genauso journalistisch zu glänzen: Sie schrieb die herzerweichende Story eines drogensüchtigen Jungen in den Slums. Auch die Crooke bekam den Pulitzer-Preis, bis sich herausstellte, die ganze Story war erfunden. Die Reporterin gab die Auszeichnung zurück und verschwand, die hochangesehene »Washington Post« entschuldigte sich bei ihren Lesern und Amerikas Öffentlichkeit.
○ Der »stern« brachte im Frühjahr 1983 die unsägliche Geschichte mit Hitlers erfundenen Tagebüchern; »stern«-Chefredakteur Peter Koch hatte schon angekündigt, jetzt müsse »die Geschichte des Dritten Reichs neu geschrieben« werden. Dann stellte sich heraus, daß der Tagebücher-Beschaffer Gerd Heidemann (»stern«-Herausgeber Henri Nannen: »Der beste Spürhund«) seine Redaktion geleimt hatte.

Nach diesem ausführlichen Exkurs über die Theorie und die Praxis des Schreibens, mit den geballten Ratschlägen prominenter Journalisten, soll nun mit dem Schreiben begonnen werden: Für den, der journalistisches Talent besitzt, mit der deutschen Sprache liebevoll umgehen und zielgerecht recherchieren kann, den roten Faden seiner Story logisch und dramaturgisch gut gesponnen hat, für den ist das Schreiben leicht und nur das Setzen Wort für Wort, Satz für Satz, Absatz für Absatz. Schreiben ist Kunst und Handwerk zugleich und sieht – nach Fertigstellung – wie passables Kunsthandwerk aus.

Hans Zehrer, der große Mann von Springers »Welt«, soll gestanden haben: »Ich setze mich, wenn ich schreiben will, gleichsam in ein Boot und lasse mich treiben...« – hatte Zehrer wieder Land erreicht, delektierte sich der »Welt«-Leser an großer journalistischer Leistung. Von Erskine Caldwell (»Oppossum«), einem gelernten Zeitungsschreiber, ist bekannt geblieben: »Ich setze mich an meine Schreibmaschine, fange an zu tippen und bin gespannt, wie es weitergeht...«

Schreiber wie Zehrer und Caldwell, journalistische Naturburschen, sind selten. Sie sind so etwas wie Genies, die aber im Grunde im Journalismus weder nötig und gefragt sind. Gefragt ist das journalistische Talent, das zur handwerklichen Vollreifung geführt werden kann.

Die Formen der journalistischen Mitteilung sind klar und übersichtlich:

○ Die Meldung oder die Nachricht

Die Meldung von Tatsachen war die erste Aufgabe der Journalisten, nicht die Bildung und Verbreitung von Meinungen. Die ersten Zeitungen zu Anfang des 17. Jahrhunderts, sie erschienen zuerst wöchentlich, dann mehrmals in der Woche, waren in der Regel reine Nachrichtenorgane (Die »Berliner Privilegierte Zeitung«, 1721 entstanden und Vorläuferin der »Vossischen Zeitung«, hatte jedoch bereits in der Jahrhundertmitte ein Feuilleton).

Die Form »Nachricht« ist streng: »die objektive Mitteilung eines allgemein interessierenden, aktuellen Sachverhalts in einem bestimmten formalen Aufbau« (Walther von La Roche); die persönlichen Eindrücke des Nachrichtenschreibers haben in ihr nichts zu suchen.

Der formale Aufbau

○ Ws beherrschen die Nachricht in unterschiedlicher Reihenfolge: Wann, wer, wo, wie, warum, was

○ Der Eingangssatz eines Korrespondenten (oder einer Nachrichtenagentur) muß das Interesse des Lesers sofort wecken und ihn veranlassen, die Meldung weiter bis zum Ende zu lesen.

○ Die Form »Nachricht« ist als eine Pyramide zu sehen, deren wichtigster Satz obenan steht; die zweitwichtigste Information ist der zweite Satz, die drittwichtigste dann der dritte Satz usw. Je länger die Nachricht, umso ausführlicher ist sie.
Die Nachricht soll eine »Neuigkeit« sein. Keine Neuigkeit wäre die Meldung, ein Hund habe einen Mann gebissen. Was eine »Neuigkeit« ist, hat schon 1880 John B. Bogart, Lokalredakteur der amerikanischen Zeitung »Sun«, definiert: »When a dog bites a man, that's not news, but when a man bites a dog, that's news.«
○ Das Editorial, die Kolumne (oder Kommentar, Leitartikel). Das Editorial zeigt die Meinung eines Blatts zu einem Ereignis, geschrieben vom Editor (Herausgeber oder Redakteur).
Die Kolumne ist die persönliche Meinung eines Schreibers, der oft am gleichen Tag jeder Woche an der gleichen Stelle im Blatt mit seinem Bild steht – zum Beispiel Rolf Winter mit Pfeife im leutseligen Mund auf Seite 3 im »stern«. Kolumnisten, die zugleich für mehrere Blätter leitartikeln, gibt es in Deutschland nicht. Anders früher: Fritz Stampfer (1874 bis 1957) zum Beispiel betrieb 1902 von Berlin aus eine tägliche Artikelkorrespondenz für die sozialdemokratische Parteipresse im Kaiser-Deutschland; aus Stampfers »Meinungsfabrik« (Immanuel Birnbaum) wurden regionale und örtliche SPD-Blätter zwischen Emden, Kattowitz, Königsberg und Freiburg in Millionenauflage beliefert. In Amerika gelten die Kolumnisten heute noch als die »Könige der öffentlichen Meinung«: Eine Kaste von 800 Meinungsmachern beherrscht die Presse from coast to coast; allein Russell Baker beliefert, neben der »New York Times«, 360 US-Zeitungen. Amerikas erschossener Präsident John F. Kennedy entfuhr nach der Lektüre einer Kolumne in der »New York Times« einmal der Fluch: »Dieser gottverdammte Arthur Krock.« – Krock war der Kolumnist.
○ Die Glosse
Die Glosse ist sozusagen die geschriebene Karikatur. Der Schreiber schwingt kein Krummschwert, sondern das Florett, mit dem er seine Gegner ironisch verletzt – Alfred Kerr über einen Schauspieler: »Selbstverständlich pfeift er auf die Kunst – auch leider die Kunst auf ihn.« Gerhart H. Mostar über einen »Rechtspfleger«: »Nur so weitermachen, das Zuchthaus aus Ludwigsburg steht geschlossen hinter Ihnen.«

○ Der Report

Der Report berichtet »Alles über...« ein großes Thema: Alles über Parteienfinanzierung, alles über Verpackungen. Das Report-Material kommt in der Regel aus dem Archiv des Hauses und wird vom Autor streng sachlich geordnet, und erst dann wird geschrieben; seine persönliche Meinung spielt beim Report-Schreiben keine Rolle. Klaus Kröger, in den 60er Jahren einer der feinfühligsten Redakteure von Korrespondenten-Berichten des »Spiegel«, qualifizierte den Report verächtlich als »langweilig geschriebene Reportage« ab.

○ Die Reportage, die Story

Die Reportage ist die Krone der journalistischen Arbeit. Wolf Schneider siedelt sie zu Recht »an der Grenze zur Literatur« an. Der Reporter ist dabeigewesen, hat alles erlebt – und schreibt so hautnah für den Leser, daß der fühlen kann, auch er sei dabei gewesen. Große Reporter, das waren der Deutsche Egon Erwin Kisch, die Amerikaner Ernest Hemingway und sein Landsmann Hubert Renfro Knickerbocker, der Staatenlose Joseph Wechsberg. Einige deutsche Zeitungen pflegen die klassische Form »Reportage« liebevoll und aufwendig, so die »Stuttgarter Zeitung«, die »Stuttgarter Nachrichten« und die »Süddeutsche« mit ihrem schon fast legendären Chefreporter Hans Ulrich Kempski (Deutschlands einziger Journalist, der ein amerikanisches »Mustang«-Sportauto mitsamt Chauffeur als Dienstwagen besaß). Eine kleine Schar junger Talente macht Hoffnung.

Alle diese Formen – Nachrichten, Editorial, Glosse, Report oder Reportage – haben eins gemeinsam: die Verständlichkeit.

Wolf Schneider: »Schwierige Texte so oft und so gründlich lesen, bis wir sie verstanden haben ... eine schöne Übung! Nur nicht für Hörer und Leser. Sie haben nämlich keine Zeit oder keine Lust zu solcher Analyse. *Sie wollen mühelos verstehen,* und sie haben recht. Journalisten betreiben ein Service-Unternehmen; der Service, den wir zu bieten haben und von dem wir leben, heißt: Information, interessant und leicht verständlich dargeboten ... Nur öffentlich-rechtliche Rundfunkanstalten und saturierte Abonnementszeitungen können es sich leisten, ihren Benutzern auf weiten Strecken diesen Service zu verweigern ...« Anmerkung des Verfassers: Sie können es sich leisten, doch auch sie sollten es sich nicht leisten.

Zehn Gebote bestimmen das journalistische Schreiben.

Das erste Gebot: die Verständlichkeit

Schon Jean Paul, eigentlich: Jean Paul Friedrich Richter, Verfasser von »Biographische Belustigungen unter der Gehirnschale einer Riesin« und der Romane »Siebenkäs« und »Flegeljahre«, hielt Verständlichkeit nicht für unter seiner Dichterwürde: »In der Tat kann der Leser nicht weich genug gehalten werden, und wir müssen ihn, sobald die Sache nicht einbüßt, auf den Händen tragen – mit unseren Schreibfingern.«

Friedrich von Schiller gab seinen Zeitgenossen den Rat: »Es wäre kein geringer Gewinn für die Wahrheit, wenn die ›besseren‹ Schriftsteller sich herablassen würden, den ›schlechten‹ die Kunstgriffe abzusehen, durch die sie eine Leserschaft erwerben, und zum Vorteil der guten Sache von Gebrauch machen würden.«

Ernest Hemingway, der »Schreib-Weltmeister« (»Ich leide wie ein Schwein, wenn ich nicht schreibe«), gestand: »Ich kann nicht schön schreiben, aber ich kann sehr genau schreiben (manchmal, hoffe ich), und die Genauigkeit führt zu einer Art Schönheit.« Alles, was ein Leser nicht verstand, weil sich der Schreiber nicht angestrengt hatte, hielt der Journalist-Schriftsteller Hemingway für »gedruckte Scheiße«.

Es ist ein deutsches Nationalübel, daß alles, was sich »leicht« liest, sofort als »seicht« abqualifiziert wird. Deutschsein, zumal in der Literatur, ist tonnenschwer wie Beton, problematisch, muß mit dem Finger an der Textzeile entlang studiert und immer wieder gelesen werden. Deutschsein hat nichts mit Unterhaltung oder gar Amüsement zu tun; Lachen, ja Schmunzeln beim Lesen ist verpönt.

Der Journalist Gerhart Herrmann Mostar, der in seiner Frühzeit eine Witz-Zeitschrift mit dem witzigen Titel »Radiofimmel« gegründet hatte und beim Besuch der Pinakothek seufzte, daß ihm »zu jedem Rubens und zu jedem Tizian ein Witz einfällt«, hatte deutsche Humorlosigkeit an höchster literarischer Stelle erlebt: Der Börsenverein des deutschen Buchhandels bestellte 1962 bei Mostar eine Festrede zur Eröffnung der herbstlichen Buchmesse. Sie war mit Versen gespickt, die Literatur-Honoratioren waren indigniert: »Ich bitte Sie – Humor. Schon als Hagelstange seine Rede gehalten hat, haben die Leute gelacht!«

Leicht etwas lesen zu können, daß man etwas sofort versteht – das bringt in Deutschland einem Autor nicht viel Ehre. Wer kaum Verständliches zu Papier bringt, stellt nach der Volksmeinung »hohe Ansprüche« an seine Leser und gilt nicht als einer, der einfach nicht schreiben kann. In Amerika ist Unterhaltung, auch journalistische, eine seriöse Sache. In Deutschlands besseren Kreisen wird vom 100-Bücher-Autor Heinz Konsalik und von Johannes Mario Simmel, einst Österreichs jüngster Kulturredakteur, keine Kenntnis genommen. Auch nicht von der »Bild«-Zeitung, die ihre Leser aus allen Schichten des Volkes, den Verfasser dieses Buchs eingeschlossen, so zufriedenstellt, daß immerhin an jedem Wochentag sechs Millionen Deutsche das Blatt kaufen, verstehen und schmunzeln. Hans Magnus Enzensberger, der bläßliche Intelligenzler, behauptet zwar: »Eine einzige Ausgabe der ›Bild‹-Zeitung hätte genügt, um Johann Gottfried Herders Denkvermögen wochenlang mattzusetzen.« Das wäre auch nicht schlimm; der Verfasser von »Über die Seelenwanderung, Liebe und Selbstheit« ist ohnehin nicht die Zielgruppe von Springers »Bild«. Herder verstünde »Bild« nicht, »Bild«-Leser den Herder wohl auch nicht.

Professor Erich Dombrowski, einst Mitherausgeber der »Frankfurter Allgemeinen«, hämmerte seinen Studenten und Redakteuren ein, Verständliches zu Papier zu bringen: »Ihr müßt so schreiben, daß Euch die Marktfrau am Dom versteht, der Winzer in Rheinhessen das Blatt lesenswert findet – und der Universitätsprofessor Euch ernst nimmt.« Dombrowskis Redakteure sollten nicht schreiben für den einzigen Professor in der Stadt, eher für die Winzer und Marktfrauen – davon gibt's mehr. Das ist ein großes Ziel: So zu schreiben, daß alle Leser einer Zeitung oder Zeitschrift – also die ganze Zielgruppe – den Artikel verstehen können und nicht nur eine Minderheit. Der Käufer hat seine Zeitung bezahlt und ein Recht darauf, eine konsumierbare Ware geliefert zu bekommen.

Das zweite Gebot: Was ist das Thema?

Der Reporter soll über den Fall, den er recherchiert hat, möglichst alles wissen, aber nicht alles schreiben. Er soll sich in den Dschungel der gesammelten Informationen »eine Schneise« schlagen, nämlich sein Thema finden – beim »Spiegel« werden solche Schneisen gehauen. »Du bist ein verdammter Schneis-Kerl«, lobte Hans-Dieter Jaene seinen Kollegen Claus Jacobi (»Jacco«), Anfang der 60er Jahre der beste Schreiber des Blatts (Kostprobe: »Ich hasse Rassismus und Neger in der Bar«). Der Autor soll sich, wenn auch schon andere Blätter sein Thema abgefeiert haben, »seinen eigenen Aspekt« suchen, der den Leser verblüfft. Bei dieser Suche soll er sich bitte richtig quälen.

Beispiel: Anfang der 70er Jahre verurteilte das Kartellamt in Berlin die deutschen Chemiekonzerne zu Geldstrafen von insgesamt 52 Millionen Mark wegen verbotener Preisabsprachen. Die Tageszeitungen berichteten alle lang und breit. Auch das Kölner Wirtschaftsmagazin »Capital« wollte in das heiße Thema einsteigen. Aber die Wochenblätter »Spiegel«, »stern« und »Zeit« waren schneller als das Monatsmagazin aus Köln. Nach langen, quälenden Diskussionen in der Redaktion wurde dann doch ein Aspekt gefunden, an den die schnelleren Journalisten nicht gedacht hatten: Was geschieht mit den Managern, die ihrer Firma durch eine verbotene Preisabsprache Millionen-Bußgelder beschert haben? Sind sie in Verschiß geraten oder haben sie die höchste Weihe erhalten? Diesen Aspekt hatte »Capital« exclusiv.

Das dritte Gebot: Die zielgerechte Recherche

Nur wer sein Thema kennt, kann auch zielgerecht – und mithin wirtschaftlich – recherchieren. Wer sein Thema nicht kennt und nicht in einem Satz zusammenpacken kann, stochert mit einer Stange im Nebel herum: Ob er die erforderlichen Informationen fängt, bleibt ungewiß, denn er kann nicht die richtigen Informatoren anlaufen und ihnen nicht die richtigen Fragen stellen.

Das vierte Gebot: Der rote Faden

Wer seine Geschichte kennt und ausrecherchiert hat, spinnt sich einen roten Faden – so falsch waren die Anleitungen zum Schulaufsatz doch nicht – und schreibt dann los, immer am roten Faden entlang. Bevor der erste Satz auf dem Papier steht, muß der geübte Autor wissen, wie der Schluß seiner Story aussieht – der Autor muß auch wissen, wohin er mit seiner Geschichte will und was er dem Leser mitteilen will.

Der Leser ist König, ist der zahlende Kunde. Der Journalist

arbeitet nur für den Leser (nicht für den Anzeigenkunden seines Blatts), er ist zur Solidarität mit dem Abonnenten und Käufer am Kiosk verpflichtet. Der Leser ist nicht, wie ein schlechter Scherz behauptet, »dumm«; er ist nur nicht im Thema so drin wie der Journalist, der das Thema recherchiert und runtergeschrieben hat. Der Leser ist aber interessiert, er erwartet etwas, wenn er eine Zeitschrift kauft; ihn zu enttäuschen, indem man zum Beispiel auf der Titelseite mehr verspricht als im Innern des Blatts gehalten wird, erzeugt die gefürchtete »Produktenttäuschung« und endet in der Regel für Autor und Blatt tödlich: Der düpierte Leser kauft nicht mehr.

Das Leser-Interesse ist die einzige Chance für den Autor. Und so muß er mit dem ersten Satz oder Absatz seiner Story den Leser fangen.

Das fünfte Gebot: Der gute Anfang

Der Anfang ist ein Lasso oder ist ein Angelhaken, den man nach dem Leser auswirft. Ein Schreiber ist gut beraten, für seinen Anfang die größten Anstrengungen zu machen – Schweiß wird vom geneigten Leser mit Interesse bezahlt. Einige gute Anfänge:

»Am 28. August 1749 mittags mit dem Glockenschlage zwölf kam ich in Frankfurt am Main auf die Welt«, schrieb Goethe (und läßt in seinem »Faust« den Dr. Heinrich Faust sagen: »Bedenke wohl die erste Zeile . . .«).

»An einem Juni-Morgen des Jahres 1872 erschlug ich meinen Vater – eine Tat, die damals großen Eindruck auf mich machte«, gestand ein unbekannter Autor.

»In diesem Buch wird zum erstenmal der Versuch gewagt, Geschichte vorzubestimmen«, setzte Oswald Spengler an den Anfang seines Buchs »Der Untergang des Abendlandes«.

»Wir Deutsche, liebe Kitty, können ein Wirtschaftswunder machen, aber keinen Salat«, stöhnte Johannes Mario Simmel in seinem Bestseller »Es muß nicht immer Kaviar sein«.

»Ich wollte, entweder mein Vater oder meine Mutter oder lieber alle beide – denn im Grunde war sie so gut dazu verpflichtet wie er – hätten sich richtig überlegt, worauf sie hinauswollten, als sie mich zeugten«, verlangte Laurence Sterne in »Tristan Shandy«.

»Der Kilimandscharo ist ein schneebedeckter Berg von 6000

Meter Höhe und gilt als der höchste Berg in Afrika. Der westliche Gipfel heißt bei den Massai ›Ngàja Ngài‹, das Haus Gottes. Dicht unter dem westlichen Gipfel liegt das ausgedörrte und gefrorene Gerippe eines Leoparden. Niemand weiß, was der Leopard in jener Höhe suchte«, stellt Hemingway seiner Kurzgeschichte »Schnee auf den Kilimandscharo« voran. Nach einem solchen Anfang will jeder Leser wissen, was den Leoparden auf den Schneegipfel führte.

Und dann der Anfang aller Anfänge – diesen Satz spannte Karl Marx seinem »Kommunistischen Manifest« voran und läutete damit die Weltrevolution ein: »Ein Gespenst geht um in Europa – das Gespenst des Kommunismus.« Der Prophet der Weltrevolution war trotz allem ein perfekter Schreiber.

Ein Anfang kann szenisch oder synthetisch sein, je nachdem ob der Autor Material für eine szenische Eröffnung seiner Story hat oder intellektuell-synthetisch denkt. Beispiele:

Szenische Eröffnung: »Im Eßraum der Zeche Viktoria-Matthias in Essen sitzt der Hauer Wilhelm Scholtek und gibt bei sacharingesüßten Wassernudeln seinen Kommentar zu der Tatsache, daß die Kohlenförderung in den letzten Dezembertagen so erheblich gesunken ist: ›Wir haben nicht genug zu fressen‹, sagt er.

So wie er lebt heute die Masse der über 400 000 Bergarbeiter an der Ruhr . . .« Aus »Spiegel« 1/1948.

Synthetische Eröffnung: »Hermann Josef Dufhues und Josef Hermann Abs ziehen an einem Strang – nur jeder an einem anderen Ende.« Aus »Spiegel« 46/1966.

Nach einem solchen Lasso am Anfang, der den Leser unentrinnbar eingefangen hat, muß jene Stelle der Story plaziert werden, die das Thema deutlich macht – »Spiegel«- und »Capital«-Schreiber nennen sie »das Portal«, durch das sie ihre »Botschaft« schicken.

Das sechste Gebot: Portal und Botschaft

Beispiel, wie eine Story anläuft:

Anfang: »Keiner der bisherigen Generaldirektoren des Volkswagenwerks in Wolfsburg hat das Kunststück fertiggebracht, in den Aufsichtsrat des – nach Daimler-Benz – zweitgrößten deutschen Autokonzerns zu kommen. Heinrich Nordhoff starb im Amt, die Nachfolger Kurt Lotz und Rudolf Leiding mußten vorzeitig gehen – an ein Aufsichtsratsmandat war nicht zu denken.

Ein Aufsichtsrat in Deutschland ist das Feinste vom Feinen. Die Herren Räte, allesamt handverlesen, bestimmen sozusagen über Leben und Brot der Mitarbeiter, und sogar mächtige Firmenbosse müssen zu ihnen freundlich sein, weil sie über die Verträge dieser Bosse entscheiden und das letzte Wort haben, ob ein Boß bleiben darf oder gehen muß. Die Liste deutscher Aufsichtsräte gilt als Gotha der deutschen Wirtschaft.«

Portal: »Jetzt will ein VW-Generaldirektor als erster VW-Generaldirektor in den VW-Aufsichtsrat einrücken; Toni Schmücker. Er hat eine glänzende Managerkarriere hinter sich – schafft er auch noch eine zweite Karriere, als Aufsichtsrat in Wolfsburg? . . .« Aus »auto motor und sport« 3/1982.

Nach diesem Portal kann die Story ablaufen, aber ihr Ablauf muß vorher geordnet werden.

Das siebente Gebot: Eine Wäscheleine spannen

Zur Schmücker-Story gehören noch viele Komplexe: Alles über Aufsichtsräte (Amtsdauer, Dotierung, Mitgliederzahl des Rats), besondere Lage von VW (Großaktionär ist die Bundesrepublik, Politiker sehen in Wolfsburg eine Pfründe) usw. Diese Komplexe müssen dramaturgisch geordnet werden. Das geschieht – vor allem bei langen Geschichten wie Titelgeschichten – am besten so:

Der Autor spannt sich durch sein Zimmer eine Wäscheleine. Dann schreibt er auf Zettel seine Komplexe auf: Alles über Aufsichtsräte, besondere Lage bei VW . . . Dann ordnet er sie und hängt sie an die Leine: Aufsichtsräte zuerst oder nach der VW-Lage? Hängen die Zettel mit den Stichworten wohlgeordnet an der Wäscheleine, kann der Autor an den Zetteln sozusagen entlangschreiben – Wort für Wort, Satz für Satz, Absatz für Absatz. Er soll frei von Klischees schreiben und alle Modewörter wie »Hemmschwelle«, »Erwartungshaltung« und ähnlichen Soziologen-Unfug meiden. Der große Stilist Benno Reifenberg, Mitherausgeber der »Frankfurter Allgemeinen«, setzte gewisse Wörter auf den Redaktions-Index: »bekanntlich« zum Beispiel. Fürs Schreiben hatte schon Johann Wolfgang von Goethe, seit seinem Kriegsbericht über die Kanonade von Valmy 1792 so etwas wie ein journalistischer Ober-Kollege, ein Rezept: »Lassen Sie die Dinge ruhig auf sich wirken und suchen Sie den bezeichnendsten Ausdruck dafür.« Textor hilft dem hilflosen Schreiber mit seinem Worte-Katalog: »Sag es treffender.«

Haargenau hangelt sich der Autor an seiner logischen Wäscheleine entlang und in die Story rein. Er schreibt kein Wort zuviel und auch keinen Absatz – baut von Absatz zu Absatz glatte Übergänge und vermeidet den journalistischen Salto mortale, der den genüßlich mitlesenden Leser vor den Kopf stößt; was er schreibt, muß dem Leser runtergehen wie Öl.

Das achte Gebot: Ein schöner Schluß

Der Autor muß den Leser am roten Faden zum Schluß und zu der Erkenntnis hinführen, die er dem Leser vermitteln will – das stereotype Märchen-Ende »Und wenn sie nicht gestorben sind, so leben sie heute noch« ist ein typischer Story-Schluß.

Beispiele aus der VW/Schmücker-Story:

Schluß: »Kommt es in Wolfsburg doch zu dem unschönen Schauspiel, das man vermeiden wollte? Wollen abgewirtschaftete Aufsichtsräte dem erfahrenen Ex-Manager Schmücker den Platz im Rat verweigern? Alle gucken sich an und hoffen, daß der andere verzichtet.« Aus »auto motor und sport« 3/1983.

Der Leser bekommt die Moral von der Geschicht' mit: Pfui über die egoistischen Wolfsburger Aufsichtsräte, die für Toni Schmücker nicht Platz machen wollen. Der Erfolg der Geschichte: Schmücker schaffte es, die ganze Presse stand hinter ihm.

Seit einiger Zeit ist in der deutschen Presse – und seit jüngstem auch im Fernsehen – eine besondere Art der Überschriften-Macherei zu beobachten: Ein intelligenter »Slogan«, der witzig ist und den Leser schmunzeln läßt, wird durch eine erklärende Unterzeile ergänzt.

Beispiel: Biedermann
Test Toyota Corolla: preiswerter Mittelklassewagen in neuem Gewand
oder: Schwedenkönig
Test Volvo 264 GL: Luxuriöses Spitzenmodell mit sechs Zylindern

Eingeführt wurde diese Melodie Anfang der 70er Jahre vom Verfasser dieses Buchs beim Wirtschaftsmagazin »Capital« und anschließend beim Stuttgarter Automagazin »auto motor und sport« weiterentwickelt. In der Fachliteratur spricht man von der »Simoneit-Masche« (Wolf Schneider: »Glossar journalischer Fachausdrücke, Schule der Verständlichkeit«). (Die Erwähnung des Verfassers dieses Buchs in der Fachliteratur ist nicht Angeberei, sondern eine Information.)

Das neunte Gebot: Keine Scherze mit Namen

Viele Schreiber können nicht widerstehen, mit Namen zu scherzen. Geht es Daimler-Benz unter seinem Generaldirektor Joachim Zahn nicht so gut, schreiben sie vom »Zahn-Schmerz«. Appelliert VW-Boß Carl H. Hahn an die Bundesregierung, ist das ein »Hahn-Schrei«. »Kohl-Suppe«, »Strauß-Eier« – alles ist nicht besonders gut.

Das zehnte Gebot: Eine knackige Überschrift

Der Leser soll sich freuen, wenn ihn eine Überschrift angemacht hat, und sich freuen, was ihn in der nachfolgenden Story erwartet. Beispiele:

- »Arrividerci Oma«, wenn eine Großmutter in Rom verlorengegangen ist
- »Hosen aus dem Süden«, wenn ein deutscher Textilfabrikant seine Produktion nach Italien verlegt hat
- »Warnung vor dem Hunt«, wenn James Hunt vor seiner Weltmeisterschaft in der Formel 1 steht.

Die Hemingways von morgen sollen sich merken, was der Weltmeister in einem Brief an den Schreibkollegen F. Scott Fitzgerald am Heiligabend 1925 geschrieben hat: »Die ›Chicago Tribune‹ will Neuigkeiten.« Keine Neuigkeit ist, Bekanntes über Bekannte zu schreiben oder Unbekanntes über Unbekannte. Eine Neuigkeit ist: Unbekanntes über Bekannte zu melden.

Journalisten (Hemingway: »Wir Wortfritzen«) lernen »das Schreiben beim Schreiben«. Und, an Maxwell Perkins, aus Paris im Oktober 1938: »Schreiben ist eine mühsame Angelegenheit, Max, aber es gibt nichts Besseres für einen.« und: »Ich leide wie ein Schwein, wenn ich nicht schreibe.«

Journalisten in spe sei empfohlen, nicht nur Schreiben durch Schreiben zu lernen, sondern auch durch Lesen. Gute Texte stehen überall, in der Literatur, oft auch in Zeitungen und Zeitschriften ...

FÜNFTES KAPITEL
(Erster Teil)

Chefredakteure, Herausgeber und Verleger
oder
Wie Henri Nannen seinen Job beschrieb:

»Ein Chefredakteur
muß sich ans Rad geflochten fühlen.
Wenn es schlecht geht,
muß er blutend am Boden liegen,
aber wenn es gut geht,
ist es sein Triumph«

Wenn Henri Nannen, länger als 30 Jahre Chefredakteur der Hamburger Illustrierten »stern«, die er voller Neid auf das Nachrichtenmagazin »Spiegel« gern zur feineren Zeitschriftenform »Magazin« hochstilisierte, während seiner »stern«-Herrschaft einen Raum betrat, hatten andere keinen Platz mehr. Sozusagen »der friesische Kleiderschrank«, war der Koloß von einem Mann physisch schon so gewaltig, daß er sich als Denkmal-Aufsatz für jede größere Kleinstadt seiner friesischen Heimat maßgerecht eignete – wenn nur der Sockel groß und das Fundament für sein Standbild stark genug waren. Der riesenhafte Ostfriese führte keine Redaktion, sondern »ein Freikorps« (Selbstauskunft) wie Trenck der Pandur, genauso berstend selbstbewußt und alles übertönend: »Ich habe hautnah Politik gemacht«, klopfte er sich fröhlich auf die prallen Schenkel, als er das Freikorps-Kommando abgegeben hatte und nur noch ein 71jähriger Mann war.

Jens Feddersen, der Chefredakteur der »Neuen Ruhr-Zeitung« in Essen, hat zwar nie behaupten können, wie Kollege Nannen »hautnah Politik gemacht« zu haben; Feddersen war immer nur dabei, wenn über Politik geredet wurde. Wenn es etwas zu sagen gab, vor allem bei Höfers schwatzhaftem Sonntags-»Frühschoppen«, saß er groß und ziemlich wichtig da. Politik quoll aus Feddersens Mund – bis sein vernachlässigtes Blatt schwindsüchtig geworden war und von der benachbarten »Westdeutschen Allgemeinen« aufgefangen wurde. Siegfried Maruhn kennt kein »Frühschoppen«-Gucker, er tritt auch nicht öffentlich auf – ist aber Chef der »Westdeutschen Allgemeinen«, die für Feddersens »Neue Ruhr-Zeitung« das rettende Netz bereithielt. Der zurückhaltende Maruhn hat das Kumpelblatt »Westdeutsche Allgemeine« zur größten Abonnementszeitung im Bundesgebiet mit einer Auflage von 750000 Exemplaren hochgeführt; außerdem leistete er, still wie er ist, noch bemerkenswerte Arbeit im Deutschen Presserat.

Peter Boenisch, Kanzler Kohls ehemaligem smarten Presseminister und vordem in Springers großem Blätterwald Chefredakteur des Boulevard-Blatts »Bild« und der konservativen Bürgergazette »Welt«, ist Ruhm widerfahren, wie wohl noch keinem Chefredakteur vor ihm: Ein Nobelpreisträger für Literatur widmete ihm und seinem journalistischen Schaffen ein ganzes Buch. Heinrich Böll (u. a. »Was soll aus dem Jungen bloß werden?«) brachte im Herbst

1984 das Taschenbuch »Bild · Bonn · Boenisch« heraus. Es wurde freilich keine Laudatio auf den Springer-Journalisten. Es ist vielmehr geschrieben für alle, die von Boenisch in seinen Kolumnen »verleumdet oder verhöhnt worden sind«. Boenischs journalistische Leistungen qualifizierte der Literaturpreisträger als »Geschmiere eines Ehrenmanns« ab und wunderte sich über den »Aufstieg eines höchst unseriösen Journalisten in die Regierung«.

Rudolf Augstein nennt sich seit mehr als drei Jahrzehnten »Herausgeber« des »Spiegel«. Der kleine Mann, Deutschlands bedeutendster Journalist, würde nie damit protzen, er habe »hautnah Politik gemacht«, obwohl er mit Sicherheit in der bundesdeutschen Politik mehr bewegt und mehr gestoppt hat als der Herr des »stern«.

Marion Gräfin Dönhoff, im Nachkriegsdeutschland als erste Frau auf dem Posten des Chefredakteurs einer politischen Zeitung, steht im »Zeit«-Impressum als »Herausgeber«, neben dem Ex-Kanzler Helmut Schmidt (dessen Ernennung für dieses hohe Zeitungsamt durch die Verleger-Funktion noch aufgebessert wurde). Als Henri Nannen vom Thron des »stern«-Chefredakteurs in den Himmel eines »stern«-Herausgebers aufgestiegen war, verkündete er seinen Gläubigen, was das für ein Job sei: »Der Herausgeber ist einer, der in einem Lokal von Tisch zu Tisch geht und die Gäste fragt, ob es geschmeckt hat.«

Was sind das nun für Jobs in einer Zeitung? Was ist ein Chefredakteur, was ein Herausgeber, was ein Verleger? Augstein war und ist Herausgeber, Nannen und die Dönhoff wechselten aus der Chefredaktion in den Herausgeber-Lehnsessel. Springer ist mal Verleger, mal Herausgeber, mal gar nichts. Franz Burda, der große Alte von Offenburg, wird im Impressum seiner »Bunten«, die er gegründet und Jahrzehnte wie einen Erbhof geführt hat, immer noch als Herausgeber bezeichnet; Sohn Hubert steht als Chefredakteur da, läßt sich aber auch Verleger nennen.

An der Spitze der Hierarchie eines Pressehauses steht nicht der Chefredakteur, auch wenn ihn Spötter aus der journalistischen Szene oft »Krone der Schöpfung« nennen, über der es nur noch den Himmel gebe. Ganz oben im Verlagshimmel thront der Schöpfer der Zeitung oder des Verlags, der Herausgeber; zu seinen Füßen sitzt der Verleger, etwas entfernt von beiden verharrt stehend der Chefredakteur. Die Sonne der Öffentlichkeit stellt zwar den Chefredakteur ins helle Tageslicht, aber die Macht hat ihren Platz woanders: Zeus, der Herausgeber, und sein Statthalter auf Erden, der Verleger, bleiben für die Leser meist unsichtbar. Klassisch war die Gliederung im alten Impressum der »Zeit«: Herausgeber Marion Gräfin Dönhoff, Verleger Diether Stolze, Chefredakteur Theo Sommer. Und Gerd Bucerius gehörte das alles.

Über das Verhältnis des Verlegers zu seinem Chefredakteur wird der Lesergemeinde eines Blatts nie viel bekannt, und was bekannt wird, stimmt nicht – Beispiel: »stern«-Verleger (und lange Jahre Alleininhaber) Gerd Bucerius und sein Chefredakteur Henri Nannen. »Ich bin«, klagte Bucerius im Herbst 1984, als Nannen sein »stern«-Buch »Lieber Sternleser!« auf der Frankfurter Buchmesse präsentierte, »ich bin ja in einer unglücklichen Situation, weil wir nie Streit miteinander hatten.« Dabei hat Nannen immer wieder genüßlich erzählt, wie oft ihn Bucerius als »stern«-Chef wegen seiner umstrittenen Veröffentlichungen gefeuert habe. Zwischen Bucerius und Nannen sind jahrzehntelang buchstäblich die Fetzen geflogen; die beiden waren wie Hund und Katz, wobei geklärt ist, wer der Hund war.

Chefredakteur Nannen machte seinem Verleger-Eigentümer Bucerius nichts als Ärger. Zum Beispiel: Weil im »stern« die ketzerische Frage »Brennt in der Hölle wirklich Feuer?« aufgeworfen und respektlos abgehandelt wurde, mußte der CDU-Bundestagsabgeordnete Bucerius sein Mandat an die empörte Christen-Partei zurückgeben. Jeder der zahlreichen Kräche zwischen Bucerius und Nannen endete in der Regel damit, »daß der eine dem anderen den Krempel vor die Füße warf« (Bucerius 1974). Bucerius, laut Nachbar Augstein »Der idealistische Irrwisch der deutschen Presse«, gab freilich gelegentlich doch zu, daß er am widerspenstigen Friesen Nannen auch richtige Freude gehabt habe: »Ich bin dabei ein wohlhabender Mann geworden.« Verleger Bucerius (»Buci«) redete seinen angestellten Chefredakteur Henri Nannen (Branchenname: »Sir Henri«) in der Öffentlichkeit aus unerfindlichen Gründen nur mit »Peter« an. Und als er Nannens »Lieber Sternleser«-Buch vorgestellt und den wortgewaltigen Verfasser sibyllinisch abgefeiert hatte, schloß Buci knapp: »Das war's, Peter.«

Chefredakteur Nannen war stets dafür gut, daß interner »stern«-Streit offen auf dem Markt ausgetragen wurde (was in anderen

Pressehäusern peinlich vermieden wird). John Jahr, Minderheitsaktionär der Hamburger Zeitschriftenflotte Gruner + Jahr (G+J), in der der »stern« als Flaggschiff dampft, schrieb als G+J-Aufsichtsrat am 21. Dezember 1977 so rechtzeitig einen persönlichen Brief an Nannen, daß der ihn unter dem Weihnachtsbaum lesen konnte: »Das Titelblatt des ›stern‹ mit der Überschrift ›Deutsche Chefs – Ferkel im Betrieb?‹ war ordinär und geschmacklos, aber immerhin nicht bösartig. Vielleicht war es auch nur journalistische Unfähigkeit. Aber was sich die ›stern‹-Redaktion oder das dafür zuständige Ressort in der neuesten Ausgabe Nummer 53 mit der Überschrift ›... und morgen die ganze Welt?‹ erlaubt hat, ist infam, niederträchtig und erlogen.« John Jahr, der große Alte unter den deutschen Verlegern, gab Nannen abschließend den Rat: »Wenn Sie, wie ich fast vermute, die ›stern‹-Redaktion nicht mehr in Ihrem Sinne steuern können, sollten Sie sich auf die Herausgeber-Position zurückziehen.« Bucerius' und Jahrs Philippici kursierten bald in der deutschen Presse.

Da wollte G+J-Mehrheitsaktionär und Aufsichtsratsvorsitzender Reinhard Mohn, Inhaber des Mediengiganten Bertelsmann, mit einem Brief auf Nannens Gabentisch nicht fehlen: Mohn nannte die letzte Titelstory des Nannen-Bilderblatts »jämmerlich primitiv« – Mohns Brief war bald in den einschlägigen Diensten zu lesen. Was der ausgeschiedene Großaktionär des Konzerns, Richard Gruner, an Nannen schrieb, war auch bald öffentlich-notorisch: »Die Vorstellung, mit dieser Art Presse auch nur versehentlich identifiziert zu werden, ist mir unerträglich.« (Henri Nannen, »Sir Henri«, »Peter«, kann, wenn über den deutschen Journalismus geschrieben wird, ein eigenes Kapitel verlangen: »Freikorps ›stern‹«.)

Herausgeber wurde Nannen nach dem Ausscheiden aus seinem Chefredakteurs-Amt und vor der »Hitler-Scheiße« (Nannen) – wie Rudolf Augstein (»Spiegel«), Axel Springer (»Welt«), Marion Gräfin Dönhoff (»Zeit«). Nach klassischer Definition ist ein Herausgeber der geistige Kopf des Blatts (oder Verlags). Er hatte vor allem in den ersten Nachkriegsjahren die Idee für ein Blatt, eine Zeitung, Zeitschrift oder ein Magazin, das er dann – mit eigenem oder fremdem Geld – auf sein Risiko gründete. Herausgeber haben somit auch das Recht, dem – in aller Regel angestellten – Chefredakteur zu sagen, wo es mit dem Blatt langgehen soll. Der Herausgeber bestimmt in seinem Haus, ähnlich dem deutschen Bundeskanzler in der Politik, die »politische Richtung« – praktisches Beispiel: »Welt«-Herausgeber Springer mit seinen bekannten vier Grundsätzen für seine Tageszeitung »Welt«. Die »Frankfurter Allgemeine« nennt unter ihrem Zeitungskopf fünf Herausgeber, in manchen Impressa sind sogar noch Verstorbene aufgeführt. Selbst die 20bändige »Brockhaus-Enzyklopädie« unterläßt den Versuch, den Herausgeber einer Zeitung oder Zeitschrift zu definieren.

Verleger wird – wieder »Brockhaus« – als Funktion da schon deutlicher: »Unternehmer im Verlagswesen«. Der Verleger kann zugleich auch Inhaber sein wie Axel Springer in seinem Pressekonzern oder auch nur Angestellter wie früher Diether Stolze bei der »Zeit«. Er ist der für den wirtschaftlichen Erfolg Verantwortliche und agiert darum fast immer wie ein Kaufmann, auch wenn er wie Peter Tamm als Springer-Generaldirektor aus dem Redakteursstand hervorgegangen ist. Er gibt mit seinen »Verlegerischen Richtlinien« an, wie es mit Redaktion und Verlagsabteilungen langgeht, was sie zu tun und zu lassen haben, wo das Blatt gedruckt wird *(Druckverträge),* was es am Kiosk kostet *(Copypreis)* und was die Inserenten zahlen müssen *(Anzeigenpreis).* Die Inhaber des Verlags geben ihrem angestellten Verleger stets ihre Gewinnerwartungen für ein Jahr in Heller und Pfennig als Planungs-Ziel vor. Die Verlegerfunktion übt manchmal auch ein Management – als Geschäftsführung oder Geschäftsleitung – aus. Der Verleger ist ein starker Mann: Er, sagte schon Bucerius, »sucht sich die Leute aus. Er sucht den Chefredakteur aus und kann ihn auch wieder entlassen«.

Der *Chefredakteur* ist in dieser Verlagshierarchie – nach Herausgeber und Verleger – der dritte Mann. Er muß gegenüber seinem vorgesetzten Verleger den Erfolg des Blatts, gemessen nach der Auflage, nachweisen; sonst lebt er so gefährlich wie ein Bundesligatrainer, der drei Heimspiele hintereinander verloren hat. Und er muß dem Herausgeber garantieren, daß das Blatt auf der Herausgeber-»Linie« geblieben ist – ob er nun bei der Tageszeitung »Stuttgarter Nachrichten« oder beim Fußballmagazin »Kicker« als Chef der oft auseinanderstrebenden Redakteure fungiert.

Der Chefredakteur steht für den Leser in der Öffentlichkeit jedoch unangefochten auf Platz Eins ihres Interesses. Das mag historisch zu erklären sein: Es sind mehr große Chefredakteure als große Verleger bekannt. Den Bekanntheitsgrad von Verlegern und Herausgebern haben auch deren oft rührende Versuche, als Journalisten zu glänzen, nicht gerade gefördert – ob nun Gerd Bucerius in seiner »Zeit« zu »Fragen der Zeit Stellung nimmt« oder der alte Franz Burda in seiner »Bunten« noch gelegentlich eine Seite vollschreibt; immerhin hält sich der Schaden in Grenzen. Besinnliches zum Jahreswechsel hat der »Welt am Sonntag«-Leser zu erwarten, wenn der Autor Axel Springer heißt: »Das zu Ende gehende Jahr hat uns harte Prüfungen auferlegt... Und das neue Jahr? Es wird uns mit Sicherheit vieles abverlangen.« Der homo divinans, der ahnende Mensch, hat eine quälende Entwicklung durchmachen müssen, bevor es in der Presse zur Arbeits- und Gewaltenteilung kam: Einer, homo sapiens, hat die Idee für ein Blatt; der andere, homo oeconomicus, arbeitet an der wirtschaftlichen Ordnung; der dritte, homo literatus, kann schreiben und ein gutes Blatt für viele zufriedene Leser machen. Dabei verschieben sich im Pressewesen Funktionen: Der Herausgeber wird Verleger, der Chefredakteur Herausgeber. Keine abgrenzende Definition ist endgültig, und selbst auf der Suche nach haltbaren Formen sind manche verunglückt.

Große, das meint: bedeutende Chefredakteure hat der Journalismus in Deutschland unter allen Regimes zuhauf hervorgebracht. Der größte war wohl Karl Marx, der zwar nicht als Chefredakteur die Welt veränderte, aber doch den handwerklich-intellektuellen Mitteln des Journalismus treu blieb.

Karl Marx machte im Journalismus schnelle Karriere, heute würde man sagen, er sei »ein Senkrechtstarter« gewesen. Sein erster politischer Artikel stand am 5. Mai 1842 in der »Rheinischen Zeitung«, im Oktober desselben Jahres konnte er seiner Jenny im fernen Trier mitteilen, er sei Chefredakteur des Blatts mit einem Jahresgehalt von 600 Thalern geworden. Die rheinischen Industriellen Hansemann und Camphausen (nach 1848 preußischer Minister) hatten die Zeitung finanziert, in der ihr Redakteur Marx alles nieder- und lächerlich machte, was seinem Freiheitswillen entgegenstand – Dauer-Thema: für die Pressefreiheit, gegen die Zensur (»die öffentliche Lumperei«). Marx nannte zum Beispiel den preußischen Zensor »einen Idioten«, der alles streiche, »was er nicht versteht« – so auch eine Bemerkung über Dantes »Göttliche Komödie« mit dem barschen Hinweis, im königlichen Preußen sei es nicht erlaubt, das Göttliche als Komödie zu behandeln. Seine Setzer brachte der Redakteur Marx mit seinen endlosen Verbesserungen der Manuskripte und der daraus folgenden Gefährdung des Andrucktermins zwar zur Raserei, aber die Geldgeber konnten mit ihm zufrieden sein. Als er im Oktober 1842 die Chefredaktion übernahm, zählte das Blatt 1000 Abonnenten, zu Weihnachten desselben Jahrs waren es schon 3000.

Die »Politische Richtlinie« der Finanziers Hansemann und Camphausen, ein »liberales« Blatt zu machen, hielt ihr angestellter Redaktions-Chef Marx buchstabengetreu ein – kommunistische Ideen, geschickt in Rezensionen und Theaterkritiken verpackt, hatten in seiner »Rheinischen Zeitung« absolut nichts zu suchen. Marxsche Redaktionsorder: »Ich erkläre, daß ich das Einschmuggeln communistischer und socialistischer Dogmen, also einer neuen Weltanschauung, in beiläufigen Theaterkritiken etc. für unpassend, ja für unsittlich halte . . .«

So schnell wie Marx das Amt des Chefredakteurs errungen hatte, so schnell schmiß er es auch wieder hin: Am 17. März 1843 teilte er in der »Rheinischen Zeitung« seinen Lesern lapidar mit, er sei »der jetzigen Zensurverhältnisse wegen . . . mit dem heutigen Tag aus der Redaktion ausgetreten«.

Ex-Chefredakteur Marx ging nach Paris und tat sich mit dem aus der Baumwolle-Metropole Manchester angereisten Kollegen Friedrich Engels zusammen, um für den Herausgeber Arnold Ruge die »Deutsch-Französischen Jahrbücher« zu schreiben. Als die erste Nummer erschien, war der Herausgeber, am Mitmachen krankheitshalber verhindert gewesen, entsetzt: Kein einziger Beitrag für Frankreich war zu finden. In Preußen wurde nicht ein einziges Exemplar verkauft, Herausgeber Ruge blieb auf seiner gedruckten Auflage sitzen. Wütend knallte er seinem »Blattmacher« Marx 1000 Exemplare in die Redaktionsstube – anstelle des Redakteursgehalts. Ruge schlug vor, Marx solle versuchen, sie selber an den Käufer zu bringen – worauf Frau Jenny ihn auf gut Rheinisch einen »Heuochs« nannte. Pleite wie er war, ging Marx mit Familie und Dienstmädchen Lenchen Demuth nach London, recherchierte die trostlose Lage der Industriearbeiter in den Archiv-Wälzern des Britischen Museums – Geld war keins im Hause Marx. Das praktische Lenchen versetzte das einzige Paar Schuhe des Messias designatus im Pfandhaus, Marx mußte schuhlos im Haus bleiben. Die Weltrevolution war durch den Dienstmädchen-Trick freilich nicht aufzuhalten . . .

Kurt Tucholsky, der Ernste, erwischte als erstes Redaktionsamt ausgerechnet die Chefredaktion des »Ulk«, dessen Name schon Programm genug war. Zum Journalismus war er bereits 1913 durch seinen ersten Beitrag für die Wochenzeitschrift »Schaubühne« gekommen, die im April 1918 auf seinen Rat »Weltbühne« genannt wurde. Tucholsky langweilte sich im finstersten Rumänien als Polizeikommissar im September 1918, als ihn das Angebot Theodor Wolffs erreichte, »Ulk«-Chef im Mosse-Verlag in Berlin zu werden (Wolff, Chefredakteur des Mosseschen »Berliner Tagblatt«, war Neffe des »Tagblatt«-Gründers Rudolf Mosse). Im »Ulk« engagierte sich der junge Chef mit großem Ernst und schrieb unter seinem Pseudonym Theodor Tiger allwöchentlich das sogenannte Leitgedicht. Bei der »Weltbühne« kam dann Tucholskys große Zeit, als der »Herr Kaiser« Wilhelm Zwo nach Doorn in Holland und sein Generalstabschef Ludendorff, getarnt hinter blauer Brille, nach Schweden retiriert waren.

Ab Dezember 1926 war Tucholsky, Vorgänger Siegfried Jacobsohn war gestorben, »Weltbühne«-Chef; im Impressum des Blatts erscheint er als Herausgeber. Es wurde ein Knochenjob: Die verkaufte Auflage betrug 15 000 Exemplare je Woche, Anzeigen lehnte das Blatt ab, Honorare und Druckkosten mußten gezahlt werden – der Literat im Verlagsmanagement quälte sich mit dem fortwährenden Balanceakt. Nebenbei mußte Tucholsky tun, was als Blatt-Chef seine Hauptaufgabe war: schreiben. Schon Mitte 1927 entschied er sich wieder für den reinen Journalismus – schon Vorgänger Jacobsohn war die Entscheidung nicht erspart worden.

Siegfried Jacobsohn, am 7. September 1905 war die erste Nummer seiner »Schaubühne« erschienen, hatte sich als Blatt-Chef verzehrt. Axel Eggebrecht, sein Biograph, schildert das so: »S. J.«, Siegfried Jacobsohn, »hat von der ersten Nummer (1905) bis zum letzten Novemberheft 1926 alles allein gemacht – keine Krankheit, keine Reisen, keine Ungunst der Stunde haben ihn jemals veranlassen können, die Redaktion auch nur für eine Woche abzugeben . . .«

Großer Journalismus fand auf der »Weltbühne« statt, die unter S. J. so etwas wie der »Spiegel« ihrer Zeit war. Jacobsohn trat, als der Erste Weltkrieg von seinem Vaterland noch zu gewinnen war, für einen raschen Frieden ohne Annexionen auf. Er deckte in der Weimarer Zeit die Serie der Fememorde auf, denen die sogenannten Erfüllungspolitiker Eisner, Erzberger und Rathenau zum Opfer gefallen waren, und gestand: »Wenn ich nichts getan hätte als die Aufdeckung der Fememorde, so wäre mir das genug.« Seine Feinde sahen in dem »Weltbühne«-Chef ihren gefährlichsten Widersacher und behaupteten, sein rotes Blatt ruiniere die schöne neue Republik. Damals war es schon wie heute: »Bei uns in Deutschland gilt für gefährlicher derjenige, der auf den Schmutz hinweist, als der, der den Schmutz macht.« Auf den großen Journalismus des Siegfried Jacobsohn folgte der große Journalismus des Kurt Tucholsky, dann kam Mitte 1927 Carl von Ossietzky als Chefredakteur.

Carl von Ossietzky, »der sich sein Brot als Bürogehilfe an einem Amtsgericht verdiente, zart von Wuchs und körperlich benachteiligt« war (Biograph Harry Pross), setzte die Blatt-Linie Jacobsohn/Tucholsky fort. 1929 veröffentlichte er den Aufsatz eines Walter Kreiser mit dem Titel »Windiges aus der deutschen Luftfahrt«. Darin wurde anhand der Analyse des Staatshaushalts 1929/30 nachgewiesen, daß ein halbes Dutzend subventionierter Flugzeugfabriken für den kleinen Bedarf an Verkehrs- und Sportmaschinen zuviel sei. Die »Küstenflugabteilung der Lufthansa« und eine »Erprobungsabteilung Albatros« besäßen je bis zu 50 Flugzeuge, die jedoch nicht immer in Deutschlands Luftraum seien – sie trainierten heimlich im Rußland der seit Rapallo wieder sympathischen Bolschewiken. Hier entstand eine neue deutsche Luftwaffe. Görings spätere Adler hatten in der Union der Sozialistischen Sowjet-Republiken längst einen sicheren Horst.

Ein Verfahren wegen Landesverrats und Verrats militärischer Geheimnisse gegen den »Weltbühne«-Chef von Ossietzky war die Antwort des Reichswehrministeriums. Im November 1931 stand der Chefredakteur vor Gericht – Urteil: 18 Monate Gefängnis. 1932 wurde er nach einer Amnestie vorzeitig freigelassen. Die Nazis steckten, als sie die Macht im Reich übernommen hatten, den Journalisten sofort ins Konzentrationslager; im Mai 1938 starb er an den Folgen seiner Haft. Tucholsky hatte von seinem todesmutigen Nachfolger schon am 5. Juli 1932 gesagt: »So wenig wir Personenkult treiben wollen, so sei doch konstatiert, daß die Widerstandskraft, die Ossietzky zeigt, vorbildlich ist. Bismarck hat geklagt, wir hätten zu wenig Zivilcourage. Was Ossietzky leistet, geht längst darüber hinaus, es ist nicht mehr Zivilcourage, nicht Zivilmut, es ist Ziviltapferkeit.«

Große Chefredakteure – wie Marx, Jacobsohn und Ossietzky – waren nicht nur die Chefs einflußreicher Blätter, die sich Kaisers Größenwahn und Führers Verbrechertum entgegenstemmten. »Hitler bedeutet Krieg« und »Hitler der Bankrotteur« lasen um das Jahr 1930 Zeitungskäufer an Münchner Kiosken – der formulierungsstarke Warner: Dr. Fritz Gerlach, Chefredakteur der »Münchner Neuesten Nachrichten«. Mit einer eigenen Zeitschrift, »Der gerade Weg«, kämpfte der überzeugte bayrische Katholik auch auf persönliche Rechnung gegen Hitler. Chefredakteur Gerlach kam noch im Jahr 1933, bei der braunen Machtergreifung, ins KZ; am 30. Juni 1934 wurde er als Häftling hinter Stacheldraht ermordet. Chefredakteure aller politischen und religiösen Richtungen blieben im Kampf gegen die Diktatur auf ihrem Posten und standen zu ihrer Pflicht, den Bürger im Land zu warnen. Der Wert der Erkenntnis, tapfer auszuharren und weiter schreiben zu müssen, auch wenn dabei das Leben verwirkt wird, ist für die künftige Generation deutscher Journalisten nicht hoch genug einzuschätzen.

»So berühmt wie Theodor Wolff ist heute kein Journalist, auch kein Chefredakteur mehr«, behauptet ein Insider, der Journalist Helmut Cron, bis 1966 Chefredakteur der »Stuttgarter Nachrichten«. Wolff, 27 Jahre lang Chefredakteur des international angesehenen »Berliner Tagblatt«, avancierte vom Feuilletonisten zum Berater der Reichsregierung in Fragen der Außenpolitik: Am 23. Juli 1914, eine gute Woche vor Ausbruch des Ersten Weltkriegs, erreichte ihn in seinem holländischen Urlaubsort die Bitte des Außenministeriums in Berlin, so schnell wie möglich in die Reichshauptstadt zu kommen, um »Fühlung zu halten«, da »die österreichisch-serbische Sache sich zuspitzen« könne. Zwei Tage später saß Wolff dem Außenamts-Staatssekretär von Jagow gegenüber und diskutierte mit ihm die Krise auf dem Balkan.

Mit 20 Jahren war Theodor Wolff im Jahre 1888 in die Redaktion des »Berliner Tagblatt« eingetreten, die 1871 von seinem Onkel Rudolf Mosse gegründet worden war. 1894 ging er für sein Blatt nach Paris – rechtzeitig, um über den Dreyfus-Prozeß zu berichten.

Alfred Dreyfus, ein Elsässer jüdischer Herkunft und Hauptmann in der französischen Armee, war im Dezember 1894 von einem Militärgericht in einem völlig rechtswidrigen Verfahren des Landesverrats zugunsten des Deutschen Reichs zu lebenslänglicher Deportation auf die Teufelsinsel Cayenne in der Kolonie Französisch-Guayana verurteilt worden – Beweis gegen Dreyfus: Sein Name hatte auf einer Liste gestanden, die im Papierkorb des deutschen Militärattachés in Paris gefunden worden war. Dreyfus fand in Presse und Literatur glühende Verteidiger, zum Beispiel den großen Erzähler Émile Zola, der 1894 mit seiner Anklageschrift »J'accuse«, »Ich klage an«, gegen das Dreyfus-Urteil anging. (Dreyfus wurde, nach Begnadigung, 1906 offiziell rehabilitiert und zum Major befördert.)

Theodor Wolff, Paris-Korrespondent des »Berliner Tagblatt« und wie Dreyfus Jude, verhalf mit seinen Reportagen vom Dreyfus-Prozeß seinem Blatt zu beträchtlicher Auflagensteigerung; der dankbare Onkel Mosse holte den 38jährigen als Chefredakteur nach Berlin zurück. Seine Redakteure nannten ihn – so Biograph Cron – gern den »letzten Gentleman«: »Gemeint war nicht der immer tadellos gekleidete und gepflegte Herr, der Theodor Wolff ohnehin war. Gentleman wurde verstanden in der höchst ungewöhnlichen Art des Umgangs mit und in der Redaktion.« Wolff habe »nie in die Redaktion ... hineinkommandiert, somit auch seinen Redakteuren nie etwas befohlen, geschweige denn sie angeschnauzt, wie das andere Chefs an sich hatten und heute noch an sich haben sollen« (Cron). Die anerkannte Qualität des »Berliner Tagblatt« in der Ägide Wolff hatte eine simple Erklärung: Bei jedem Engagement eines Redakteurs in der Berliner Zentrale oder eines Bewerbers für einen Korrespondenten-Posten irgendwo in der Welt achtete er auf »beste journalistische Begabung« und stellte »hohe geistige Ansprüche«. Von Redaktionskonferenzen, heute unverzichtbares Führungsmittel eines Redaktionsleiters, hielt der Chefredakteur Wolff nicht viel – Cron: »Das persönliche Gespräch war ihm wichtiger.«

Offenbar aber war dem Redaktions-Chef Wolff bald klar geworden, daß ein Journalist weder Macht noch Einfluß hat, die Weichen der Politik zu stellen, auch wenn ihn die Politiker zu Rat ziehen. Er gründete 1918 mit Liberalen wie Alfred Weber und Friedrich Naumann eine eigene Partei, die Deutsche Demokratische Partei (DDP). Sechs Jahre später trat er ostentativ aus, weil er das von ihm bekämpfte Schund- und Schmutzgesetz nicht verhindern konnte (Fast 50 Jahre später erfuhr auch Rudolf Augstein, als FDP-Mann im Bonner Bundestag, daß er gegen seine Partei nichts ausrichten konnte und zum prominenten Hinterbänkler verdammt war: er legte sein Mandat nieder).

Goebbels, Hitlers Journalist, hatte mit dem sogenannten Schriftleiter-Gesetz die deutsche Presse gleichgeschaltet, den Schriftleiter zum »Gehilfen der Volks- und Staatsführung« und den Chefredakteur zum Hauptschriftleiter gemacht – die täglichen »Weisungen« aus seinem Propagandaministerium bestimmten den Inhalt der großdeutschen Zeitungen (Maxim Fackler, Redakteur der »Frankfurter Zeitung«, hat Goebbels' »Weisungen« entgegen striktem Befehl nicht vernichtet, sondern gesammelt und versteckt; er übergab sie nach dem Krieg dem Bundesarchiv).

Hitlers hinkender Chefpropagandist brauchte keine freien und unabhängigen Journalisten, die Presse- und Meinungsfreiheit verlangten – er brauchte Befehlsempfänger, die seine »Weisungen« in Leitartikel und Berichte umsetzten. Dennoch scheint es, daß er für jene, die sich ihm verweigerten, Verständnis, ja sogar ein bißchen Achtung hatte, denn er vertraute seinem »Tagebuch« an: »Ein anständiger Journalist, der noch ein Ehrgefühl im Leibe hat, kann sich unmöglich mit den Praktiken der Presseabteilung der Reichsregierung zufrieden geben. Der Journalismus wird hier geschurigelt, als wenn er sich noch auf der Volksschule befände. Selbstverständlich wird das auf die Dauer sehr üble Folgen für den journalistischen Nachwuchs haben; denn ein Mann, der noch ein bißchen Ehrgefühl besitzt, wird in Zukunft sich schwer hüten, Journalist zu werden.«

Nach Goebbels' Tod in der ausgebrannten Reichskanzlei brachten die alliierten Sieger die Presse- und Meinungsfreiheit ins Rest-Deutschland zurück. Mit sogenannten *Lizenzen* der Militärregierungen wurden Zeitungen, Zeitschriften und Magazine gegründet, es war der Frühling im deutschen Blätterwald. Journalisten wurden große Chefredakteure: Hans Habe bei der »Neuen Zeitung« in München, Henri Nannen bei seinem »stern«, das Gespann Rudolf Augstein/Hans Detlev Becker mit dem neuen »Spiegel«, Hans Zehrer (»Hans im Bild«) bei der »Welt«, Peter Boenisch bei »Bild«.

Fritz Sänger, Absolvent eines Lehrerseminars, Redakteur der »Frankfurter Zeitung«, baute dpa als weltweites Nachrichtennetz der deutschen Presse, getragen von Verlagen, Gewerkschaften und Industrie, auf.

Solide düngte ein Korps von Zeitungsmachern nationale, regionale und lokale Blätter zu einer farbigen Presselandschaft. Eduard Rhein, auch Erfinder in der Radiobranche, machte »Hör Zu« mit seinen Romanen und Aktionen (»Redaktions-Igel Mecki«) zur größten Programmzeitschrift Europas und wurde dabei steinreich – Axel Springer versprach beim »Hör Zu«-Start seinem glückhaften Chefredakteur Rhein einen festen Pfennigsatz pro verkauftem Exemplar, nicht ahnend, daß die Auflage bald auf 4,5 Millionen Exemplare je Woche hochschießen werde. Die biedere deutsche Zeitung war tot, Deutschlands Presse errang schnell internationalen Standard – in Europa fanden das Nachrichtenmagazin »Spiegel« und die Illustrierte »stern«, trotz zahlreichen Kopierversuchen, nicht ihresgleichen. Chefredakteure wurden »Blattmacher«, sahen sich bei ausländischen Kollegen um und überholten sie.

Auch für Chefredakteure war die alte Idylle tot. Sie mußten – und müssen – mit ihrem Blatt nur Erfolg haben, meßbar nach der Höhe der verkauften Auflage und dem Inhalt der Verlagskasse – sonst leben sie in der Tat ebenso gefährlich wie Trainer in der Bundesliga. Trostloses Beispiel: die »Wirtschaftswoche« in Düsseldorf, nach dem Krieg als »Volkswirt« herausgebracht. Seine Verleger, darunter auch Gerd Bucerius, experimentierten mit dem als »Wirtschafts-Spiegel« gedachten Blatt endlos – endlos ist auch die sicherlich nicht komplette Liste seiner Chefs: Reuter, Sweerts-Sporck, Jacobi, Martin, Zinken, Ahlers, Engels, Vater, Baentsch. Henri Nannen, 32 Jahre Chefredakteur des »stern«, hat einmal Freud und Leid des Chefredakteurs so beschrieben: »Ein Chefredakteur muß sich ans Rad geflochten fühlen. Wenn es schlecht geht, muß er blutend am Boden liegen, aber wenn es gut geht, ist es sein Triumph.« Bei der »Wirtschaftswoche«, »Wiwo« genannt, wurden Nannens Kollegen gerädert.

Chefredakteur, Herausgeber und Verleger fanden sich nach dem Krieg zum erfolgreichen Macher-Trio in den Zeitungshäusern zusammen. Herausgeber und Verleger, in den Gründerjahren nach 1945 oft eine Person, standen bald auf der einen, der Chefredakteur auf der anderen Seite. Daß seit Ende der 60er Jahre die meisten der deutschen Journalisten links – und viele von ihnen sehr links – stehen und schreiben, muß Gründe haben, die in den Erwartungen der Redakteure und in den Taten ihrer Herausgeber/Verleger zu suchen sind. Die Journalisten machten ihre Arbeit, die Verleger auch, aber sie machten zudem das ganz große Geld.

»Alle Verleger sind Schufte«, faßte der Schriftsteller Arno Schmidt (»Das Steinerne Herz«, »Zettels Traum«) seine deprimierenden Erfahrungen mit Verlagen im Wirtschaftswunderland zusammen; erst nach seinem Tod im Jahre 1979 rissen sie sich um sein Werk, das sie zu seinen Lebzeiten ignoriert hatten. »Die Verleger schlürfen aus den Hirnschalen ihrer Autoren Champagner«, behauptete ein Unbekannter – »Das Zitat ist korrekt, der Autor unbekannt«, antwortete das berühmte »Spiegel«-Archiv in Hamburg, vom Verfasser dieses Buchs nach der Quelle befragt. Paul Sethe, auf Kanzler Adenauers Wink mit den Industrieanzeigen als kritischer Kolumnist aus der »Frankfurter Allgemeinen« gedrängt, meinte beim Abschied bitter: »Die Freiheit der Meinung ist die Freiheit von 200 reichen Leuten, ihre Meinung zu sagen.« Der hellsichtige George Orwell (»1984«) hatte schon 1948 verächtlich abgewinkt: »Freiheit ist die Freiheit zu sagen, daß zwei und zwei vier ist.«

Die großen Leistungen der deutschen Presse der Nachkriegszeit haben ihre Leistungsträger, die Journalisten und Redakteure, materiell nicht sicherer gestellt als sie es vordem auch waren. Gutverdienende Verlage zahlen ihren verdienten Redakteuren keine oder nur eine schäbige Betriebspension. Es dürfte in der Bundesrepublik kaum einen Redakteur geben, den – wie die Gutsherren im alten Rußland – sein Verleger nicht schon einmal verkauft hätte: an einen anderen Verlag. Nirgendwo war die Konzentrationsbewegung heftiger als in der Presse; sie hat Redakteurs-Arbeitsplätze vernichtet und die garantierte Freizügigkeit der Redakteure ad absurdum geführt. Deutschlands mächtigste Zeitungsgruppe, die »Westdeutsche Allgemeine Zeitung (WAZ)« mit Sitz in Essen, hat zwischen Moers, Hamm und Hagen alles an sich gesaugt; ihre Eigner Brost und Funke, persönlich verfeindet, überließen es ihrem angestellten Verleger Grotkamp, Geld auch in presseferne Branchen zu stecken.

Begonnen hatte das alles so hoffnungsvoll. Als die westlichen

Alliierten, die nicht nur als Sieger über Hitlers Diktatur gekommen waren, sondern auch Befreier von Goebbelsscher Gleichschaltung, Deutschland eroberten, führten sie im Gepäck auch die Presse- und Meinungsfreiheit mit. Lange bevor das Großdeutsche Reich zusammengestürzt war, hatten sie – mit dem Militärregierungs-Gesetz Nr. 191 vom 24. November 1944 – im Gebiet des deutschen Reichs jede publizistische Tätigkeit verboten. Alle Deutschen, die im Tausendjährigen Reich eine Zeitung verlegt, gedruckt oder verkauft hatten, galten ihnen als Hitlers Spießgesellen, als Mitmacher oder Mitläufer; sie waren die zwölf braunen Jahre mitgegangen und nun mitgefangen – jetzt werden sie mitgehangen. Die freie Presse war von dem Journalisten Goebbels mundtot gemacht worden, der Rest in braune Zeitungskonzerne gezwungen – Alfred Hugenberg, einst Kruppscher Generaldirektor, hatte angefangen und mitgeholfen, die Presse durch Aufkäufe und Anzeigenpools an die staatliche Kandare zu nehmen; es wundert nicht, daß Adolf Hitler ihn zu seinem ersten Reichswirtschaftsminister machte.

Schon ein gutes Vierteljahr vor dem amtlichen Zusammenbruch der Hitler/Goebbels-Tyrannei am 8. Mai 1945 war im besetzten Deutschland die erste freie Zeitung wieder erschienen, die »Aachener Nachrichten«, am 24. Januar 1945. Die Besatzungsmächte aber dachten gar nicht daran, den Dingen ihren Lauf zu lassen: Wer eine Zeitung herausbringen wollte, mußte eine alliierte Lizenz besitzen, und wer eine alliierte Linzenz haben wollte, mußte seine politische Unbedenklichkeit nachweisen. So bestimmte es die Novelle zum Gesetz Nr. 191 vom 12. Mai 1945 in Verbindung mit der Informationskontroll-Vorschrift Nr. 1. Viele Bewerber konnten das leicht als Widerstandskämpfer gegen Hitler oder als Opfer des Faschismus-Beispiel; so Dr. Anton Betz, im Herbst 1984 verstorbener Verleger der »Rheinischen Post« in Düsseldorf.

Betz, aus St. Ingbert/Saarland, kam als 27jähriger nach dem Studium der Rechts- und Staatswissenschaften direkt nach Weltkrieg I zur »Saarbrücker Landeszeitung«. Schon drei Jahre später hatte er es bei der »Saar-Zeitung« in Saarlouis zum Chefredakteur und Verlagsleiter gebracht; 37 Jahre alt, avancierte er beim Münchner Verlag Knorr & Hirth zum Verlagsdirektor. Vor seiner Haustür begann der braune Mob zu toben, der gläubige Katholik Betz geriet mit den Nationalsozialisten schnell über Kreuz und verlor nach ihrer Machtergreifung Stellung und Beruf. Vorübergehend inhaftiert, verhörte ihn im Zuchthaus Stadelheim ein schwarz uniformierter Nazi namens Heinrich Himmler, der spätere Reichsführer SS, persönlich. Bis Kriegsende arbeitete Dr. Betz als Kriegsdienstverpflichteter dann in der Rüstungsindustrie. Der Verfolgte des Nazi-Regimes bekam von den Alliierten auf der Stelle die Lizenz zur Gründung einer Zeitung; er tat sich mit einem anderen Nazi-Gegner, mit dem CDU-Politiker Karl Arnold, dem späteren Ministerpräsidenten von Nordrhein-Westfalen, zusammen – die Lizenzzeitung »Rheinische Post« in Düsseldorf konnte abfahren.

Andere Lizenzträger fühlten sich im Dritten Reich nicht verfolgt, wie zum Beispiel der Sohn des Verlegers der »Altonaer Nachrichten«, der junge Axel Cäsar Springer. Als der englische Presseoffizier in Hamburg den Bewerber Springer, der eine Rundfunk-Zeitschrift gründen wollte, ironisch fragte, wer ihn denn im Hitler-Deutschland verfolgt habe, soll Springer mit entwaffnender Offenheit erklärt haben: »Nur die Frauen.« Springer bekam seine Lizenz für »Hör Zu«, die Lizenz Nr. 67. Mit seinem genialen Chefredakteur Eduard Rhein machte er aus der Programmgazette mehr: Deutschlands erste Familienzeitschrift.

Erst 1949, die Bundesrepublik Deutschland war als souveräner Staat entstanden, hoben die Besitzer die Lizenz-Pflicht auf. Fortan konnte jeder, der wollte, auch eine Zeitung herausbringen. Die Lizenzträger, die Herren der Lizenzpresse also, hatten sich allerdings längst etabliert und besaßen »Weitblick genug, um den Zukunftswert der Lizenzbelehnung abzuschätzen, und Energie genug, um den Zukunftswert alsbald zu realisieren«, wie der Nachkriegshistoriker Kurt Pritzkoleit in seinem 1955 erschienenen Standardwerk »Die neuen Herren« bitter vermerkt. Pritzkoleit war einer der nicht wenigen Journalisten, die sich vom Segen der Lizenzen, der nur den Verleger-Eigentümer berieselte, ausgeschlossen sahen. Klartext: Die Lizenzen, von den Alliierten an »unbedenkliche« Bewerber verschenkt, erwiesen sich schnell als Goldgruben; die Druckmaschinen der Verleger wurden zu Geldpressen.

Fast jeder, der eine Lizenz geschenkt bekommen hatte, wurde reich dabei, viele von ihnen aber blieben es nicht – ein Politiker konnte zwar eine Lizenz entgegennehmen, aber sie war kein Zeugnis dafür, daß er auch mit Geld umgehen konnte – meist konnten sie ihre Lizenz aber noch gut verhökern. Auch eine Legion Sozialdemokraten hatte von den Alliierten das Lizenz-Geschenk kassiert und steuerte ihre Blätter treu auf Parteikurs; sie gingen fast ausnahmslos dabei baden – Deutschlands Leser bekamen Besseres vorgesetzt: Deutschlands Chefredakteure und Verleger verstanden ihr Geschäft. Schelmisch wie er sein konnte, erklärte Gerd Bucerius, der es als Rechtsanwalt vom »stern«-Verleger zum zigfachen Millionär gebracht hatte, warum die deutsche Presse richtige und keine parteitreuen Verleger benötige: »Weil Funktionäre keine Zeitung machen können.«

Verleger/Herausgeber hatten dann ein gutes Kaufmannshändchen, wenn sie ihre guten Chefredakteure gewähren ließen. Der Wert ihrer Beiträge für ihre Blätter hielt sich in Grenzen, die meisten Verleger/Herausgeber gaben ihren Redakteuren Gedanken- und auch Schreib-Freiheit, auch wenn sie selber betroffen waren – so der junge »Spiegel«-Herausgeber Rudolf Augstein, dessen erstes (und einziges) Theaterstück in seinem »Spiegel« gnadenlos verrissen wurde. Oder wie der alte »Spiegel«-Verleger John Jahr, dessen ambitiöse Fertighaus-Ausstellung in Quickborn bei Hamburg von einem fachlich versierten Redakteur in seinem »Spiegel« auseinandergenommen wurde.

Ein anderer Verleger/Herausgeber, Hugo Wrietzner vom Wirtschaftsblatt »Industriekurier« in Düsseldorf, warf einen jungen Redakteur aus seinem Pressehaus, weil er fürchtete, dessen »sozialistische Redensarten« könnten sich bei seiner schwerindustriellen Leserschaft an Rhein und Ruhr herumsprechen. Wrietzner vererbte sein gesäubertes Blatt an seinen Neffen, »Kohlen-Müller« genannt, das Blatt war bald am Ende und verschwand im »Handelsblatt«, dessen Gründer Friedrich Vogel, zukunftsängstlich wie er war, es schnell dem Holtzbrinck-Konzern verkaufte.

Der deutsche Zeitungsverleger, faßte der Redakteur Kurt Tucholsky seine Berufserfahrungen im Prisma zusammen, »ist ein ängstlicher Mann; er will Geld verdienen, was ihm kein Mensch übelnimmt, und er will nur Geld verdienen, was ihm sehr übel zu nehmen ist«. Der Verleger sei »im allgemeinen tief davon überzeugt, daß Redakteure nur Geld kosten, aber wenig einbringen; daß im Grunde er, der Verleger, die Sache viel besser verstehe, und daß man jeden Redakteur davonjagen und durch einen andern ersetzen könne«, so Tucholsky, »einer der scharfsinnigsten Beobachter der Presselandschaft der Weimarer Zeit« (»Der Journalist«, 1983). Beim Inseraten-Chef sehe der Verleger das ganz anders, der sei unersetzbar und bringe Geld in die Verlagskasse.

Immer wieder komme es vor, daß einem Redakteur vom Verlag ein Stoß Briefe vorgehalten werde, in denen sich Leser oder Inserenten über einen Beitrag im Blatt beschweren. Das hatte schon der große Berliner »Weltbühne«-Chefredakteur Siegfried Jacobsohn, S. J., erlebt, als er einem fremden Redakteur vorhielt: »Bei euch genügen schon vier Beschwerdebriefe, und jeder von euch kann fliegen.« »Herr Jacobsohn«, reckte sich der Verdächtigte und entgegnete stolz: »Sie irren sich«, wies er die Unterstellung zurück: »Es genügt schon einer.« Redakteure sollten, resümierte der Redakteur Tucholsky, beim Niederschreiben ihrer Recherchen und Gedanken immer an das Bankkonto ihres Verlegers denken, der »die Philosophie des Geldes« habe. Tucholsky: »Dem Redakteur wird zugemutet, die Philosophie des Geldes zu haben, das er niemals verdient.«

Der Verleger/Herausgeber als Zeus im Pressehimmel, der Journalist auf Erden und im Staub – niemand hat dem Branchenklischee mehr Leben gegeben als Robert Maxwell, Verleger von Pergamon Press in London, zu der auch die »Daily Mirror«-Gruppe gehört. Maxwell hatte es nach dem Krieg vom armen jüdischen Einwanderer zu Englands Presse-King gebracht – Anlaß genug für Yossi Melman, ihn für sein Blatt »Davar« in Israel zu interviewen. Pünktlich fand sich der »Davar«-Korrespondent, begleitet von einer jungen Kollegin, im Allerheiligsten des Verlegers Robert Maxwell ein, der ihn eine halbe Stunde warten ließ. Dann kam der Sekretär, schärfte Melman ein, daß Maxwell nur fünf Minuten Zeit für ihn habe – Melman und seine Kollegin saßen vor dem Mächtigen, der während des »Interviews« drei Telefonate führte und bei seinen Antworten von seinem Schreibtisch kaum aufblickte. Maxwell berichtete, daß er eigentlich Rabbiner werden wollte, gratulierte seinem Interviewer Melman zu seiner hübschen Assistentin – und wies beiden die Tür: Ein Presse-Gott hatte sich einem Journalisten gezeigt.

FÜNFTES KAPITEL
(Zweiter Teil)

Freikorps »stern«
oder
Wie Henri Nannen sich verabschiedete:

»Die Redaktion
kann mich jetzt
am Arsch lecken«

Richard Tüngel, der Chef der »Zeit«, und Henri Nannen, der Chef des »stern«, begegneten sich auf dem Korridor des Hamburger Pressehauses – »die beiden journalistischen Weltanschauungen trafen aufeinander«, hielt später Gred Bucerius, Herr über »Zeit« und »stern«, die historische Szene fest. Der elitäre Tüngel, fest überzeugt, daß er die edlere Form des Journalismus vertrete, wollte dem Kollegen vom »stern« leutselig etwas Freundliches sagen, und er sagte es so: »Ich bewundere Sie, Herr Nannen. Ich weiß: Ein Blatt wie die ›Zeit‹, das können wir beide machen. Aber mit großer Intelligenz jede Woche für Lieschen Müller ein Blatt zu machen, das können nur wenige.« Nannen rührte des Tüngel Lob nicht: »Aber Herr Tüngel«, gestand er, »das ist doch ganz einfach: Ich *bin* Lieschen Müller.«

Der »stern« war Nannen, Nannen war der »stern«. 35 Jahre lang erschien im Hamburger Bilderblatt keine Zeile eines Autoren und kein Bild eines Fotografen, ohne daß sich Nannen nicht mit jeder Zeile, jedem Bild und jeder Linie identifiziert hätte – Nannen machte den »stern« im Grunde genommen für sich. Und darum war der »stern« erfolgreich – das ist denn auch der Lehrsatz Nr. 1 für alle Chefredakteure von morgen: Mach Dein Blatt für Dich.

Wer war dieser Egomane? Nannen selber nannte sich einen »Mann mit abgeschlossener Halbbildung«. Nannen habe ihm, so Bucerius, als alles vorüber war, »wie eine Brechstange im Magen gelegen«. Bucerius schwelgte da in Nostalgie: »Er war Chef eines Blatts, das auf die Massen angewiesen ist. Er wollte alle gewinnen, indem er den einzelnen Leser gewann ... Bevor er schreibt, überlegt sich Nannen die menschliche Lage seines Lesers. Er verfolgt das Thema in die Vorstellungswelt des Lesers hinein. Seine Themen schon wachsen aus Seele, Gemüt und Verstand – wie immer Sie es nennen wollen – eben des Lesers. Was er schreibt, geht den Leser unmittelbar an. Indem er dabei seine eigene Innenwelt schildert, beweist Nannen dem Leser: Ich bin ja gar nicht anders als ihr. Ich bin Jedermann, wie ihr ... Nannens Foto (neben seinen »stern«-Kolumnen, die er im Herbst 1984 als fast 600 Seiten dickes Buch herausbrachte) war intelligent, freundlich, ruhig, nicht anbiedernd, eine Spur sich selbst verspottend. Er zeigte dem Leser Respekt, der wußte, er wird ernst genommen. Nannen schreibt ganz unbefangen ›ich‹. Der Leser wird nie geduzt, ist immer ›Sie‹.«

Der Autor des »Lieber Sternleser!«, der sich am 22. März 1958 zum ersten Mal an seine Leser wandte (»Richter sind auch nur Menschen«), gestand, wie schwer er sich beim Schreiben tue: »Journalismus ist eine einsame Sache: man sitzt vor einem weißen Blatt Papier und unterhält sich mit einem einzigen Leser. In welcher Verfassung ist er gerade? Woran hat er eben noch gedacht? Packt man ihn? Blättert er achtlos weiter? Ich habe es nie vertragen können, neben einem zu sitzen, der gerade im ›stern‹ liest.«

Unter Nannen wurde der »stern« Europas größte und beste Illustrierte. Wer erinnert sich noch an den einstigen Marktführer »Paris Match«? Auch das weltweite Illustrierten-Idol »Life« aus den USA wurde vom »stern« nicht nur überlebt, auch überholt. Wöchentlich fast 1,5 Millionen Menschen als Käufer von Nannens »stern« an den Kiosken – diese Millionen müssen, Woche für Woche, der Überzeugung sein, ihr Blatt sei seinen Preis auch wert; und so werden »Hitlers Tagebücher«, unbestritten die in diesem Jahrhundert nicht zu übertreffende Presse-Blamage, eines Tages nur noch eine Geschichte im »stern« und die schmerzende Erinnerung an seine größte Niederlage sein. Nannens intimer Kenner und Gegner Bucerius, eben kein Ruhmeskünder seines erfolgreichen Chefredakteurs, zog nüchtern die Bilanz: »Auf Nannens glanzvollem Weg liegen viele Zusammenbrüche, aus denen er sich oft nur mühsam befreien konnte.«

In seiner Mammutredaktion – gemeint: im Freikorps »stern« (Nannen) – auf dem sogenannten Affenfelsen an der Hamburger Außenalster schlug ihm von seinen Freischärlern aus der Redaktion gelegentlich »höhnisches Gelächter« (»Zeit« vom 30. Dezember 1977) entgegen, wenn er sie zur Sau machte, aber bei seinen Siegen trugen sie ihn johlend auf den Schultern – Nannen brachte funkelnde Beute heim: den Skalp des ZDF-Moderators Gerhard Löwenthal; den Kopf des »stern«-Konkurrenten Heinz Losecaat van Nouhuys, des »Quick«-Chefs; das Foto aus dem Kreml, das Nannen sitzend auf Breschnews Schreibtisch zeigt, Breschnew andächtig vor Nannen hockend; den versengten Totenkopf von Hitlers bösem Geist Martin Bormann auf einem »stern«-Foto; die Behauptung, Bundespräsident Heinrich Lübke sei einer von Hitlers KZ-Baumeistern gewesen . . .

Seine Kritiker waren nicht seine Leser zwischen Flensburg und

Füssen, sondern die Herren, die an Nannen verdienten und die er reich machte – ihre Kritiken waren oft Schmähungen, ausgesprochen in aller Öffentlichkeit. Für Nannens Stolz, die »stern«-Geschichten seien »exclusiv recherchiert«, hatte »stern«-Inhaber Gerd Bucerius offenen Hohn bereit: »Recherchen-Journalismus setzt ein gewisses Maß an Recherchen voraus.« Bucerius' Mitaktionär John Jahr unterstellte nach einer umstrittenen »stern«-Story: »Vielleicht übersieht die Redaktion nicht mehr, welchen ungeheuren Schaden sie dem guten Namen des ›stern‹ zufügt.« Reinhard Mohn, der Aufsichtsratsvorsitzende des »stern«-Verlags Gruner + Jahr, war nach »stern«-Lektüre bar jeder Hoffnung: »Die Primitivität setzt sich fort!«

»Nicht alles, was im ›stern‹ steht, ist Gold«, kalauerte im Frühjahr 1981 Helmut Schmidt als Bundeskanzler: »Manches ist einfach bloß Blech, ziemlich dünnes Blech.« Wilfried Ahrens, fünf Jahre beim »stern« Redakteur und Ressortleiter, kartete in seiner Abrechnung »Herrn Nannens Gewerbe« ressentimentgeladen nach: »Der Mann, den Willy Brandt zum Prototyp des deutschen Journalisten beförderte, war zu allen Zeiten ein gewissenloser Opportunist, der den Heros Hitler feierte, wo sich ihm eine Gelegenheit dazu bot.«

»Der Nannen hat eigentlich gar keine wirkliche Meinung, sondern läuft mit einem Bauchladen herum, in dem eigentlich alle politischen Überzeugungen enthalten sind«, mußte Nannen im Januar 1979 in einem Fernseh-Interview hören. Der Vorwurf, ein Opportunist zu sein, ließ »Sir Henri« kalt: »Die haben das für eine Beschimpfung gehalten. Ich halte es nicht dafür.«

Kein Chefredakteur der Nachkriegszeit ist mehr verdammt und mehr gepriesen worden als Henri Nannen. Er wechselte Meinungen und Überzeugungen wie seine politischen Fronten. Als junger Journalist war er ein lautstarker Posaunist Hitlers (Nannen-Originaltöne: »Mit leuchtenden Augen sahen die Männer auf ihren Führer ... Die Erneuerung des deutschen Menschen aber ist das Werk des Führers«) – und er knüppelte gnadenlos seine Generations-Genossen wie Kurt Georg Kiesinger, Bundeskanzler von 1966 bis 1969, und Karl Carstens, Bundespräsident von 1979 bis 1984, nieder, weil sie dem Diktator nachgelaufen waren. Gustav Freytag, der Journalist, der die Journalisten in seinem Fach-Buch »Journalisten« als skrupellose Journaille entlarvte, muß den Journalisten Henri Nannen als Vorlage gesehen haben – Freytag: »Er kann schreiben rechts, er kann schreiben links.« Ein Journalist in seinem Widerspruch: Nannen ist sein Name.

Nur einer Sache blieb er sein Lebtag treu: der Sache seines Lesers. Er unterhielt ihn wie ein Clown, beutelte ihn wie ein Schulmeister vom alten Schlag – aber er dachte nie, der Leser sei dumm. Seine Berufserfahrung, gesammelt für alle Journalisten und für die Chefredakteure von morgen: »Wer glaubt, es lohne sich, seinen Leser für dumm zu verkaufen, der versteht nichts vom Geschäft.«

Nannens Machart, so sein Kritiker Ahrens, lasse sich »auf die Formel bringen: Der Knüller, der kommerzielle Erfolg am Kiosk, heiligt die Mittel«. Für den »stern«-Kundigen Ahrens ist Henri Nannen der Mann, der »diese Machart mit der eingebauten Katastrophe, wenn schon nicht erfunden, so doch zur Vollendung entwickelt hat«. Wer 35 Jahre lang Woche für Woche gezwungen ist, Sensationen für Millionen Leser nachzujagen, kommt an journalistischen Katastrophen – Fehldeutung, Falschmeldungen, falschen Verdächtigungen – nicht vorbei. Beispiele:

Am 23. Juni 1963 hatte der »stern« unter der satten Schlagzeile »Der Kneifer von Bonn« behauptet, Landgerichtspräsident Heinrich Becker habe einer ihm unterstellten Kanzleiangestellten des Amtsgerichts Königswinter »in die Kehrseite gekniffen«, worauf sich die Angestellte zu Recht über den »Unhold« beschwert habe. Richtig war, daß es sich nur um ein Gerücht über einen Vorfall handelte, der sich bereits im Jahr 1960 zugetragen haben sollte. Erst der Bundesgerichtshof stellte 15 Jahre später des Staats-Juristen Beckers verlorene Ehre wieder her, sprach ihm 10000 Mark Schmerzensgeld zu und urteilte – Aktenzeichen: VI ZR 28/78 – über Nannens »stern«: »Grobe Vernachlässigung elementarer Prüfungs- und Sorgfaltspflichten.«

»Eine Familie von Flegeln«, hieß es im »stern« vom 21. November 1971; gemeint war die Familie des russischen Schriftstellers Alexander Solschenizyn, der in Moskau gerade sein Geschichtsbuch »August 1914« herausgebracht hatte und als Kritiker des Kremls galt. Aus welchen Gründen auch immer – zur offenen Freude der russischen Staatsblätter wie der »Literaturnaja Gaseta« drehten Nannens Reporter die Sippe des späteren Nobelpreisträgers durch den »stern«-Wolf. Urteilte die »stern«-Schwester »Zeit« nach jahrelangem Gerichtsstreit zwischen Nannen und Solschenizyn abschließend am 19. September 1975: »Ein instinktloser Mißgriff war jener ›stern‹-Artikel schon.«

Am 1. März 1968 deckten die ansonsten friedfertigen »Stuttgarter Nachrichten« auf, daß Nannen sich um ein Interview mit Hitlers Reichsleiter Martin Bormann, der beim großen Orlog im Mai 1945 seinem geliebten Führer nicht in den Zyankali-Tod gefolgt, sondern aus den Ruinen der Reichskanzlei verduftet war, bemühe und dafür »alarmierende Zugeständnisse« anbiete. In der Tat hatten Nannens rasende Reporter dubiose Zeitgenossen aufgetan, die den Kontakt zum vermeintlich toten Chef-Nazi herstellen wollten. Sie machten nicht nur »publizistische Zusagen über den Umfang der Veröffentlichung – ungekürztes Interview zum Beispiel« –, sondern boten auch an: einen der Ihren als Geisel zu stellen. Nannen (Insider-Name: »Prozeß-Henri«) bestritt alles, zog vor Gericht – die penibeln Schwaben legten eiskalt Beweis um Beweis vor und stellten zum Schluß trocken klar: »Nannen verliert Prozeß um Prozeß.«

Im »stern« 27 des Jahres 1972 wurde enthüllt, wie die geheimen Protokolle (der Bundesregierung) in die Hände der Springer-Presse und des ZDF-Moderators Gerhard Löwenthal gelangt seien: Der Schriftsteller Hans Habe habe sie vom Bonner Abgeordneten Hupka bekommen und an die Entspannungsgegner Springer/Löwenthal weitergeleitet – »stern«-Zeuge: der damalige Habe-Sekretär Franz J. Disler. Die »stern«-Bombe schlug ein, Bonn und Deutschland sprachen wochenlang von nichts anderem als von Nannens sensationeller Enthüllung. Aber Disler hatte Nannen ein Windei geliefert, »Prozeß-Henri« zahlte die Kosten der Verfahren und an die Verleumdeten Hupka und Habe 20 000 beziehungsweise 30 000 Mark Schadenersatz.

Das alles war nichts gegen die Nachricht, Nannen sei im Besitz der Niederschrift eines Telefongesprächs zwischen dem CDU-Vorsitzenden Helmut Kohl und seinem Bundesgeschäftsführer Kurt Biedenkopf, das am 3. Oktober 1974 illegal abgehört worden ist. Kohl und Biedenkopf verwahrten sich in einem Fernschreiben an Chefredakteur Nannen gegen die geplante »Verletzung des persönlichen Lebens- und Geheimnisbereichs«. Das Landgericht Hamburg erließ am 17. Juni 1975 eine Einstweilige Verfügung, die Nannen die Veröffentlichung des gesetzwidrig mitgeschnittenen Telefonats untersagte, Gerichtsvollzieher Tiefelsdorf wurde jedoch der Zutritt zum »stern«-Verlag verwehrt und er zog unverrichteter Dinge wieder ab – Nannen verkaufte seinen gerichtlich bedrohten »stern« einen Tag früher als sonst an den Kiosken, er war – Sensationen für Millionen – einen Tag später ausverkauft. Die Leser amüsierten sich bei der Lektüre des Telefonplauschs zwischen Kohl und Nannen – die veröffentlichte Meinung ließ an Nannen kein gutes Haar. Professor Kurt Sontheimer fand landauf, landab Zustimmung, als er in »Christ und Welt« urteilte: »Scheinheiligkeit, Unehrlichkeit, moralische Korruption also, das ist die allein angemessene Urteilskategorie für das Verhalten des Illustrierten-Chefredakteurs Nannen in der Abhör-Affäre.«

Und dann kamen Hitlers Tagebücher...

Gruner + Jahr, Nannens Pressehaus, hatte einmal Vorwürfe gegen Meinungen und über Nannens »stern« in einer Argumentationsbroschüre zusammengestellt: Der »stern« sei »pro-östlich, anti-westlich, neutralistisch eingestellt, industrie- und unternehmerfeindlich, engagiert sich nicht für die soziale Marktwirtschaft, verherrlicht ausschließlich subkulturelle Experimente, gibt sich ärztefeindlich, gewinnt wissenschaftlichen Themen nur das vordergründig Sensationelle ab, aus dem ›stern‹ spricht der Anti-Christ, die Grundwerte von Glauben und Kirche werden verneint...«

Nannen, den vielfach Beschuldigten und Verurteilten, ließen alle Angriffe kalt – Deutschlands erfolgreicher Blattmacher verriet seine Machart: »Sie müssen den Leuten schon ins Gesicht springen. Sie müssen aggressiv sein, und Sie müssen auch etwas sagen wollen. Mit der Unterhaltung allein ist es nicht getan.«

Seinem »Freikorps ›stern‹« schickte Henri Nannen – »Sir Henri«, »Prozeß-Henri«, »Peter« – nach Landknechtsart diesen letzten Gruß: »Die Redaktion kann mich jetzt am Arsch lecken.« Er ging, zurück nach Emden, woher er auch gekommen war – da merkten alle, die Gruner+Jahr-Herren, die Redakteure und die Leser, was sie an ihm verloren hatten.

SECHSTES KAPITEL

So funktioniert eine Redaktion
oder
Was August Dresbach zu seinem Verleger sagte:

»Ich habe
Ihnen meinen Kopf vermietet
und nicht meinen Arsch«

Als junger Düsseldorfer Reporter des damals wenig angesehenen, dafür aber um so mehr gehaßten »Spiegel« hatte der Verfasser dieses Buchs Mitte des Jahres 1955 dem damaligen Leiter des Kultur-Ressorts, Johannes K. Engel (heute der dienstältere der beiden Chefredakteure des Nachrichtenmagazins), eine Story vorgeschlagen, die er für eine richtige »Spiegel«-Geschichte hielt: Wem gehören die Rheinburgen heute? Der Autor war vor dem Krieg eine Zeitlang in Bacharach am Mittelrhein zur Volksschule gegangen und wußte nach dem Krieg ziemlich gut Bescheid, welche der zahlreichen sagenumwobenen Burgen und Ruinen in welche Wirtschaftswunder-Hände übergegangen waren. Überraschend lehnte Engel den Themen-Vorschlag ab – seine verblüffende Begründung: Das sei keine »Spiegel«-Geschichte, sondern nur für eine Illustrierte geeignet (für die der Autor als Augstein-Angestellter aber nicht schreiben durfte).

Lassen wir den Verfasser dieses Buchs in der Ich-Form erzählen, um zu demonstrieren, daß nicht jede gute Geschichte auch für jedes Blatt geeignet ist (und wie es in einer Redaktion zugeht):

Ablehnungen à la Engel schrieb mir die Hamburger Zentrale in den nächsten Monaten häufig nach Düsseldorf an meinen Arbeitsplatz. Ich fragte mich verzweifelt, was denn wohl eine »Geschichte« für den »Spiegel« sei – der »Spiegel« nennt alles, was er schreibt und druckt, eine »Geschichte«. Formal glaubte ich diese spezielle journalistische Form sicher im Griff zu haben: Guter Anfang, erkennbares Portal mit der Botschaft des Autors, knappe Sätze, brauchbares Deutsch, Altersangaben, nicht »Meier sagte . . .« sondern »Sagte Meier: . . .«, orginelle Zitate, verblüffender Schluß – und darüber einen ordentlichen Schuß »Spiegel«-Sauce (Hauptbestandteil: Häme). »Spiegel«-Kollegen im Land, ebenso verzweifelt wie ich, wollten mir mit einer Erläuterung auf die Sprünge helfen: »Denken Sie an das überall apostrophierte ›Spiegel‹-Statut mit dem berühmten Satz: ›Nichts interessiert den Menschen mehr als der Mensch.‹« Mir, Augsteins einsamem Mann am Rhein, half das auch nicht viel weiter. Ich tastete mich im Gelände so herum auf der Suche nach »Spiegel«-»Geschichten« und griff ziemlich häufig daneben: Keine »Spiegel«-»Geschichte«, lehnte der »Spiegel« ab.

Schrieb mir eines Tags Hans Detlev Becker, der allseits gefürchtete Geschäftsführende Redakteur des »Spiegel« und Augsteins

Statthalter in der Redaktion: »Was die Zusammenarbeit allgemein betrifft, so ist nicht zu leugnen, daß hier eine gewisse Enttäuschung um sich greift. Ich glaube, es wäre richtig, wenn Sie möglichst bald zu einer etwa dreimonatigen Einarbeitung in die Redaktion (nach Hamburg) kämen.« Unterschrift mit grüner Tinte: Hans Detlev Becker. Niemand anderes durfte im »Spiegel« sonst noch mit grüner Tinte unterschreiben.

Wenig später erreichte mich weitere unfrohe Botschaft meines Herrn in Hamburg. Ich hatte für eine »Spiegel«-Geschichte – was eine »Geschichte« war, wußte ich immer noch nicht – mit meiner eigenen Leica Fotos gemacht; mein Ressortleiter »Kuddel« Blauhorn hatte mir angeraten, meine private »Strahlenfalle« einzusetzen – alles ging schief: Weil ich recherchiert *und* fotografiert hatte, war ich für Chef Becker ein »Wald-, Feld- und Wiesenreporter«; das schlechte Negativ war eine Zeitlang verschwunden; als es wieder aufgetaucht war, gab es nur ein schlechtes Foto her; als das in der Zentrale erkannt wurde, war alles zu spät. Stellte Becker messerscharf fest: »... Offenbart sich also hier ein hoffentlich zufälliger und nicht symptomatischer Tiefstand in der Zusammenarbeit zwischen dem Korrespondenten (nämlich mir in Düsseldorf), dem Redaktionsressort (in Hamburg) und der Bildabteilung (ebenfalls in Hamburg).«

Dann wandte sich Hans Detlev Becker meinem Treiben am Rhein gezielt zu: »Sie arbeiten zum Teil an den Bedürfnissen der Redaktion vorbei ... Es wäre aber auch ein Wunder, wenn die Zusammenarbeit völlig reibungslos verlaufen würde, da Sie ja die Prinzipien und die internen Anforderungen, wie auch die interne Arbeitsweise nur in Umrissen kennen bzw. an Hand des Effekts Ihrer Arbeiten ahnen können. Sicherlich werden wir zu einer besseren Verständigung kommen und zu besseren Arbeitsergebnissen, wenn Sie hier die Einarbeitungszeit durchgemacht haben, zu der wir im Laufe der Jahre alle unsere Vertragskorrespondenten nach Hamburg holen.« Unterschrift mit grüner Tinte: Hans Detlev Becker.

Ich freue mich, schrieb ich H. D. B. zurück, »über meine Einberufung« und grübelte derweil vor mich hin: Was ist – verdammt noch mal – eine »Spiegel«-»Geschichte«? Ich kam nicht dahinter und reiste, wie befohlen, nach Hamburg in die Zentrale. An einem

Montagmorgen im Oktober 1957 ging ich im sechsten Stock des Hamburger Pressehauses am Speersort (in der heute die »Zeit«-Redaktion zu Hause ist) durch die blutrotgestrichene Doppeltür mit der weißen Aufschrift DER SPIEGEL. Meine »Einarbeitungszeit« begann. Es wurde schrecklich.

Ahnungslos folgte ich am selben Montagmorgen meinem Ressortleiter Kuddel Blauhorn ins kleine Konferenzzimmer neben dem Eingang. »Die wollen eine Heftkritik machen«, informierte er mich. Ich wußte nicht, wer »Die« waren, noch ahnte ich, was eine »Heftkritik« war. Das Konferenzzimmer war proppenvoll. Ich kannte keinen, nur die Herren Augstein und Becker, die vorn an einem Tisch saßen, jeder ein »Spiegel«-Heft vor sich; das waren – dämmerte mir – »Die«. Keiner stellte mich vor, niemand beachtete mich. Blauhorn suchte sich einen Platz, sein Lehrling Simoneit fand einen freien Stuhl neben ihm.

»Die«, offensichtlich ein geübtes Duo, gingen Seite für Seite des neuen »Spiegel«-Hefts durch, das an diesem Montagmorgen – wie an jedem Montagmorgen – provozierend rot an allen Kiosken in der Republik hing; Titelbild: Hamburgs glückloser Bürgermeister Sieveking (CDU). »Die« machten das Heft Seite für Seite nieder; die Autoren, meist im Konferenzraum anwesend, wurden nacheinander niedergemacht – über einen Autor: »Können wir ihm nicht nahelegen, daß er weggeht?«; über einen anderen: »Der begreift doch nie, was eine ›Spiegel‹-Geschichte ist.« Da ich auch nicht wußte, was eine »Spiegel«-Geschichte war und sich die Sense der Zwei meinem Beitrag im Heft näherte, machte ich mich neben »Kuddel« Blauhorn ganz klein – getreu dem Rat des weisen Teng Hsiao-ping: »Kleiner Wuchs hat auch seinen Vorteil. Wenn der Himmel einstürzt, fällt er zuerst auf die Schultern der Riesen.« Augstein und Becker, »Die«, vor mir und Teng über mir – nur so überlebte ich.

Alles was ich für das erschienene Heft geschrieben hatte, war auch in den nächsten Wochen falsch, Unsinn, unverständlich. Niemand fragte mich in einer Heftkritik, warum ich etwas geschrieben hatte; ich selber traute mich nicht, ein Wort zur Klärung – meinetwegen auch: Entschuldigung – zu sagen. Ich war auf meinem Stuhl zerstört. Wie die erste »Heftkritik« meines Lebens an jenem Montagmorgen zu Ende gegangen war, weiß ich nicht mehr. Draußen hing ich mich an meinen Lehrer Blauhorn: »Wenn das alles so furchtbar war, warum haben Sie meine Geschichte dann überhaupt gedruckt?« Chef »Kuddel«, ein geduldiger Pommerer aus Stargard, zuckte leicht die Schulter: »Daran müssen Sie sich gewöhnen.« Neben mir trösteten sich zwei, die vor einer Viertelstunde auch hingerichtet worden waren – sie taten es intellektuell-cool: »Es ist so gut wie unmöglich, die Fakten des Korrespondenten mit den Vorstellungen der Redaktion in Übereinklang zu bringen.« Neben ihnen schlich Eduard Zimmermann, später »XY ungelöst«, in seine Stube.

Die »Einarbeitungszeit«, wie H. D. B. meine Monate in Hamburg mit starker Untertreibung bezeichnet hatte, war knochenharter Drill für Schreib-Rekruten. Ich schrieb schwitzend ein Dutzend Anfänge für eine Geschichte, die ich im Land recherchiert hatte; das ganze Dutzend warf ich fort. Ich schrieb das zweite Dutzend, gab eine Version an Ressortleiter Blauhorn, und der schmiß sie in den Papierkorb. Meine xte Fassung ging er dann bereitwillig mit mir durch, Wort für Wort verbessernd, Satz für Satz, Absatz für Absatz – ich lernte schreiben, verständlich schreiben, logisch schreiben.

Mit mir in einem winzigen Zimmer der Redaktion hockte Wolfgang Becker, aus Hannover ebenfalls zur »Einarbeitung« einberufen und seitdem hochgeachteter »Spiegel«-Bürochef in Niedersachsens Hauptstadt. Ein gemeinsames Dreh-Telefon mit dem Doppelschreibtisch verband uns wie siamesische Zwillinge: Schrieb ich, telefonierte er; schrieb er, telefonierte ich. Da Wolfgang etwas schwach auf seinen niedersächsischen Bronchien war, entschloß ich mich, ihn durch Qualm aus unserer Schreibstube zu vertreiben: Obwohl Nichtraucher, kaufte ich mir für 80 Pfennig 100 Gramm Grob-Tabak und für fünf Mark eine kolbenförmige Pfeife – eine Stunde hielt »Becker-Hannover«, röchelnd-hustend, durch; dann hatte ich das Zimmer für mich allein.

Beim »Spiegel« Fron von Montagmorgen bis Freitag in der Nacht – am folgenden Montag, sozusagen als Einstimmung auf die lange »Spiegel«-Woche, wieder eine »Heftkritik«. »Die« hatten immer die Hand an der Leine zur Guillotine. Ich wurde harthörig, hartleibig – ich fühlte mich als Schütze Arsch im letzten Glied. Ziemlich schnell lernte ich die Überlebenskunst des Obergefreiten: volle Deckung, wenn auf mich geschossen wird; die Nase aus der Dekkung, wenn die Luft wieder rein ist. Vor allem aber lernte ich schreiben, auch wenn immer noch viel von mir in »Kuddels« Papierkorb landete; manchmal hatte ich darum nichts im »Spiegel« und schlich mit schlechtem Gewissen über die schmalen Flure im sechsten Stock des Pressehauses. H. D. B., zunehmend menschlicher zu seinem Youngster vom Rhein, riet mir einmal: »Sie müssen sich daran gewöhnen, mal ein paar Wochen nicht gedruckt zu werden. Das ist weiter nicht schlimm, wenn's danach kommt.«

Der »Spiegel«-Redakteur mußte »Geschichten« finden – wie, das war seine Sache. Er suchte sich Themen, bekam natürlich manchen heißen Tip gesteckt und brachte die Story in den nächsten »Spiegel« – wenn die Story keine »Spiegel«-Geschichte war, wurde ihr Autor am nächsten Montag in der »Heftkritik« von Augstein und Becker vor den Augen der gesamten Redaktion durch den Wolf gedreht. Die Hilfsbetriebe im Pressewesen von heute wie die Verlagsabteilung »Markt- und Media-Forschung« gab es damals noch nicht; Termini wie Konzept, Zielgruppe und Produkterwartung/-enttäuschung waren unbekannt. Eine »Geschichte« war gut oder »gedruckte Scheiße«. Augstein erklärte seinem Neuling aus Düsseldorf einmal: »Wir machen den ›Spiegel‹ für uns. Wenn wir dabei auch noch Geld verdienen, um so besser.«

Die strenge Ordnung in der Redaktion des deutschen Nachrichtenmagazins, zuweilen schiere Bürokratie, vom Geschäftsführenden Redakteur Becker bis ins letzte Redaktionsglied durchgeboxt, mußte sein, begriff ich bald. Becker, der nie sein Büro verließ, um auf demselben Flur einen Redakteur in dessen Zimmer aufzusuchen, führte die Redaktion auf seine systematische Art: Seine Urteile über zur Veröffentlichung bei ihm vorgelegte Geschichten schrieb er auf grüne Laufzettel mit grüner Tinte, Nachfragen stellte er über die hauseigene Sprechanlage (»Ticker«), und seine Meinungen und Pläne kamen als »Hausmitteilung« auf den Tisch des Redakteurs; »Hausmitteilungen« schrieben sich sogar Becker und Augstein, obwohl sie im sechsten Stock nebeneinanderliegende Zimmer hatten.

Organisation mußte sein. Eine Redaktion ist wie ein zoologischer Garten mit viel buntem Getier und schrägen Vögeln, mit reinen Büroarbeitern, kreativen Individualisten (die nicht einmal in der Lage sind, ihre Spesenabrechnungen formgerecht-korrekt zu machen) – mit einem Satz: Jede Redaktion ist ein Chaos, bei dessen Anblick kein branchenfremder Besucher glauben würde, daß die Zeitung pünktlich erscheinen werde; der »Spiegel« war – Becker is here – das organisierte Chaos. Da war ein Großteil der Redakteure irgendwo »auf Recherche«, auf kleinen Reisen, auf Weltreise. Das Blatt aber mußte gefüllt werden – täglich die Tageszeitung, wöchentlich »Spiegel«, »Zeit« und »stern«, monatlich »Capital«, »Flug Revue«, »Audio« –, und zwar gefüllt werden mit guten Geschichten, Reportagen, Meldungen und Bildern. Dabei spielte es aus der berechtigten Sicht des zahlenden Lesers keine Rolle, ob draußen in der Welt auch genügend interessante Sachen und Katastrophen passiert sind. Selbst in den gefürchteten Sauregurken-Zeiten wie in jedem Sommer (Fachjargon: Sommerloch) kann der Leser am Frühstückstisch seine gute Lektüre verlangen. Selbst Graf Bobby wundert sich nicht mehr, daß täglich in der ganzen Welt genausoviel passiert, wie in seine Zeitung reinpaßt.

Die Hierarchie in einer Redaktion gewährleistet Qualität der journalistischen Arbeit und Pünktlichkeit der Produktion:

○ Der Chefredakteur ist Leiter der Redaktion. Manche Blätter wie die »Süddeutsche Zeitung« und »auto motor und sport« werden von Chefredakteuren mit mehreren Mitgliedern geführt, ein »Vorsitzender« koordiniert dann die Arbeit und hat das letzte Wort. Die »Frankfurter Allgemeine« zum Beispiel hat keine nominelle Chefredaktion, sondern fünf Herausgeber (in einer Zeile unter dem Zeitungstitel vermerkt); der Außenpolitik-Chef Robert Held wird im Impressum als »Ständiger Berater der Herausgeber-Konferenz« aufgeführt. Der Chefredakteur ist juristisch Vertreter des Arbeitgebers und Disziplinarvorgesetzter aller seiner Redaktionsmitglieder; über Einstellung, Entlassung und Gehälter entscheidet er.

Der Chefredakteur ist vor allem aber der Blattmacher. Sein Verleger hat mit den »Verlegerischen Richtlinien« die Grundlinie des Blatts verbindlich vorgegeben – zum Beispiel Springer für seine »Welt« mit den vier Grundsätzen: für die Wiedervereinigung, für die freie Marktwirtschaft, für die Aussöhnung mit Israel, gegen den Extremismus von links und rechts; oder Paul Pietsch 1949 für sein heutiges Automagazin »auto motor und sport«: »Wir wollen eine Auto-Zeitschrift machen, die dem Leser die Freude am Autofahren vermittelt und den Motorsport in Deutschland fördert.« Der Chefredakteur bestimmt, welche Artikel ins Blatt kommen, und ist der Kopf der Redaktion.

○ Der stellvertretende Chefredakteur assistiert dem Chefredakteur beim Planen und Machen des Blatts. Das Impressum der »Bild«-Zeitung führt acht Stellvertreter des Chefredakteurs Horst Fust auf, der Verfasser dieses Buchs hatte als Chefredakteur von »Capital« zwei Vertreter: einer war verantwortlich für die Texte und die journalistische Qualität, der andere für die gesamte Optik des Blatts, von der Auswahl der Fotos bis zu den Farbillustrationen.

○ Der Geschäftsführende Redakteur nimmt der Chefredaktion, damit sie sich ganz der journalistischen Arbeit widmen kann, die Verwaltungsaufgaben ab und ist eine Art »Bürovorsteher«. Die Geschäftsführung beginnt bei der Kontrolle der täglichen Arbeit, geht über die Genehmigung von Dienstreisen und Urlaubstagen bis zum Einhalten des Redaktions-Etats, die oftmals mehrstellige Millionenbeträge sind. Der Geschäftsführende Redakteur hält die Verbindung zu den kaufmännischen Abteilungen des Verlags wie Herstellung und Anzeigen und ist für den sachlichen Ablauf der redaktionellen Arbeit verantwortlich.

Die Funktion »Geschäftsführender Redakteur« hat keiner besser charakterisiert als Dieter Schröder in der »Süddeutschen Zeitung« – Anlaß: Der »Geschäftsführende Chefredakteur« des Blatts, Hugo Deiring, ging nach 30jähriger Zugehörigkeit zur »Süddeutschen« Ende 1984 in den Ruhestand. Schröder, einer der drei Chefredakteure der Münchner Zeitung, schrieb zum Abschied: Geschäftsführender Redakteur sei »nur eine dürftige Umschreibung« der Tätigkeit, »der undankbaren Aufgabe, weil einer gelegentlich nein sagen muß . . . Jede Redaktion braucht einen, der die Fäden in der Hand hält, der die Fehler und Flüchtigkeiten mit scharfem Blick sieht, der zu Pünktlichkeit und Genauigkeit mahnt, auch wenn das unbequem ist.« Der Geschäftsführende Redakteur arbeitet Hand in Hand mit dem

○ Chef vom Dienst, der eine Mammutaufgabe zu erfüllen hat: Er stimmt mit dem Verlag und der Druckerei die technischen Belange ab und ist für die zeitliche Planung des redaktionellen Produktionsablaufs zur Hand; oft helfen dem Chef vom Dienst (CvD) mehrere Mitarbeiter, dann ist der CvD auch Chef des Ressorts »Chef vom Dienst«. Der Chef vom Dienst hantiert bei der Planung mit einem

Heftspiegel, das ist die schematische, verkleinerte Wiedergabe einer Ausgabe. Er sieht aus dem Heftspiegel (auch »Seitenspiegel«, »Struktur«, »Kuchenbrett«) die Plazierung der geplanten Anzeigen und bestimmt danach in Zusammenarbeit mit dem Chefredakteur, dem »Blattmacher«, die Verteilung der redaktionellen Plätze. Der Chef vom Dienst ist der Schäferhund der Redaktionsherde: Er treibt pünktlich die Manuskripte der Redakteure bei (und beißt säumigen auch mal ins Bein).

○ Die Ressortleiter eines Blatts sind dem Chefredakteur dafür verantwortlich, daß immer genügend interessante Themenvorschläge vorliegen und die geplanten Themen rechtzeitig und in guter Qualität fertig sind. Die Ressorts sind die Säulen eines jeden Blatts. Jede Zeitung hat die fünf klassischen Ressorts: Politik, Wirtschaft, Feuilleton, Sport und Lokales.

○ Das *Ressort Politik* besorgt Nachrichten und Meinungen über alle Angelegenheiten, die den Staat und die Gesellschaft betreffen (»Innenpolitik«) und Nachrichten und Meinungen aus aller Welt (»Außenpolitik«). Die meisten Zeitungen haben für Innen- und Außenpolitik getrennte Ressorts, die »Stuttgarter Nachrichten« fassen Innen- und Außenpolitik zusammen im »Ressort Gesamtpolitik«.

○ Das *Ressort Wirtschaft* beschafft Nachrichten und Meinungen über die Volkswirtschaft, Wirtschafts- und Währungspolitik, Unternehmen, Börsen und Märkte und faßt im Wirtschaftsteil In- und Ausland zusammen. Die Wirtschaftsredakteure stehen im Ansehen innerhalb einer Redaktion obenan.

○ Das *Ressort Feuilleton* ist die Heimat der Feingeister, die den gesamten kulturellen Bereich in der ganzen Welt kennen, beschreiben und kommentieren können. Das Feuilleton (aus dem Französischen: »Blättchen«) beginnt mit Filmbesprechungen, geht über Theater- und Musikkritiken bis zu Dichter-Porträts.

○ Das *Ressort Sport* dominiert in allen Tageszeitungen an jedem Montag, am Samstag vorher füllt es viele Seiten mit der Vorschau auf die wichtigen Sportereignisse am Wochenende. Der überörtliche Sport wie Bundesligaspiele und alle internationalen Veranstaltungen wie Formel 1 werden vom Sport-Ressort in der Chefredaktion betreut (der lokale Sport läuft in den jeweiligen Lokalteilen). Im Ansehen innerhalb einer Redaktion stehen die Sportredakteure oft ganz unten, aber sie mögen getröstet sein: Sportredakteure schreiben oft besser, farbiger und verständlicher als ihre angesehenen Kollegen von der Wirtschaft und vom Feuilleton.

○ Das *Ressort Lokales* berichtet über Ereignisse jedweder Art am Erscheinungsort und aus der Umgebung und ist bei Lokal- und Regionalzeitungen das wichtigste Ressort: Der Leser erfährt in aller Regel Dinge von Personen, die er kennt (Lokalpolitiker, Lokalsportler). Junge Journalisten lernen in einer Lokalredaktion am meisten: Sie haben an einem Tag oft fünf Termine wahrzunehmen, müssen sauber und konzentriert recherchieren und unter Zeitdruck gute Berichte schreiben. Der Chef der Lokalredaktion ist in vielen Städten eine wichtige lokale Größe.

Um die redaktionelle Arbeit zu ordnen und das Blatt für den Leser mit guten Beiträgen zu füllen, bestimmen Konferenzen die Tagesarbeit einer Redaktion. Die erste Konferenz ist oft um elf Uhr, Chefredaktion und Ressortleiter sprechen das Themen- und Reportagen-Angebot durch; der Chef vom Dienst weiß, wieviel Seiten für den nächsten Tag zu füllen sind. Am frühen Nachmittag treffen sich die Macher wieder: Jetzt wissen sie, was an Material in der Redaktion vorliegt, und die Ressortleiter gehen an die Gestaltung ihrer Ressortseiten. Dabei weiß jeder, daß alles Fertige sofort wieder umgeworfen werden kann, wenn aus dem Fernschreiben oder von den Korrespondenten neuere Neuigkeiten kommen: Ein Regierungschef stürzt, ein Jumbo ist entführt, ein Nationalspieler ins Ausland verkauft. Die Redaktionsarbeit hat dann keine Stunde mehr zu verlieren – die Druckmaschine läuft überall im ganzen Land so pünktlich an, wie auf dem Hauptbahnhof der Intercity abfährt.

Wochenblätter wie »Spiegel«, »Zeit« und »stern« haben etwas mehr Zeit zum Nachdenken, ihre Redakteure arbeiten aber unter dem gleichen Streß wie ihre Kollegen in der Tageszeitung. Typisch für eine Redaktions-Organisation ist der Tagesablauf beim deutschen Nachrichtenmagazin »Der Spiegel«.

Die »Spiegel«-Redakteure der Hamburger Zentrale finden sich ab neun Uhr an ihren Arbeitsplätzen im »Spiegel«-Hochhaus an der Ost-West-Straße ein. Sie überfliegen die Tageszeitungen, lesen die Post und führen die ersten Telefonate mit den zehn Außenredaktionen im Land und den 21 Redaktionsvertretungen zwischen Washington, Pretoria, Hongkong und Tokio; die stereotype Frage: Was gibt's Neues? Wichtigster Informant im Land für die Hamburger Zentrale: das Bonner Büro mit seinen 13 Korrespondenten.

Um zehn Uhr fahren die Ressortleiter des Magazins in den elften Stock und treffen sich im geräumigen Eckzimmer des Mit-Chefredakteurs Johannes K. Engel. Engel, einer der dienstältesten Mitarbeiter Augsteins, leitet die Morgenkonferenz von seinem Schreibtisch aus. Hinter sich an der Wand hat der Segler Engel ein Segel-Motiv gehängt. Vor ihm sitzen und stehen die Ressortleiter in einem Karree; Augstein ist nicht immer dabei. Jahrelang, so lange wie der einstige Chefredakteur Hans Detlev Becker als Verlagsdirektor fungierte, stand in der Mitte des Engelschen Konferenzzimmers ein schwarzer Ledersessel nur für Becker; der Sessel blieb leer, wenn H. D. B. mal nicht erschienen war.

Das Kollegium im elften Stock bespricht die Welt. Wer etwas sagt, sagt etwas Endgültiges – Karl Kraus hat seinen berühmten Satz wohl schon für die »Spiegel«-Fechter geschrieben: »Erst war die Presse und dann die Welt«: Wischnewski in Bonn hat gestern abend über seinen Parteichef Brandt ein Bonmot losgelassen, Henry Kissinger in Washington hat sich über Außenminister Shultz lustig gemacht, Günter Grass wird Verleger Piper kritisieren – das im wörtlichen Sinn »ungeheure« Wissen der »Spiegel«-Redaktion wird deutlich. Dann geht es in die Ressorts zurück, zur Tagesarbeit.

Die 60 Korrespondenten des »Spiegel« in aller Welt sind seit Jahrzehnten gedrillt, ihrer Zentrale an jedem Montagmorgen ihre Themen für die nächste »Spiegel«-Ausgabe zu schicken – entweder über den Fernschreiber oder als ausgefülltes Formular (»Montagsbrief«). Wer den »Montagsbrief« Anfang der 60er Jahre erfunden hat, weiß heute niemand mehr, aber er ist der überzeugendste Beweis dafür, wie sorgfältig das deutsche Nachrichtenmagazin seine redaktionelle Arbeit plant und das oft bis zu 300 Seiten starke Blatt füllt. Unter A) muß beschrieben werden, welche Geschichte für die nächste Ausgabe wie lang wird, welche Bilder das Bild-Ressort der Zentrale zu beschaffen hat und wann die Story im zuständigen Ressort in Hamburg vorliegt. Dann kann jedes Ressort beim »Chef vom Dienst«-Ressort seinen Platzbedarf anmelden, aber jeder Ressortleiter rechnet damit, daß ein Teil seiner Themenvorschläge vom Herausgeber Rudolf Augstein und seinen beiden

Chefredakteuren Erich Böhme und Johannes K. Engel (»Mausepaul«) abgelehnt wird oder später aus dem entstehenden Blatt wieder herausfliegt. Korrespondenten, die einen leeren »Montagsbrief« zur Routine machen, sind schnell im Verschiß. Claus Jacobi der Washington-Korrespondent des »Spiegel« hatte zum Beispiel die Angewohnheit, nacheinander seine leeren Hände vorzuzeigen: Telegramm in der einen Woche: »No article this week«, Telegramm in der anderen Woche: »This week no article.« Augstein, von der wütenden Hamburger Redaktion aufgehetzt, reiste eigens nach Washington und brachte den »Faulpelz« auf Trab...

Die Korrespondenten zwischen Kiel, Kairo, Madrid und Mexiko bekommen von ihren Ressorts in Hamburg umgehend grünes Licht, die angebotene Story zu erarbeiten und pünktlich zu liefern, oder das Stop-Signal. Die Reporter in der Bundesrepublik und in nahegelegenen europäischen Ländern können, um ihre Recherchen zu erleichtern oder abzurunden, auf ein Hilfsmittel zurückgreifen, um das sie von allen Journalisten im Land beneidet werden: auf das sagenhafte »Spiegel«-Archiv. Augstein und Becker hatten schon in den frühesten »Spiegel«-Jahren, am ersten Redaktionssitz Hannover, angefangen, sich ein breitgefächertes Archiv zuzulegen. Hier werden – nach wissenschaftlichen Gesichtspunkten und unter dem Einsatz leistungsfähiger Computer – von 57 sogenannten Dokumentations-Journalisten Zeitungsausschnitte aus der ganzen Welt archiviert, kein Bundestags- oder Pentagon-Protokoll fehlt. Komplett und darum gefürchtet ist das Personalien-Archiv, das einem Redakteur die Frage beantwortet, wann welcher Politiker, Manager, Künstler wo was wie gesagt hat. »Spiegel«-Oldtimer wie »Kuddel« Blauhorn pflegten Zeitgenossen, die von »Spiegel«-Veröffentlichungen getroffen waren und rummotzten, mit einer einzigen Bemerkung mundtot zu machen: »Dann müssen wir noch mal in unserer Giftkiste nachsehen.«

Das »Spiegel«-Archiv liefert in Windeseile, was der Autor angefordert hat. Dann kann er gezielter recherchieren und schreiben. »Spiegel«-Redakteure schreiben mit großem Fleiß in einem gehobenen verständlichen Deutsch, das durch interessante Zitate interessanter Leute, mit Humor und Bonmots angereichert und mit Sarkasmus und Häme gewürzt wird – der »Spiegel«-Leser soll nicht nur »mehr wissen« (alter »Spiegel«-Werbespruch), sondern auch schmunzeln und Schadenfreude über das Ungemach der Mächtigen haben. Die Autoren atmen im Zeitgeist und spucken oft Wortprägungen und neue Begriffe aus, die mehr als ganze Abhandlungen über zeitgeschichtliche Vorgänge aussagen – zum Beispiel »Sympathisant« für jene Zeitgenossen, die für ihre terroristischen Mitbürger um Ulrike Meinhof wohlwollendes Verständnis an den Tag legten. Die »Spiegel«-Sprache, Gegenstand von zahlreichen Untersuchungen und Doktor-Arbeiten, hat die absolute Verständlichkeit, die Lesbarkeit zum Ziel (andere Blätter wie die »Frankfurter Allgemeine«, die »Süddeutsche Zeitung« und die »Stuttgarter Nachrichten« verhalten sich nicht anders). »Spiegel«-Autoren feilen schwitzend an ihren Skripten; der »Spiegel« ist die größte Schreib-Maschine im deutschen Journalismus.

Da wird, wenn es sein muß, rund um die Uhr recherchiert, geschrieben, dokumentiert und redigiert – eine ganze Nacht durch oder ein ganzes Wochenende. Niemand aus der Spitze der Verlagshierarchie käme auf die Idee, einen Redakteur nach dem Einhalten der korrekten Tarifarbeitszeit zu fragen – schon August Dresbach, nach dem Krieg Redakteur im Rheinischen, gab stellvertretend für die gesamte Journaille seinen Oberen die Antwort: »Ich habe Ihnen meinen Kopf vermietet und nicht meinen Arsch.« Dresbach war vom Verlag barsch darauf hingewiesen worden, er habe während der Arbeitszeit gefälligst auch an seinem Arbeitsplatz zu sitzen.

In Deutschland, so der Journalist H. Jansen in der »Westdeutschen Allgemeinen«, der auflagenstärksten Abonnementszeitung in der Bundesrepublik, existiert der »Makel der Lesbarkeit«. Ein Autor, dessen Leser sein Geschriebenes nicht verstehen, gilt hierzulande nicht als ein Mann, der schlecht schreibt, sondern als einer, der an seine Lesergemeinde hohe Ansprüche stellt. Jansen: »Die Deutschen ... haben ein merkwürdig-gebrochenes Verhältnis zur Literatur (und zur Tagesschriftstellerei, dem Journalismus. Der Verfasser). Anders als die Angelsachsen, teilen sie Schrifttum nicht in gutes und schlechtes, sondern gleichsam in U- (Unterhaltungs-) und E- (Ernste, das meint höhere) Literatur. Wenn ein Autor dann noch über Jahre hin erfolgreiche Romane schreibt, viel gelesen und in mehr als 20 Weltsprachen übersetzt wird, bugsiert ihn die Literaturwissenschaft verächtlich in das Schubfach Trivialschriftsteller.« Jansen schrieb diese Sätze zum 70. Geburtstag von Hans Hellmut

Kirst (»08/15«, »Die Nacht der Generäle«), eines Journalisten, dessen Filmkritiken zum Renommee der »Süddeutschen Zeitung« mit beigetragen haben.

»Spiegel«-Autoren, die Heerschar der Anonymen wie die Namens-Raritäten Peter Brügge, Jürgen Leinemann und Fritz Rumler, tragen selbstbewußt den »Makel der Lesbarkeit« – wie ihre Kollegen im Land auch: Hans-Ulrich Kempski, Stefan Klein, Gerd Kröncke, Friedrich Kassebeer (alle »Süddeutsche«), Uwe Bahnsen und Fritz Wirth (»Welt«), Günther Böddeker von der »Welt am Sonntag«. Ihr Handwerk ist das Schreiben, und ihr Schreiben wird zur Kunst – ihre Reportagen, auf den dritten Seiten ihrer Blätter, rücken in die Nähe zur Literatur. Für Journalisten in spe und junge Redakteure ist auf diesen Seiten die beste Fachliteratur zu finden.

Während die Tageszeitung unter Zeitdruck nach der Uhr arbeitet, haben Wochen- und Monatsblätter die Möglichkeit, ihre journalistischen Beiträge einer genauen Prüfung auf Richtigkeit zu unterziehen: Sie werden »verifiziert«. Bei den Tageszeitungen kommt ein großer Teil der redaktionellen Arbeiten von Nachrichtenagenturen wie dpa, ap und Reuters; sie müssen für die Richtigkeit ihrer Meldungen und Stories eintreten. Nur ein kleiner Teil bei der Tageszeitung – außer den Kommentaren zu weltpolitischen Ereignissen und dem Lokalteil – sind redaktionseigene Produktionen. Die großen Wochenblätter wie »Spiegel«, »stern« und »Zeit« und das Monatsmagazin »Capital« drucken grundsätzlich kein Agenturmaterial: Sie erdenken selber ihre Themen, recherchieren und stellen sie als originäre Leistung ins Blatt. Hier ergibt sich die zwingende Notwendigkeit, diese Berichte peinlich korrekt zu verifizieren. Das sieht im Fall von »Spiegel« und »Capital« dann so aus:

Wenn ein Autor seine Story fertig hat, packt er seine Arbeitsunterlagen – Notizen, Schriftstücke und das vom Hausarchiv überlassene Material – zusammen; die Story geht ans Ressort, die Arbeitsunterlagen an die »Dokumentation«. Das zuständige Ressort in der Zentrale, zum Beispiel das Deutschland-Ressort (»Innenpolitik«), redigiert den Beitrag des Autors und macht ihn, einschließlich richtiger Länge, druckreif. Eine Sekretärin schreibt die Geschichte sauber ab, stellt vom Original des Typoskripts Durchschläge her und verteilt sie: Roter Durchschlag für den Autor, damit er sieht, was die Zentrale aus seiner Story gemacht hat; grüner Durchschlag an die »Dokumentation«, die versucht, alle Behauptungen in der Story in den mitgelieferten Unterlagen zu finden; gelber Durchschlag an die Schlußredaktion – das weiße Original geht an die Chefredaktion.

Die Empfänger der farbigen Durchschläge beginnen nun mit bienenhaftem Fleiß ihre akribische Arbeit. Die »Dokumentation« unterstreicht auf ihrem grünen Durchschlag alle Behauptungen: Altersangaben, Vor- und Zunamen, korrekte Bezeichnung der Funktion, eingebaute Zitate, Zahlen oder Hausnummern oder angegebene Stahl-Produktion. Wenn die Autorenbehauptung in den gelieferten Arbeitsunterlagen gefunden worden ist, wird sie abgehakt – sie gilt als »verifiziert«. Bei Behauptungen, die so nicht verifiziert werden können, kontaktiert der Dokumentar (bei »Spiegel« und »Capital«: »Dokumentations-Journalist«) den Autor, wo immer er auch sitzt – der Autor übernimmt letzten Endes die Verantwortung für Behauptungen, die der Dokumentar nicht verifizieren kann. Stereotype Frage des Dokumentations-Journalisten Horst Wachholz im Hamburger »Spiegel«-Hauptquartier an den Reporter Simoneit: »Sie nehmen das also auf Ihre Kappe?«

In der Schlußredaktion sammeln sich alle Durchschläge wieder an: das weiße der Chefredaktion, das grüne der Dokumentation – die Schlußredaktion überträgt alle Änderungen, trägt sie Ressort und Autor vor und gibt sie dann an den Chef vom Dienst, der sie imprimiert, das heißt: zum Druck freigibt. Häufig kommt es vor, daß die Chefredaktion auf ihrem Laufzettel verlangt: »Die Rechtsabteilung soll gegenlesen.« Dann müssen die Bedenken der Verlagsjuristen vom Ressort so formuliert werden, daß die Story juristisch wasserdicht und journalistisch noch interessant ist.

Nur eine bis ins kleinste Rad durchdachte und konstruierte Organisationsmaschine ist in der Lage, Woche für Woche selbst die umfangreichsten Blätter mit guten journalistischen und juristisch abgesicherten Beiträgen zu füllen – der Leser hat eine bestimmte Erwartung, wenn er ein Heft am Kiosk kauft (»Produkterwartung«), er darf nicht enttäuscht werden (»Produktenttäuschung«), Beispiel: Auf der Titelseite einer Illustrierten wird reißerisch versprochen: »Die Serie, von der alle sprechen«; drinnen im Blatt steht darüber nur eine Seite zu lesen. Aufgeblasene Geschichten verarschen den geneigten Leser.

Um dem Leser die journalistische Qualität zu liefern und zu erhalten, die er für sein Geld verlangen kann, gibt es nur ein Mittel, das so simpel wie probat ist: in den Redaktionsstab Journalisten – Redakteure, Reporter, Korrespondenten, freie Mitarbeiter, Grafiker und Fotografen – zu holen, die diese journalistische Qualität versprechen. Ein Herausgeber hat eine Idee für ein Blatt – zum Beispiel Gerd Bucerius: »eine große liberale Wochenzeitung«, daraus wurde dann »Die Zeit«; John Jahr: »eine große Frauenzeitschrift«, »Constanze« wurde sein Blatt. Der Herausgeber, betreibt er zugleich auch das Verlagsgeschäft als Unternehmer, gibt mit seinen »Verlegerischen Richtlinien« der Redaktion die Grundlinie (und seinen Verlagskaufleuten die wirtschaftlichen Ziele) vor; sein Mann ist dann der Chefredakteur, der mit seinem »Redaktions-Konzept« die Verleger-Vorgabe in die Wirklichkeit umzusetzen versucht.

Auf die Frage »Hat der Verleger auch Verantwortung für den Inhalt?« erklärte Gerd Bucerius in seiner »Zeit«: »Ja. Er hat sie dadurch, daß er sich die Leute aussucht. Er sucht den Chefredakteur aus und kann ihn auch wieder entlassen, insofern hat er natürlich Verantwortung.« Manche Herausgeber amtieren, um sicherzugehen, daß ihre Idee auch so in ihr Blatt kommt, selber auch als Chefredakteur – Beispiel: Franz Burda lange Zeit in seiner »Bunte«.

Der Chefredakteur baut sich danach eine Redaktion auf und sorgt im Lauf der Jahre dafür, daß sein Konzept, seine Vorstellung vom Blatt, durch eine »richtige Redaktion« mit den Ressorts für Innen- und Außenpolitik, Wirtschaft, Feuilleton und Sport auch erhalten bleibt. Eine Redaktion sollte – idealerweise – das Abbild ihrer Leserschaft sein. Haben die Leser dieses Blatts starke Interessen für den Sport, braucht das Sport-Ressort gute Sportreporter und ausreichend Platz in der Zeitung – Beispiel: »Bild«. »Rheinische Post«, »Süddeutsche« und »Stuttgarter Zeitung« haben wirtschaftlich stark interessierte Leser – der Wirtschaftsteil entspricht den Leser-Erwartungen. Der Wirtschaftsteil der Kumpel-Gazette »Westdeutsche Allgemeine« kann dagegen glatt vergessen werden, der Sportteil aber ist umfangreich und lesergerecht gut. Spiegelbild ihrer Leserinteressen dürfte die »Frankfurter Allgemeine« sein, Unterzeile: »Zeitung für Deutschland«: Starker politischer Teil, starker Wirtschaftsteil, starkes Feuilleton – der Sport ist nur minimal vertreten; montags glänzt er allerdings durch das Fußball-Feuilleton.

Für alle Fachgebiete, für die Leserinteressen bekannt und zu befriedigen sind, müssen auch journalistische Fachleute in die Redaktion. Am Beispiel von »Capital«, des »deutschen Wirtschaftsmagazins«, das der Verfasser dieses Buchs als Chefredakteur fünf Jahre leitete, sah das so aus:

○ Das Ressort Politik bestand aus versierten Journalisten für die gesamte innen- und außenpolitische Szene, für Wirtschafts- und Währungspolitik; das Bonner Büro beobachtete das Geschehen in der Bundeshauptstadt und lieferte dem Ressort zu. Ressortleiter war ein früherer Politik-Redakteur des »Spiegel«.

○ Das Ressort Unternehmen hatte versierte Journalisten für das gesamte Spektrum der deutschen Wirtschaft, von der Kohle über Stahl, Maschinenbau bis zu Chemie und dem Schiffsbau. Die Redakteure besaßen gute Informationskontakte bis in die Spitzen der Konzerne. Ressortleiter war ein früherer Berlin-Korrespondent der (eingegangenen) Düsseldorfer Wirtschaftszeitung »Industriekurier«.

○ Das Ressort Beruf war mit seinen versierten Journalisten in der Lage, die Angestellten unter den Lesern bei ihrem beruflichen Fortkommen kompetent zu beraten: vom Weiterbildungskurs über neue Managementmethoden bis zu Gesundheitsvorsorge und Gehaltsvergleich. Ressortleiter war ein früherer Wissenschaftsredakteur des »Spiegel«.

○ Das Ressort Finanzen konnte durch seine versierten Journalisten brauchbaren Rat für die persönliche Geldanlage der Angestellten und Selbstandigen unter den Lesern geben: Von Steuer-, Bank- und Versicherungstips über Börsenstrategien bis zur speziellen Vermögensbildung durch Kunst-Stücke. Ressortleiter waren ein früherer »Handelsblatt«-Redakteur, Experte für Versicherungen, und ein ehemaliger »Spiegel«-Redakteur, Fachmann für Banken und Börsen. Weltbekannter Kolumnist: der Ungar-Franzose-Amerikaner André Kostolany.

○ Das Ressort Grafische Gestaltung gab »Capital« das unverwechselbare Gesicht (wie bei jedem anderen Blatt, das stark von der Optik bestimmt wird); es leitete ein namhafter Schweizer Designer, der als Stellvertretender Chefredakteur zugleich für das gesamte Erscheinungsbild des Blatts – Fotos, Illustrationen, Tabellen – verantwortlich war. Der Verantwortliche für den gesamten Text war ebenfalls Stellvertretender Chefredakteur und war vorher wirtschaftspolitischer Korrespondent des »Spiegel« in Bonn gewesen; er führte auch den Mitarbeiter-Stab zwischen Hamburg und New Delhi. Als Chef vom Dienst, verantwortlich für die korrekte Einhaltung der Redaktionstermine und für die Kontakte zur Druckerei Bertelsmann in Gütersloh, fungierte eine Frau, Margret Müller mit Namen – Kennzeichen: zart, aber hart. Karl Marx der Säumige hätte bei Margret Müller keine Chance gehabt.

Das Grafik-Ressort an der Redaktionsleine und auf der Redaktionslinie zu halten bedarf der Kunst des Blattmachers, der hier vor allem Psychologe sein muß. Grafiker sind hochsensible Künstler, ob sie sich nun »Layouter« oder sogar »Designer« nennen, von den Ergebnissen journalistischer Mühen halten sie nicht viel – sie bezeichnen sie bestenfalls als »Lauftext«, oft verächtlich als »Grauwerte«. Texte stören, glauben sie, ihre schönen großen Bilder, Fotos und Illustrationen. Wenn Grafiker das Heft machen, wenn der Chef-Layouter auch der »Blattmacher« ist, können die Journalisten zu Hause bleiben. In Wirklichkeit ist die Grafik aber nur ein redaktioneller Hilfsbetrieb, ein wichtiger Hilfsbetrieb, der das Lesen leichter macht, das Blatt auflockert – kurzum: der den langen Weg vom journalistischen Text zum Leser abkürzt. Die Grafik gibt dem Blatt eben nur das notwendige unverwechselbare Gesicht, ist aber nicht Ersatz für den Inhalt.

Noch schwieriger zu führen als Journalisten und Grafiker sind die Fotografen einer Redaktion. Fotografen, Bild-Journalisten also, kriegt auch der energischste Geschäftsführende Redakteur kaum zu greifen – ihr Tun richtet sich nämlich meist nach dem Wetter. Haben sie von der Redaktion ihren nächsten Auftrag bekommen, reisen sie für den einzigen im Januar zu erwartenden Sonnentag mit Assistenten und Gepäck bis nach Tunesien, um ihre Bilder in den Kasten zu bekommen. Bild-Journalismus ist Knochenarbeit. Die Redaktion erwartet gute Fotos, nicht plausible Ausreden. Fotografen müssen, der Verfasser dieses Buchs stand als Reporter dabei, auch mal ihr »Opfer« durch ein blitzschnell aufgestoßenes Toilettenfenster auf den Film bannen. Als Robert Kennedy, Justizminister des erschossenen US-Präsidenten John F. Kennedy, seines Bruders, totgeschossen auf dem Küchenboden eines Hotels in Los Angeles lag und die Fotoreporter pausenlos knipsten, wollte seine weinende Frau Ethel sie zurückweisen – »This is history, madame«, belehrte einer von ihnen die junge Witwe und fotografierte weiter.

Früher, vor ein paar Jahrzehnten noch, war das Zeitungs- und Zeitschriften-Machen das Treiben einer Handvoll Allround-Journalisten. Der Journalist der 50er Jahre ging mit dem Notizbuch auf die Jagd nach berichtenswerten Ereignissen, die Kamera war schußbereit immer dabei; er schrieb in der Redaktion und redigierte seinen Text selber, das hieß damals: Er machte ihn selber satzfertig, er entwickelte seine Filme selber und machte die Abzüge, stellte die Bilder ins Blatt und machte selber den sogenannten Umbruch: Wo auf welche Seite kommen Texte und Fotos wie groß hin? Heute arbeiten an dem überdimensionalen Puzzlespiel der Herstellung eines Blatts Spezialisten vieler Fakultäten mit: Autoren, Redakteure, Fotografen, Bildredakteure, Grafiker und Dokumentations-Journalisten (von den Köpfen und Händen in allen Verlagsbereichen wie Kaufmännische Leitung, Anzeigen, Vertrieb und Kostenkontrolle vorerst noch zu schweigen). Die steigenden Ansprüche des Lesers haben im Redaktionsbetrieb zu starker journalistischer Spezialisierung geführt, Mark Twain käme heute bei seinem »Sacramento Union« nicht mehr zurecht.

Auf der Strecke geblieben ist auch der gute alte Bleisatz, die »Schwarze Kunst« des Druckens, der legendäre Schriftsetzer, jahrhundertlang die Avantgarde der Industriearbeiter – heute beherrscht der Computer auch die Redaktionen. Der Bildschirm hat die Schreibmaschine verdrängt, der Redakteur setzt seinen Text selber. Wo früher auf dem Redaktionstisch die Schreibmaschine stand, daneben die volle Kaffeekanne und der volle Aschenbecher, steht heute das Bildschirmgerät. Der Redakteur hackt zwar immer noch auf die vertraute Tastatur ein, aber vor ihm auf dem grünen Bildschirm erscheint sofort sein Text. Der Redakteur kann auf dem Schirm seinen Artikel sofort selber gestalten – ein- oder mehrspaltig, Überschrift, Unterzeile, sogar eine ganze Zeitungsseite umbrechen und blitzschnell verändern – der Redakteur von heute ist Autor, Schriftsetzer und Gestalter in Personalunion.

Peter A. McWilliams, ein amerikanischer Schriftsteller, der sich nach dem Verkauf seiner neun Bücher mit Gedichten in einer Gesamtauflage von mehr als 2,5 Millionen Exemplaren einen »der bestverkauften Dichter Amerikas« nennt, beschreibt in »The Word Processing Book«, wie der Computer in die Redaktionen einzog: »Angefangen hat alles mit den Journalisten. Journalisten arbeiten für große Zeitungen, die Computer haben, um Gehaltsabrechnungen, Rechnungswesen und ähnliche buchhalterische Dinge abzuwickeln. Vor ungefähr 15 Jahren (etwa Ende der 60er Jahre) sagte jemand: ›Wenn dieser Computer der Buchhaltung helfen kann, Rechnungen zu schreiben, vielleicht kann er dann ja auch den Reportern helfen, Artikel zu schreiben.‹ Er konnte und er tat es.«

McWilliams weiter: »In den Redaktionen im ganzen Land wurden Schreibmaschinen durch Computer-Terminals ersetzt. Aus dem rasenden Reporter wurde nicht Superman, sondern Captain Video. Die Journalisten schwiegen sich jedoch aus über diesen Sachverhalt. Die Vorstellung, daß die Zeitung von einem Computer geschrieben wird, hätte vor 15 Jahren nicht viele Freunde gefunden, und die männlichen Journalisten zogen es vor, ihr ehemaliges Image zu pflegen: Zigarre im Mundwinkel, Whisky in der Hand, wird eine Story auf der guten alten Remington Upright runtergehämmert.«

Nichts hat den Redaktionsbetrieb in den letzten 100 Jahren mehr und nachhaltiger verändert als der Einzug der Computer-Technik. Selbst die klassischen Korrekturzeichen – für Durchstreichungen und Einfügungen – als Gekritzel am Rand fallen weg. Noch einmal Peter A. McWilliams: »Weder eine Kugelkopfschreibmaschine mit Korrekturband noch eine persönliche Sekretärin, noch die Aussicht auf den ersten Platz in der Bestsellerliste hat mich mehr zum Schreiben animiert als mein Textverarbeiter (= Computer). In all den Jahren war Schreiben für mich eine Pflicht, ein Job, Arbeit. Es ist nach wie vor ein Job, es ist nach wie vor Arbeit, aber dank des Textverarbeiters ist es von Zeit zu Zeit – und zwar immer häufiger – auch ein Vergnügen.« Schöne neue Welt, Aldous Huxley (»Brave new world«) läßt grüßen ...

Vieles vom guten alten Journalismus ist für alle Zeiten vorbei. Zum Beispiel der sogenannte Sitzredakteur aus den gemütlichen Jahren, als die Deutschen noch Kaiser und Königen untertan sein durften: Einer aus der Redaktion war ausersehen, ins Gefängnis zu gehen, wenn ein erschienener Artikel gegen die amtliche Sitte und Ordnung verstoßen und das Blatt sich damit einer »Beeinträchtigung« (Terminus der Regierung unter dem Alten Fritz) schuldig gemacht hatte – in einigen Redaktionen ging die Funktion des Sitzverhaltens von Redakteur zu Redakteur, in anderen stand auf der Lohnliste der Redaktion ein ansonsten zu größeren Leistungen nicht fähiger Klein-Ganove: Er saß dann für den wirklichen Autor ein.

Verschwunden ist auch die Redaktionssekretärin als Allround-Frau der Redaktion, die nicht nur die Spesen für die Redakteure abrechnete und ihre Banküberweisungen besorgte, sondern für Redaktionsneulinge auch noch caritative Dienste bereithielt, nach deren Konsum der Novize als echtes Redaktionsmitglied galt. Der Verfasser dieses Buchs hat es noch erlebt, wie Redaktionssekretärinnen das Honorar für die Veröffentlichungen freier Mitarbeiter errechneten, das heißt: den sogenannten Anstrich machten: Sie maßen mit einem Kördelchen, in das alle fünf Zentimeter ein gut sichtbarer Knoten geknüpft war, die Länge eines Beitrags in der gerade erschienenen Ausgabe der Zeitung – dann waren fünf Zentimeter Kördelchen 50 Mark Honorar. Manchmal, wenn ihnen so danach zumute war, waren fünf Zentimeter auch kürzer.

Geblieben ist der traditionelle Hang der Redakteure, Grafiker, Fotografen und Sekretärinnen, den drückenden Redaktionsstreß mit einer gewaltigen Sauforgie zu ertränken – Hans Detlev Becker, der versierte »Spiegel«-Chef, unterschied dabei korrekt zwischen drei Kategorien: Zweck-Saufen, Leistungs-Saufen, Schau-Saufen. Das »einarmige Reißen« als anerkannte journalistische Disziplin wird oft erst mit der Morgendämmerung beendet. Dabei fliegen – wenn die Wette heißt: »Du traust dich doch nicht . . .« – auch einmal Schreibmaschinen durch geschlossene Fenster und landen, die Tükke will das so, auf Autodächern.

Bei der notwendigen regelmäßigen Redaktionsfete entlädt sich der wochen- oder gar monatelang angesammelte Stau aus Ärger, Intrigen und Mißgunst in einer Kette von Explosionen. Da sagt ein herumgestoßener Redakteur seinem Chef übers leere Glas hinweg ungeschminkt die Meinung und vertraut fest darauf, daß der Chef ebenso besoffen ist wie er selber und beide am nächsten Montagmorgen alle gesagten Wahrheiten und herausgeschleuderten Verbalinjurien vergessen haben. Da kippt als heimlicher Sympathisant ein gehätschelter Redakteur mit einem Kollegen, der im Verschiß ist, heimlich ein paar Cognacs runter – im Alltagsbetrieb wird dagegen einer, der verschissen hat, gemieden wie ein Aussätziger: »Warnung: Der hat die Pest.«

Auf Redaktionsfeten wird gesoffen, geschimpft und geflucht, niemals gesungen – die vielbeschworene Redaktionsfamilie darf es auch nicht geben. Je besser ein Blatt, je elitärer seine Redaktion ist, um so cooler, boshafter, unmenschlicher sind seine Redakteure – Journalismus ist eben doch die »ungeheure Schleudermaschine, die von Gehässigkeiten in Bewegung gesetzt wird« (Honoré de Balzac). Eine Redaktion ist keine Klosterschule, und Redakteure wollen auch keine Novizen werden. Wenn der Schein von stiller Harmonie einmal aufleuchtet, die nächste Heftkritik bringt alle Redaktionsmitglieder auf den Redaktionsboden zurück.

Vom Redakteur und seinen Mitstreitern, dem Grafiker und dem Fotografen, wird Leistung, nichts als gute Leistung verlangt. Was er dafür verlangt, ist nicht das schnelle Lob aus der Arbeitgeber-Fibel für Menschenführung -- der Redakteur will in seiner Redaktion nach oben kommen, um am Blatt mitgestalten zu können, auf daß es »sein Blatt« wird. Er will Karriere machen und nicht zusehen, daß alle Funktionen von Redaktionsfremden besetzt werden. Ein Redakteur, der bei einer Karriere zum zweitenmal übergangen wird, muß klar sehen, daß er nur ein betriebstreuer Trottel ist, wenn er danach noch in der Redaktion verbleibt.

Journalisten, Redakteure, Grafiker, Fotografen – sie alle müssen Biß haben, wenn der Leser etwas zu kauen haben soll.

Was eine Redaktion ist, hat Henri Nannen, länger als 30 Jahre Chefredakteur des »stern« und danach sein Herausgeber, mit dem knappen Sarkasmus der Journalisten charakterisiert: »Die Redaktion ist diejenige Abteilung des Hauses, welche die von der Anzeigenabteilung freigelassenen Seiten zu den von der Herstellung bestimmten Terminen mit einem Stoff füllen muß, den der Vertrieb verkaufen kann.«

Nachdem nun bekannt ist, was eine Redaktion ist, wenden wir uns den anderen Abteilungen eines Pressehauses zu: dem Vertrieb und den Anzeigen.

SIEBENTES KAPITEL

So werden Zeitungen verkauft
oder
Welchen Hilferuf »die tat« losgelassen hat:

»Liebe Leserinnen
und Leser:
Wir brauchen mehr Leser,
mehr Abonnenten,
wir brauchen Ihre Spenden«

Die Deutschen sind ein Volk ohne Raum. Eingeengt zwischen der Porta Nigra und dem Brandenburger Tor, der Fehmarnsundbrücke und dem Funtensee, ist in der Republik an den Kiosken nicht genügend Platz, alle Druckerzeugnisse aus der Heimat der Dichter und Denker gebührend groß vor der erwartungsfrohen Nation auszubreiten, auf daß sie kaufe, was bedeutende Geister in den Redaktionsstuben zu ihrer Erbauung auf Papier geschrieben haben. Zeitungen, Zeitschriften, Illustrierte, Magazine und Rätselhefte liegen so dichtgedrängt neben- und untereinander gestapelt, daß sich der gutwillige Kunde wie Hänsel (und Gretel) im deutschen Blätterwald hoffnungslos verirren würde, hätte er nicht zielstrebig sein Leib- und Magenblatt im Sinn:

- Die »Frankfurter Allgemeine, Zeitung für Deutschland«, herausgebracht für die Angehörigen der gebildeten Stände, oder
- »Cosmopolitan«, »Für die Frau. International«, wie die Titelseite verspricht, oder
- »Praline«, die erst auf der Rückseite des Titels verspricht, was die Käuferin des Blatts im Inneren erwartet: »Aktuelle Reportagen und »Persönlichkeitsberichte«, oder
- »Riesen Rätsel Revue«, der »Rätselspaß für jung und alt«, oder
- »Mad, Das vernünftigste Magazin« – diesmal preiswert wie nie zuvor: »Statt hundert Millionen Dollar jetzt nur noch DM 3,–«.

Zu hohen Bergen türmt sich an jedem Wochentagmorgen an den Kiosken »Bild« als wohlabgestimmte Mischung aus Sex and Crime, Politik, Sport und Menschliches aus dem Tierreich, dazu das Horoskop und der Augenschmaus »Liebe ist . . .« – sechs Millionen Bildungsbürger, der Verfasser dieses Buchs eingeschlossen, legen tagtäglich 40 Pfennige auf die Kiosk-Tresen und lesen das Blatt, obwohl die Intellektuellen im Land behaupten: »›Bild‹ macht dumm.« An jedem Montag ist für die Deutschen »Spiegel«-Tag, fast eine Million blutrotgeränderte Exemplare nehmen die Käufer mit – ohne auf das Titelthema zu schauen: Sie sind sicher, daß wieder einige korrupte Politiker ans Messer geliefert werden und die Republik in Hamburg mutige Wächter hat. An jedem letzten Mittwoch des Monats kaufen fast 250 000 Deutsche »Capital, Das deutsche Wirtschaftsmagazin« und schlagen hastig das voluminöse Blatt auf, weil sie glauben, ein paar Tips für die schnelle Karriere oder die schnelle Mark vorzufinden.

Gut 2000 Zeitungen, Zeitschriften, Illustrierte, Magazine und journalistischer Schund – zusammengefaßt im Insider-Terminus »Titel« – lassen die Kioske, Bahnhofsbuchhandlungen und Zeitschriftenregale in den Supermärkten im Bundesgebiet überquellen. Die Pressehäuser, die allesamt vom Verkauf ihrer Druckerzeugnisse leben, sprechen dennoch nicht vom Zeitungs- oder Zeitschriften-Verkauf, sondern vom Vertrieb – denn sie verkaufen ihre Produkte nicht direkt an den Endverbraucher, den Zeitschriftenkäufer also, sondern vertreiben ihre »Titel« – Ausnahme: Abonnements – über ein ausgeklügeltes Vertriebssystem: über Grossisten *(Grosso),* über Bahnhofs-Buchhandel (*BB*) und über den Einzelhandel *(EH),* sprich: Kiosk.

In Zahlen: 83 Grossisten des Pressevertriebs haben sich das Bundesgebiet nach Gebietskartellen aufgeteilt und geben die »Titel«, die sie von den Presseverlagen beziehen, an 91 000 Einzelhändler weiter. Die Zeitungsjungen, die abends auf dem Boulevard die hochgestimmten Bürger auf ihrem Weg vom Oper- zum Dinner-Genuß mit lauten Informationen über Bubi Scholz' tödlichen Schuß auf Ehefrau Helga, die 2000 qualvoll Erstickten aus der Giftgaswolke der mittelindischen Stadt Bophal und die Erdbebenkatastrophe von Friaul in Oberitalien erschreckten, gibt es nicht mehr – allenfalls noch ein paar Ausländer, die durch die Kneipen streifen und Zeitungen anbieten, die sie selber nicht lesen können.

Der Bürger bekommt morgens seine Zeitung, die er abonniert hat, in seinen Briefkasten gesteckt, um bei koffeinfreiem Kaffee und Bio-Marmelade mit ein paar Schreckensnachrichten für den Tag eingestimmt zu werden. An den Kiosken, in Bahnhofs-Buchhandlungen und Supermärkten aber muß der potentielle Leser für den Kauf erst noch gewonnen werden: Was muß in einem Interessenten vorgehen, daß er kauft? Ist es eine Schlagzeile, sind es mehrere Themen, ist es ein Foto, animiert ihn die Farbe des Titelbilds? Was macht ihn so an, daß er zu seinem Portemonnaie greift?

Die Pressehäuser in aller Welt geben Unsummen für die sogenannte *Leserschaftsforschung* aus. Studenten und größere Köpfe, richtige Psychologen zum Beispiel, fangen Käufer an den Kiosken ab und laden sie in die nächste Kneipe zum Bier ein – nur, um vom Leser zu hören, was ihn zum Kauf am Kiosk veranlaßt hat. Hunderte von Jahren nach der Erfindung des gedruckten Worts sind Käufer und Leser immer noch die unbekannten Wesen – oder besser: bekannte Unwesen.

Für Blattmacher, sogar für die größten unter ihnen, bleibt der Leser ein Fabelwesen, für das er sich quält, denkt und schreibt. »Ich habe es nie vertragen können«, gestand Henri Nannen am Ende seiner 12 775 Journalisten-Tage, »neben einem zu sitzen, der gerade den ›stern‹ las.« Der Verfasser dieses Buchs, lange Jahre Blattmacher bei »Capital« und »auto motor und sport«, fand es beispielsweise unerträglich, wenn neben ihm ein Passagier im Flugzeug sein Blatt nicht aufmerksam Seite für Seite, Artikel nach Artikel fröhlich-anerkennend las – er empfand körperlichen Schmerz, wenn der Flugzeug-Nachbar sein Blatt achtlos weglegte und ein anderes dafür mit sichtlichem Vergnügen genoß – »Mad« zum Beispiel: »Helmut Kohl nuschelt neuerdings immer so undeutlich, damit die Leute glauben, er spricht wenigstens *eine* Fremdsprache.«

Wie der *ideale Leser* aussieht, wissen alle in den Pressehäusern ganz genau: Er soll jung und überdurchschnittlich gebildet sein, ein überdurchschnittliches Einkommen haben, berstend vor Konsumfreude und in seinen Kreisen der unbestrittene Meinungsführer (»opinion leader«) oder Entscheidungsträger (»decision maker«) sein – und von diesen idealen Lesern soll das Blatt ganz viele haben.

»Cosmopolitan«, die Zeitschrift »Für die Frau. International«, definierte die »Meinungsführer« aus ihrer Sicht: »Personen, die sich gleichzeitig regelmäßig über den Gegenstandsbereich informieren und ihrer Gruppe als Informationsquelle über diesen Bereich dienen. Sie sind für die Mitglieder ihrer Gruppe die sichere Nachrichtenquelle. Erst wenn eine massenkommunikative Nachricht von ihnen bestätigt wird, ist sie für die Gruppe glaubhaft. Die Meinungsführer verändern evtl. die Nachricht, deuten sie im Sinne ihrer Gruppe und bewerten den Gegenstand.«

Aber wo ist dieser ideale Leser zu finden? Wo sind die Leser überhaupt anzutreffen?

»Wir brauchen mehr Leser«, funkte im Herbst 1983 die antifaschistische »Deutsche Volkszeitung / die tat« aus Berlin SOS. »Ohne die Unterstützung finanzkräftiger Unternehmen«, klagte »die tat«, die die »finanzkräftigen Unternehmen« abschaffen will, »ist unsere Wochenzeitung auf die Hilfe der Leser angewiesen. Wir brauchen mehr Leser.« Abgesehen von der Tatsache, daß alle Zeitungen dieser Welt »mehr Leser« brauchen, sogar »Bild« als größte Tageszeitung auf dem Kontinent, zeigte der Aufschrei, daß die »tat«-Chefs nicht gerade tat-kräftig waren und vom Zeitungsgeschäft etwas verstanden: Ihr Blatt brauchte in Wirklichkeit mehr Käufer, denn nur die Käufer zahlen – Leser sind, sozusagen, Zechpreller oder Trittbrettfahrer, die sich an den Käufer anhängen. Fast jedes Blatt hat mehr Leser als Käufer: »auto motor und sport«, das deutsche Auto-Magazin aus Stuttgart, beispielsweise wird durchschnittlich von vier Leuten mitgelesen – wenn das Auto-Meinungsblatt alle 14 Tage an die 500 000 Käufer zählt, hat es rund zwei Millionen Leser.

Damit wird auch das erste Gebot im Pressewesen klar: Ein Presseverlag kann so viele Exemplare drucken wie er will, wichtig allein ist, daß er von der gedruckten Auflage auch genügend Exemplare verkauft. Verkaufen aber läßt sich nur, was bei der sogenannten Zielgruppe ankommt, bei den Käufern und Lesern also, für die Chefredakteur und Verlag ihr ausgeklügeltes Redaktions-Konzept gemacht haben.

Nur wenige Pressehäuser wollen mit ihren Erzeugnissen alles, nämlich über Politik aus aller Welt, Sport, Geistesleben, Medizin, Kochen und Stricken, berichten. Ein solch totales Konzept haben die Tageszeitungen, auch viele Illustrierte – Branchen-Terminus für die Allround-Blätter: *General-interest-Zeitschriften.* Auch die Programmblätter von einst haben ihre Themenbereiche so aufs Allgemein-Interessante ausgeweitet – selbst »Hörzu« bringt heute Auto-Tests. Die große Mehrzahl der bunten Blätter an den Kiosken hat sich *Zielgruppen* vorgenommen, sie zielen auf Leser-Gruppen mit gleichen Lese-Interessen: Autofreunde, Angler, Tennisspieler, Reiter, Homosexuelle. Diese *Special-interest-Zeitschriften* müssen sich an Kiosken der Abstimmung durch die »Zielgruppe« stellen, die von den Pressehäusern stark umworben wird – zum Beispiel für Auto-Freunde: Der Bauer-Verlag gibt die »Auto Zeitung« heraus, Springer »rallye racing«, die Motor-Presse Stuttgart ist Marktführer mit einem kompletten Angebot: »auto motor und sport«, »mot Die Auto-Zeitschrift«, »sport auto«, »Motor Klassik«, »auto katalog«. Die sogenannten Fachzeitschriften gibt es dagegen meist im Abonnement. Die »Kunden-Zeitschriften« liegen im Laden kostenlos aus und dienen dazu, Wurst-Aufschnitt sicherer zu verpacken.

Jedes Blatt, ob der »Spiegel«, »Die Bäcker-Blume« oder »Hut und Mütze«, hat sein eigenes Konzept, um an die Zielgruppe, an den Leser als bekanntes Unwesen heranzukommen.

Über das »Spiegel«-Konzept ist nicht mehr als Augsteins späte Twen-Erkenntnis »Den Menschen interessiert nichts mehr als der Mensch« bekannt und auch noch dieses Reklame-Versprechen: »›Spiegel‹-Leser wissen mehr.« Henri Nannen, nach seinem »stern«-Konzept befragt, guckte andächtig an seinem gewaltigen Friesen-Körper runter, bis sein blonder Blick zufrieden hängenblieb: »Ich mach's aus dem Bauch.« Springers erfolgreiches »Hamburger Abendblatt« trug als Verpackung: »Seid nett zueinander.« Die »Frankfurter Allgemeine« zeigt einen klugen Kopf, der die »Zeitung für Deutschland« studiert. Die sowjetische Parteizeitung heißt »Prawda«, »Die Wahrheit« für fünf Kopeken.

Die »Rheinische Post« bietet sich am unteren Rhein als »Zeitung für Politik und christliche Kultur« an. Die »Stuttgarter Nachrichten« sehen ihre Zielgruppe im »Raum der Stadt Stuttgart«, die benachbarte »Stuttgarter Zeitung« informiert die Leser in der »Region um die Stadt Stuttgart«. Springers »Bild am Sonntag« (»BamS«), behauptet der Presse-Kritiker Wolf Schneider, sei in Cäsars Reich »zuständig fürs Grobe«; der frühere »BamS«-Chefredakteur Ewald Struwe (»Spiegel«: »Der weiße Riese«) spielte häufig den Rübezahl im deutschen Blätterwald. Amerikas Presse-Tycoon Henry R. Luce, Herr über Zeit (»Time«) und Leben (»Life«), hauchte seinem Bilder-Blatt »Life« mit diesem Einfach-Konzept jahrzehntelanges Leben ein: »Sehen und überrascht sein«, solle der Leser: »Sehen und sich freuen, sehen und belehrt werden.« Selbst die selige »Gartenlaube« hatte ihr heimeliges Konzept: eine klare Vorstellung, wie ein Verlag an den Leser herankommen und ihm ans Blatt binden kann *(Leser-Blatt-Bindung)*.

Es sind erfahrungsgemäß die schlechtesten Blätter nicht, für die ihre Blattmacher in den Redaktionen kein schriftliches Konzept in der Schublade liegen haben, sondern ihr Blatt – wie Nannen – »aus dem Bauch« oder schlichtweg für sich selber machen – wie der alte Franz Burda seine »Bunte«. Die Leser, »die Zielgruppe«, spüren dann die leidvolle Freude ihres Blattmachers – Beispiel: der Leser Hermann Schwitzler, Cheffahrer des baden-württembergischen Ministerpräsidenten Lothar Späth. Schwitzler über Burda: »Er hat das veröffentlicht, was Menschen gerne lesen: Bildberichte aus dem Tierreich, aus der Wissenschaft.«

Die Leser an das Blatt des Herausgebers zu binden, als sei es »ihr Blatt«, war schon immer der Traum eines Herausgebers, der die Idealvorstellung von seinem Blatt hatte. »Jung, tapfer, farbig, ohne Profilsucht, ohne alle Konzessionen, ganz durchglüht von einem Willen, meinem Willen«, schwärmte Anfang des Jahrhunderts der Journalist Siegfried Jacobsohn in Berlin, von seinem Blatt, »wo jeder sagen kann, was ihm die anderen Blätter aus Dummheit oder Feigheit verwehren« – S. J.s Traum wurde am 7. September 1905 Wirklichkeit: die »Schaubühne«. Und er machte wahr, was er versprochen hatte: »Ich habe, glaube ich, besondere Erziehertalente, aber auch eine so wütende Sachlichkeit, daß ich nie zögern werde, Schriftsteller zu drucken, die mehr sind und mehr können als ich.«

Immer hat es Träumer gegeben, die neue Blätter hervorbrachten, weil ihr Träumer Realist war, die Zeichen der Zeit verstand und – auch – Glück hatte; beispielsweise der Würzburger Vogel-Verlag, als er Ende der 70er Jahre das Computer-Zeitalter für den Leser eröffnete und »chip« gründete, einer der raren großen Presse-Erfolge der letzten Jahre. Die Zeichen der Zeit verstanden, aber kein Glück hatte der Sohn des ermordeten Arbeitgeberpräsidenten Hanns-Martin Schleyer, der seine »Surf«-Zeitschrift zu Wasser ließ und dabei wirtschaftlich absoff. Spektakuläre Erfolge und grandiose Pleiten sind im Pressewesen stets harmonisch verteilt.

Selbst große Pressehäuser sind vor Mißerfolgen nicht gefeit, wenn ihr Konzept, selbst als Resultat aufwendiger Markt- und Leserschaftsforschung, nicht stimmt. Gruner + Jahr in Hamburg, Herausgeber solcher Reüssites wie »stern«, »Capital«, »Schöner wohnen« und »Brigitte«, setzte einige Flops in den Sand: das Sexblatt »Jasmin«, dessen Umstellung auf eine akzeptable Zeitschrift für die moderne Frau nicht gelang; die Wochenzeitschrift »Leute« – abgeguckt vom amerikanischen Erfolgsblatt »People« – kam bei den ersten Verkäufen bei ihrer Zielgruppe »Tratsch und Klatsch« nicht an, hinterließ den hanseatischen Verlagsherren ein Loch von 14 Millionen Mark, in dem auch der »Leute«-Chefredakteur Alexander Rost verschwand. Da wurden die Hamburger Verleger vorsichtiger: Das neue General-interest-Objekt »Magnum« kam Mitte 1985 erst gar nicht an die Kioske. Mit einem Etat von 600 000 Mark hatte eine Objektgruppe monatelang an dem Blatt für 20- bis 40jährige gebastelt (Informationsdienst »text intern«: »Von Life-Style über Kultur bis Abenteuer & Reisen. Ein paar Sex-Fotos fehlten auch nicht«) und dem Verlag eine verkaufte Auflage von 250 000 Exemplaren versprochen; die Bosse glaubten nur an 80 000 und senkten den Daumen. Sie glaubten nicht an das redaktionelle Konzept.

Das war schon dem journalistischen Filou Karl Marx passiert. Um im teuren Pariser Exil zu Geld zu kommen, machte er Freunden und Bekannten den Vorschlag, Aktien für eine von ihm geplante Revue zu kaufen, Preis pro Aktie 25 Thaler, in der »die politische Ökonomie eine Hauptrolle« (Biograph H. F. Peters) spielen solle. So dumm waren damals die reichen Leute jedoch nicht; erst viel später wurden sie so töricht, daß sich der spitzbärtige Bonvivant Wladimir Iljitsch Lenin (»Die Freiheit ist ein bürgerliches Vorurteil«) halbtot lachte: »Die verkaufen uns noch die Stricke, an denen wir sie aufhängen werden.« Karl Marx, man erinnere sich, hat von einem seiner Verleger einmal 1000 Exemplare anstelle des Gehalts bekommen, um sie selber zu verkaufen – die Differenz zwischen gedruckter und verkaufter Auflage heißt *Remission* und ist für jeden Verlag ein Ereignis jenseits der Schmerzgrenze.

Ein Verlag setzt für die nächste Ausgabe die *Druckauflage* fest und druckt sie entweder in der eigenen Druckerei – so die »Frankfurter Allgemeine« bei ihrer Miteigentümerin Frankfurter Societäts-Druckerei in Frankfurt – oder läßt drucken, wie der »Spiegel« beim Druckhaus Ahrensburg in Ahrensburg bei Hamburg, das dem alten »Spiegel«-Gegner Axel Springer gehört. Für Verlage, die nur Wochen- oder Monatszeitschriften in ihren Programmen haben, lohnen sich keine eigenen Druckereien. Vom Druckort wird die Abonnements-Auflage direkt an die Dauerbezieher im Land verschickt; übrig bleibt die Menge, die als Handelsauflage über die 83 Grossisten (»Grosso«) an die 91 000 Einzelverkaufsstellen geht. Aber nicht alle 91 000 Kioske und Bahnhofs-Buchhandlungen (»BB«) werden mit allen 2000 im Bundesgebiet angebotenen Zeitungen und Zeitschriften beliefert. Die erfahrenen Vertriebsexperten in den Pressehäusern suchen sich die verkaufsträchtigsten Kioske heraus – sie bestimmen den *Verteiler:* »Bild« liegt an 91 000 Kiosken aus, der »stern« an 60 000, »auto motor und sport«

an 52 000. Viele Kioske beziehen von einem Titel nur wenige Exemplare, manche 200 und mehr.

Was von der Handelsauflage verkauft wird, ist die *verkaufte Auflage,* die Freude eines jeden Verlags. Finden alle angelieferten Exemplare schnell ihre Käufer, spricht der Vertrieb vom *Ausverkauf* und versucht, weitere Stücke nachzuliefern; im Unterschied zum *Endverkauf,* wenn ein Titel am Ende seiner Erscheinungsperiode – wöchentlich, 14täglich, monatlich – rechtzeitig ausverkauft ist. Schlimm für alle, Verlag wie Handel, ist der *Nullverkauf;* das ist der gebräuchliche Terminus für das verlegerische Unglück, daß ein Kiosk kein Exemplar verkauft hat und die Lieferung komplett zurückschickt. Bei mehrmaligem Nullverkauf zieht der Verlag systematisch seine Konsequenzen: Sie gehen von der schrittweisen Reduzierung der Liefermenge bis zum totalen Stop. Damit die *Werbungtreibenden,* die anzeigenvergebenden Hersteller und Agenturen also, auch wissen, wieviel Exemplare einer Zeitschrift im Land Käufer finden, spricht der Verlag von einer *Garantierten Auflage,* die er sicher erreicht: Für 1983 zum Beispiel garantierte die Münchner Illustrierte »Quick« 700 000, der »Spiegel« 800 000 und Burdas »Bunte« 1,25 Millionen Verkaufsexemplare. Wird die garantierte Auflage unterschritten, muß nach einem vorher für diesen Fall vereinbarten Schlüssel zwischen Verlag und Anzeigenkunden diesem ein Teil des Anzeigenpreises zurückgezahlt werden.

Für jeden Presseverlag ist das Hantieren mit den verschiedenen Formen der Auflage ein riskantes Optimierungsspiel: Die richtige *Remission,* die Differenz zwischen gedruckter und verkaufter Auflage, die nichtverkauften Exemplare also, entscheidet über den Wohlstand des Hauses. Grundsatz: Die *Richtremission,* als Verlags-Kalkulation, muß eingehalten werden; niedrigere Richtremission bringt Lob, weil besseres Geld in der Verlagskasse. Wenn, beispielsweise, die jährlichen Druckkosten für ein Objekt 40 Millionen Mark betragen, bedeutet ein Prozent weniger Remission (= mehr Verkauf) eine Einsparung von 400 000 Mark. Die Richtremission kann unterschiedlich groß sein – die Rechnung eines Verlags kann, je nach Titel, aufgehen, ob sie nun 20 oder 40 Prozent beträgt. Die Remission, Meßlatte des Vertriebs, ist leicht zu errechnen – Beispiel:

Druckauflage	500 000 Exemplare
Abonnenten	./. 100 000 Exemplare
Handelsauflage	400 000Exemplare
Verkaufte Auflage	./. 350 000 Exemplare
Remission	50 000 Exemplare
	= zwölf Prozent.

Allerdings: Zwölf Prozent sind ein Traumwert. Ausgeliefert wird die gedruckte Auflage prinzipiell an die 83 Grossisten, die sie bis zu den 91 000 Einzelhandelsstellen weitergeben können. Die Grossisten sind vermögende Papier-Händler, sozusagen dicke Erbhofbauern. Diesen 83, dem *Grosso,* gehören ihre Grosso-Gebiete wie Erblande, kein anderer darf sich auf ihnen niederlassen, Verlage dürfen nur an den »Erbhofbesitzer« ihre Zeitungen, Zeitschriften, Magazine und Rätselhefte verkaufen. Jetzt aber will die Europäische Gemeinschaft (EG) in Brüssel, kein Hort sinnvollen Tatendrangs, das ebenso bewährte wie lukrative deutsche *Pressevertriebssystem* knacken, wie das Reinheitsprinzip fürs deutsche Bier. Nach EG-Plänen soll es keine garantierten Grosso-Latifundien mehr geben; jeder, der wolle, dürfe in Zukunft sich irgendwo als Grossist niederlassen und müsse von den Verlagen auch beliefert werden.

Staatsminister Friedrich Vogel, Bonn, beruhigte im Herbst 1984 die besorgten Mitglieder des Verbands Deutscher Zeitschriftenverleger (VDZ) auf ihrer Generalversammlung in Bonn: »Seien Sie versichert, daß die Bundesregierung nicht die Absicht hat, das in der Bundesrepublik Deutschland seit dem Krieg bewährte Pressevertriebssystem in Frage zu stellen. Die Pluralität gerade auch auf diesem Markt der Printmedien (der gedruckten Blätter. Der Verfasser) ist ein wichtiges Gut. Die möglichst breite Versorgung aller Bürger durch möglichst viele selbständige, vom Staat unabhängige nach ihrer Tendenz, politischen Färbung oder weltanschaulichen Grundhaltung miteinander konkurrierenden Presseerzeugnisse muß auch in Zukunft erhalten bleiben. Unser Pressevertriebssystem leistet dazu einen wichtigen Beitrag.« Als der Minister die markigen Versprechungen vor den Presse-Verlegern abgab, waren auch die Presse-Grossisten froh, denn ihnen sollen nun die Erbhöfe bleiben. Für die Kiosk-Männchen änderte sich auch nichts. Wie doch Brecht schon wußte: »Denn die einen steh'n im Lichte, und die andern sieht man nicht.«

Über die Grossisten geht die nichtverkaufte Auflage, die Remission, an den Verlag zurück – wenigstens auf dem Papier. Eigenart des Pressewesens ist, daß Grosso und Eh die ihnen gelieferten Exemplare nicht kaufen, sondern *in Kommission* haben und somit das volle *Remissions(Rückgabe)-Recht* besitzen. Nach der Lieferung der gedruckten Nummer gehen Verlagsrechnungen an den Handel, der an den Verlag die Exemplare, die nicht verkauft werden konnten, auf dem Papier zurückgibt; diese Remission wird gutgeschrieben, so daß zur Abrechnung (Liefermenge minus Remission) nur die tatsächlich verkaufte Auflage übrigbleibt. Die nichtverkauften Stücke, *Remittenden* genannt, werden nicht, wie früher, an den Verlag zurückgekarrt und dort in den Reißwolf gesteckt; heute ist bei periodisch erscheinenden Blättern, Zeitungen und Zeitschriften also, die *körperlose Remission* üblich: Die Kioske geben die Remittenden an ihren Grossisten zurück, der sie an Altpapierhändler verkauft; den Erlös behält der Grossist.

Grosso und Eh arbeiten nicht für Gotteslohn. Die Pressehäuser handeln mit ihnen *Handelsspannen* aus. Grob gerechnet: 40 Prozent vom aufgedruckten Zeitschriftenpreis, dem *Copypreis,* gehen an die beiden *Handelsstufen,* die unter sich die Margen auskungeln wie in Tarif-Verhandlungen zwischen Arbeitgebern und Gewerkschaften. 60 Prozent des Copypreises klingeln in der Verlagskasse. Beim Abonnement allerdings kommt die ganze Abonnementsgebühr, der *Abo-Preis,* dem Verlag zugute – allerdings: Das Abo-Machen kostet einen Verlag oft ziemlich viel Geld; manche Pressehäuser, auch die mit ansonsten gutem Ruf, schicken sogenannte Studenten von Tür zu Tür (Branche: »Sie drücken Abos«) und lassen sie am Abo-Erlös teilnehmen. Geschenke für neue Abonnenten sind gang und gäbe; nach der *Zugabeverordnung* vom 9. März 1932 ist jedoch die Zugabe von »vermögenswerter Ware oder Leistung« als Prämie für das Anwerben eines Abonnenten nicht zulässig. Es darf mithin kein Rennrad für ein Halbjahres-Abo angeboten werden. Die Konkurrenz-Verlage sind hellwach, wenn ein Verlag seinen potentiellen Abonnenten zuviel verspricht – mit einer *Abmahnung* stoppen sie Generosität. Größte Anstrengungen machen Pressehäuser im Kampf gegen die *Fluktuation,* die Nichterneuerung auslaufender Abonnements; die Fluktuation muß durch Neuerwerbungen kompensiert werden, so daß der Saldo – Abo-Wegfall plus neue Abos – erhalten bleibt.

Das Abo ist jedoch weit mehr als nur eine solide Finanzquelle des Verlags: Es ist der Gradmesser für die Bindung eines Lesers an sein Blatt (Terminus: *Leser-Blatt-Bindung*) und für die Zustimmung oder Ablehnung zum Redaktionskonzept (Terminus: *Akzeptanz*). Abo-Abbestellungen werden von allen Pressehäusern ernst genommen, die Kündigungsgründe oft – zum Beispiel durch Telefoninterviews mit dem einstigen Abonnenten – genau erforscht, analysiert und an die Redaktionsleitung weitergereicht – mit bedauerndem Unterton und der deutlichen Frage, was die Chefredaktion gegen den *Abo-Schwund* zu unternehmen gedenke. Oft kündigt ein Dauerbezieher und gibt als Grund »Unzufriedenheit mit dem Redaktionsprogramm« an – in Wirklichkeit ist er, vielleicht plötzlich arbeitslos oder Familienvater geworden, nur zum Sparen gezwungen.

Abonnenten bekommen oft einen Rabatt, sie zahlen, beispielsweise, für die zwölf Ausgaben eines Jahres nur den Bezugspreis von elf Ausgaben. Die Zeitschrift erhalten sie – eine Art Verlags-Dank – meist früher als der Kioskkäufer, der das Blatt am üblichen *Erst-Verkaufs-Tag (EVT)* bei seinem Händler vorfindet; Abos, vor allem Zeitschriften und überregionale Zeitungen, kommen per Post und sind mit dem *Postvertriebskennzeichen* versehen, der postalischen Ordnungsnummer für Presseprodukte, die zum verbilligten Tarif von der Bundespost befördert werden. Das Postvertriebskennzeichen, stets auf der Frontseite eines Blatts vermerkt, ist leicht zu entziffern –

○ Beispiel »Spiegel«, Hamburg
C 7007 C
C = Erscheinungsort: Hamburg
7007 = Kennzahl für den »Spiegel«
C = Erscheinungsweise: wöchentlich

○ Beispiel »auto motor und sport«, Stuttgart
E 1418 D
E = Erscheinungsort: Stuttgart
1418 = Kennzahl für »auto motor und sport«
D = Erscheinungsweise: 14täglich.

Die verkaufte Auflage ist für die Anzeigenkunden die Angabe des Verlags, daß sie für ihre *Anzeigenpreise* auch die erwartete Käuferzahl erreicht haben (die Höhe der Anzeigenpreise richtet sich u. a. nach der Zahl der erreichten Leser eines Blatts, *Reichweite* genannt). Die Verkaufsauflagen für einen Titel muß jeder Verlag jedes Vierteljahr an eine Institution melden, die ähnliche Bonität genießt wie das örtliche Finanzamt: *IVW* heißt diese verläßliche Einrichtung; ihr Langname: *Informationsgemeinschaft zur Feststellung der Verbreitung von Werbeträgern,* Sitz ist Bonn. Verlage, die bei IVW Mitglied werden – es ist wegen der Reputation der Pressehäuser eine Art Pflicht-Mitgliedschaft –, versichern auf Formularen der Kontrollinstanz für die Auflagen-Wahrheit mit Stempel und Unterschrift des Verlegers »nach bestem Wissen und Gewissen« die Richtigkeit der gemeldeten Verkaufsauflagen. IVW-Inspektoren kommen auch gelegentlich in die Presse-Verlage und kontrollieren durch einen Blick in die Verlagsbuchhaltung die Verlags-Auflagenmeldung – lebensnahes Motto: Kontrolle ist besser.

Verlagsinspektoren schicken hingegen die Verlage selber aus. Weil an den 91 000 Verkaufsstellen zwischen der Porta Nigra und dem Brandenburger Tor, der Fehmarnsundbrücke und dem Funtensee das Gedränge der Zeitungen und Zeitschriften so groß ist wie die Pulks vor den Skilifts in der Hochsaison, sollen die Verlagsinspektoren auf den Dauerreisen durch ihre Gebiete sicherstellen, daß die Produkte ihres Hauses dem Kiosk-Besucher direkt so stark ins Auge springen, daß er sein Portemonnaie förmlich aufreißt – die Zeitschriften sollen möglichst direkt neben der Kasse liegen, in unmittelbarer Nachbarschaft von Edelprodukten wie »Spiegel« und »Hörzu«. Manchmal überzeugen die geübten Inspektoren auch das Kiosk-Wesen, daß es noch bessere Plätze für ihre Blätter gibt – mit einem Goldstück »für die gute Auslage« zum Beispiel. Zeitschriften – genauer: Zeit-Schriften – zu verkaufen, macht allen Spaß, wenn das Blatt-Konzept, das Themenangebot und die Aufmachung stimmen – und die Zielgruppe kauft.

Aber: Kein verlegerisches oder redaktionelles Konzept gilt so, wie es einmal erdacht war, für alle Zeit. Schneller als anderswo ändern sich die Verhältnisse im Pressewesen – in dieser Branche ist die einzige Konstante die immerwährende Veränderung. Zwei Welt-Blätter geben überzeugende Kunde von diesem journalistischen Naturgesetz: der Fall »Times« und der Fall »Le Monde«. Der Fall »Le Monde« ist wörtlich zu nehmen: der Sturz.

Als am 18. Dezember 1984 Frankreichs Welt-Blatt »Le Monde« 40 Jahre alt wurde, dachte keiner der 180 Redakteure im »Le Monde«-Sitz in der Pariser rue des Italiens ans Feiern. »Das politische Forum der Nation in Nöten«, hieß die Geburtstagsadresse der »Süddeutschen Zeitung«; die sonst so dezente »Frankfurter Allgemeine« wurde ungewöhnlich deutlich: »Der Lehrmeister der Nation pleite.« Das Pariser Blatt, immer ab 14 Uhr an den Kiosken der Republik, war mit seiner verkauften Auflage von einst 800 000 Exemplaren täglich auf 350 000 abgesackt, Anzeigen fehlten. Der »Le Monde«-Verlag schrieb seit Jahren Monat für Monat drei Millionen Francs Miese.

Begonnen hatte es alles großartig-heroisch, wie fast immer bei der Grande Nation. Im letzten Kriegsjahr, 1944, war ein Widerstandskämpfer namens Hubert Beuve-Méry mit dem Fahrrad in die befreite Hauptstadt geradelt und hatte ein Blatt gegründet, das am 18. Dezember 1944 zum ersten Mal an den Kiosken des noch nicht ganz befreiten Landes hing: »Le Monde«. Sein Konzept war die Opposition gegen die Regierenden, wer sie auch waren. Bis zur Abwahl des konservativen Staatspräsidenten Giscard d'Estaing im Mai 1981 »waren die Kanonen in der rue des Italiens präzise auf den Elysée-Palast (Sitz des Staatsoberhaupts) eingeschossen« (Rudolph Chimelli in der »Süddeutschen«). Dann wurde der Sozialist François Mitterrand Hausherr im Elysee-Palast – und aus dem einstigen Regierungswidersacher »Le Monde« wurde eine Regierungsposaune. Bald war »Le Monde« nicht mehr die Welt der kritischen Elite Frankreichs.

»Vom Inhalt wie auch in der Form entspricht sie nicht mehr dem Zeitgeist«, stellte Roger de Weck, einst »Le Monde«-Volontär, in der »Zeit« fest. Das Blatt veröffentlichte grundsätzlich keine Fotos (wozu sich sogar die »Frankfurter Allgemeine«, Deutschlands »Le Monde«, gelegentlich hinreißen läßt). Mit einer gezeichneten Geschichte in Fortsetzungen, die der intellektuelle Leser ebenso angewidert ablehnte wie die geplante Wochenendbeilage in Farbe, kam die Chefredaktion bei der Zielgruppe, der geistigen Elite des Lands, nicht an. Die Käufer griffen lieber zu frisch gemachten Blättern wie zur »Libération« (Auflageplus von 70 000 auf 100 000

Exemplare) und dem konservativen »Figaro«, wegen seiner Interessenvertretung für die Bürger auch »Zentralorgan der Bourgeoisie« genannt. »Le Monde« als journalistische Genossenschaft – wie der »Spiegel« in der Bundesrepublik –, je 40 Prozent der Verlagsanteile gehören Gründer Beuve-Méry und den Redakteuren, elf Prozent dem jeweiligen Chefredakteur und die restlichen neun dem übrigen Verlagspersonal, war im vierten Jahrzehnt seiner Geschichte journalistisch – und damit wirtschaftlich – am Ende und nur noch zu retten durch den Staat und seine Staatsbanken – bittere Erkenntnis eines »Le Monde«-Redakteurs: Zwar wäre die Zeitung gerettet, aber »Le Monde« wäre verloren.

Immer rechtzeitig die Kurve gekriegt hat dagegen die »Times«, Englands Welt-Blatt, die dritte Institution Großbritanniens neben Königshaus und Kirche. Victoria, Englands fast ewig regierende Königin (das »victorianische Zeitalter« währte von 1837 bis 1901), nannte das Blatt gänzlich unamüsiert ein »abscheuliches Druckwerk«. Amerikas freiheitliebender Präsident Abraham Lincoln, der die Sklaverei abschaffte und ermordet wurde, würdigte Englands »Times« emphatisch als »eine der stärksten Kräfte der Welt. Ich kenne nichts, was mehr Kraft hätte – außer vielleicht der Mississippi.«

Die »Times« schlug den Engländern zum ersten Mal am 1. Januar 1785, sie kam als »The Universal Daily Register« zu den Londonern. Seit im Jahr 1831 ein Leitartikel das britische Volk aufgefordert hatte, »mit donnernder Stimme« Reformen zu verlangen, hatte das Blatt bei den Lesern im Vereinigten Königreich einen Ehrennamen: »The Thunderer«, »Der Donnerer«. Der große Donner fühlte sich, wie er in einem Leitartikel für die besitzende Klasse schrieb, »weder gegenüber den Ministern noch den Lords, sondern allein gegenüber dem englischen Volk verantwortlich«.

»Times«-Konzept: für die Elite des Lands zu schreiben, was auch der bewährte Werbespruch deutlich macht: »Top people take The Times.« Einer seiner Chefredakteure verglich sich, ohne das Gentleman-Klischee des Understatements zu respektieren, mit dem Papst in Rom: Aufgabe des Heiligen Vaters und des »Times«-Chefredakteurs sei es, das ihnen anvertraute Amt dereinst unbeschädigt in die Hände ihres Nachfolgers zu legen. Der berühmteste Eigentümer des Blatts, Lord Northcliffe, Besitzer auch von »Daily

Mail«, »Daily Mirror« und »The Observer«, landete, größenwahnsinnig, im Irrenhaus; sein Nachfolger Lord Astor machte in den 30er Jahren auf Appeasement (und damit Hitler erst richtig frech und kriegslustig). Mit solchen politischen Höhenflügen hatte dann der kanadische Lord Thompson nichts mehr in Sinn, ihn interessierte nur noch das Anzeigengeschäft. Für Thompson war der redaktionelle Teil seines altehrwürdigen Blatts lediglich »das Zeug, das zwischen den Anzeigen steht«.

Und Rupert Murdoch, der aus Australien stammende Pressemagnat und »Times«-Eigner seit 1981, hat zu traditioneller Würde, wenn sie im Geschäft um Auflagen und Annoncen als Ballast erkannt worden ist, überhaupt kein Verhältnis. Murdoch, Busen- und Backen-Verleger, übernahm Englands Welt-Blatt, als es in schwerer Finanzkrise steckte und sanierte es – traditionelles Redaktionskonzept hin, traditionelles Redaktionskonzept her – auf seine australische Känguruh-Art: Er möbelte die Zeitung optisch auf und modelte sie um, schockierte die konservativen Insel-Elitären mit Werbekampagnen wie dem schwachsinnigen Bingo-Spiel – und hatte schnell Success: Die verkaufte Auflage stieg von 336000 Exemplaren um 130000 Exemplare pro Tag.

Die »Times«, 200 Jahre alt und heute »die bekannteste Zeitung der Welt« (Chefredakteur Charles Douglas-Home), war mit ihrem jeweiligen Konzept stets auf der Höhe der Zeiten und den Ansprüchen ihrer Leser. Zu ihrem 200jährigen Bestehen – welches Blatt schafft das schon? – stellte »Times«-Kenner Francis Cutka, APF-Korrespondent in London, klar: »Daß sie als einzige der damaligen Blätter überlebte, ist auf ihr ständiges Bemühen zurückzuführen, unabhängig von allen Parteien und Interessengruppen zu bleiben.« Mit dem richtigen Konzept für den Leser zur richtigen Zeit hat die »Times« alle Zeiten überdauert.

ACHTES KAPITEL

So wichtig sind Anzeigen
oder
Warum Stewart H. Britt für Werbung ist:

»Ohne Werbung
Geschäfte machen ist so,
als winke man einem Mädchen im Dunkeln zu.
Man weiß zwar, was man will,
aber niemand sonst«

Anzeigen sind schändliche Ärgernisse, Anzeigen sind wahre Freudenquellen – es kommt nur auf den Standpunkt an.

Leser und Redakteure halten Anzeigen – Schimpfwort: »Reklame« – für schändliche Ärgernisse. Leser verlangen seit Zeitungsgedenken von der Redaktion »ihres Blatts«, sie solle alle Reklame aus dem Blatt rausschmeißen; Leser versichern schriftlich und blondäugig ihren Redakteuren, sie würden am Kiosk gern mehr für das geliebte Blatt zahlen, wenn es eben ohne Reklame erscheine. Auch die angesprochenen Redakteure lehnen die Reklame ab, weil die ihr schönes Blatt durch regelmäßig plazierte Anzeigenseiten kaputtmache und eine mögliche Doppelseite für die Redaktion (das heißt: für die Leser) durch eine eingeschobene Anzeigenseite zu einer schäbigen Redaktionsseite erniedrige. Außerdem ärgert die Redaktion, daß der *Anzeigenschluß* eines Blatts oftmals und nach alter Tradition nach dem *Redaktionsschluß* liegt – diese historische Ungereimtheit des Pressewesens bedeutet: Ein fertiges Stück der Zeitschrift muß umgemodelt, *neu umbrochen* werden, wenn plötzlich noch eine Anzeige in den Verlag schneit. Das ist auch ein Grund, warum sich bei Journalisten und Grafikern die Sympathie für die Anzeigenakquisiteure in erkennbaren Grenzen bewegt.

Für den Verleger und seine Kassenverwalter sind Anzeigen – Lobeswort: »Werbung« – dagegen eine wahre Freudenquelle. Denn wenn ein Hersteller oder ein Warenhausbesitzer mit einer Annonce in die Zeitung oder in die Zeitschrift will, um für ein Produkt zu werben, soll er vorher bezahlen oder sich durch einen langfristigen Vertrag, bei Stamm- und Großkunden üblich, zur pünktlichen Bezahlung der veröffentlichten Anzeigen verpflichtet haben. Anzeigen aus dem werbefreudigen Ausland, das ist auch Freudenquell für den Verlag, gibt es überhaupt nur gegen Vorkasse; der Verlag geht dabei keinerlei finanzielles Risiko ein – im schmerzlichen Unterschied zur Zeitschrift, die auf Kosten des Verlags erst gedruckt werden muß und dann an die Kioske gehängt wird in der oftmals naiven Hoffnung, daß viele Angehörige der anvisierten Zielgruppe die Zeitschrift auch kaufen. Redakteure, das sagte schon der gebrannte Tucholsky, kosten »bloß Geld«, Anzeigenleute bringen Geld – in der Verlagshierarchie stehen darum die Herren der Anzeigenabteilung recht hoch, höher auf jeden Fall als die Herren der Vertriebsabteilung, die das Blatt an den Leser bringen müssen; die Vertriebsleute haben meist auch weniger auf ihrem Gehaltsstreifen.

Alle Verleger tragen auf zwei Schultern: Auf der einen lastet die Redaktion, auf der anderen schwebt die Anzeigenabteilung. Viele Verlage schaffen den Balanceakt. Einige tragen nur auf einer Schulter, so der kanadische Lord Thompson, der Herr der »Times«: Er hält den redaktionellen Teil für »das Zeug, das zwischen den Anzeigen steht«. Ganz wenige Verleger allerdings machten sich stark, nur »das Zeug« ihrer Redaktion zu veröffentlichen und keine Anzeigen in ihr Blatt zu nehmen, so Karl Kraus in seiner »Fackel« und Siegfried Jacobsohn in seiner »Weltbühne«. Aber die »Fackel« ist ausgeblasen, S. J. von der »Weltbühne« verschwunden – Anzeigen-Abstinenz tut dem Verlagsgeschäft wohl nicht gut.

Herausgeber und Verleger, nicht alle, manche aber schon, »verstehen sich eher als Sachwalter der Interessen ihrer Inserenten« als ihrer Leser, konstatierte Presse-Kenner Wolf Schneider in seiner Presse-Kritik »Unsere tägliche Desinformation, Wie die Massenmedien uns in die Irre führen«. Schneider belegt seine Behauptung mit dem Verhalten des Verlegers des »Kölner Stadt-Anzeiger«, Alfred Neven DuMont: Er habe 1973 rund 140000 Exemplare der Wochenendbeilage seines »Stadt-Anzeiger« einstampfen lassen, weil darin ein Artikel zum Thema »Verbraucherbetrug durch Warenhauskonzerne« gestanden habe, der nach dem Urteil des Hausjuristen H. J. Prinz bei Erscheinen der Beilage Nachteile für den Neven-DuMont-Verlag gebracht hätte: »prompte Reaktionen verschiedener hier in Köln ansässiger Warenhäuser«. Im Klartext: Die Warenhäuser hätten mit Anzeigenentzug winken können.

Der Anzeigen-Entzug durch mächtige Kunden schwebt immer wie ein Damoklesschwert über dem Pressegewerbe, ähnlich wirksam wie der Liebes-Entzug in zwischenmenschlichen Verhältnissen. Trotzdem ist der Anzeigen-Stop selten, zu solch grobem Knüppel greift niemand gern: Nur auf den Zürcher »Tages-Anzeiger« ist er einmal heruntergesaust. Das Blatt, nach der Boulevard-Gazette »Blick« die auflagenstärkste Tageszeitung in der Schweiz, hatte sich kritisch über die »Autolobby Schweiz« ausgelassen, eine Schweizer Autoimportfirma hatte prompt im Zürcher »Tages-Anzeiger« ein »autofeindliches Umfeld« erkannt – Anzeigen-Entzug war die Strafe; der »Tages-Anzeiger« buchte einen monatlichen Einnahmeausfall von 300 000 Franken. Nach langem Hin und Her arrangierten sich Verlag und Anzeigenkunden, der Verlag des »Tages-Anzeiger« hatte schließlich klein beigegeben.

Seltenheit hat – Gottseidank – die rüde Art, wie Ronald Rowland als Verleger des britischen »Observer« gegen seinen eigenen Chefredakteur Donald Trelford vorgegangen ist. »Observer«-Eigentümer Rowland hatte im Frühjahr 1984 seinem Redaktionsboß Trelford die Entlassung angedroht und, sollte er nicht spuren, der Redaktion die Stillegung ihres Blatts angekündigt – Grund des fürchterlichen Verlegerzorns: Chefredakteur Trelford persönlich hatte bei einer Reise ins ostafrikanische Unter-Entwicklungsland Zimbabwe recherchiert, daß die Regierungstruppen unter der Bevölkerung Massaker verübt hätten. Die Story wäre nicht des Aufhebens wert gewesen, weil solcherlei Soldaten-Tun in jenen Landstrichen schon mal passiert. Verleger Rowland tobte aus persönlicher Verletzung, denn in eben dem Zimbabwe unterhält er umfangreiche eigene Geschäftsinteressen, die er nun bedroht sah. Flugs entschuldigte er sich bei der Regierung der einstigen englischen Kolonie Rhodesien – und verlangte von seinem Chefredakteur, die blutrünstige Story durch eine nochmalige Recherche zu überprüfen. Der Redaktionschef blieb standhaft, die Weltpresse stand ihm zur Seite – die Sache verlief sich ... Verleger Rowlands Pression war nicht die bekannte »feine englische Art«, aber die ist wohl auch nur ein Werbespruch mit begrenztem Wahrheits-Wert.

Der Verfasser dieses Buchs hat als junger »Spiegel«-Reporter oft erlebt, daß der »Spiegel«-Verlag von Pressionen selbst mächtigster Anzeigenkunden unbeeindruckt blieb. Als er Anfang der 60er Jahre den damaligen Rheinstahl-Generaldirektor Werner Söhngen in Essen, wegen seiner händeringenden Akrobatik und seines pastoralen Tonfalls im Nachrichtenmagazin stets als »Kohlepastor« apostrophiert, kritisiert hatte, stoppte der Rheinstahl-Konzern Anzeigenorders im Wert von 120 000 Mark. »Spiegel«-Chef Hans Detlev Becker unterzog die Story einer strengen Nachprüfung, stellte fest, daß sie stimmte und machte seinem jungen Reporter Mut zu weiterem Mut: »Mit so etwas (Anzeigenstop) muß man immer rechnen.« Oder: Der Verfasser dieses Buchs hatte als »Spiegel«-Reporter die amerikanische Unternehmensberatungsfirma George S. May wegen ihrer dubiosen Akquisitionsmethoden angeprangert;

May wollte im Gegenzug für ein ganzes Jahr im »Spiegel« große Anzeigen schalten, um so den schlechten Eindruck wieder wettzumachen. Der »Spiegel« lehnte das Geschäft mit dem unseriösen Kunden ab. »Nur eine Zeitung mit solider Finanzbasis«, stellte einmal das Schweizer Blatt »La Suisse« fest, »ist in der Lage, eine derartige Prüfung durchzustehen.«

Wie ein Verleger, der seinen Lesern ein mutiges Blatt anbieten und zugleich von seinen Anzeigenkunden lukrative Annoncen haben will, das Kunststück hinkriegt, hat »stern«- und »Zeit«-Verleger Gerd Bucerius auf seine unnachahmliche Reinecke-Fuchs-Art klargemacht: »Mit List und Festigkeit.«

In Wirklichkeit ist es mit den Anzeigen ganz anders – sie können auch für die Redakteure ein Freudenquell sein, denn je mehr Anzeigenseiten gebucht sind, um so mehr Seiten kriegt auch die Redaktion; je mehr Farb-Anzeigen, um so mehr Farb-Seiten können die Redakteure auch ihren Lesern bieten. Und für die Anzeigen-Fachleute des Verlags können Annoncen ein Ärgernis sein, wenn eine Farb-Anzeige, zum Beispiel, schlecht gedruckt worden ist und wiederholt werden muß – »aus Kulanz«, das heißt: kostenlos.

»Ohne Werbung Geschäfte machen ist so, als winke man einem Mädchen im Dunkeln zu. Man weiß zwar, was man will, aber niemand sonst«, formulierte ein Mensch namens Stewart Henderson Britt, ein Unbekannter zwar, aber er hatte dennoch die unnachahmliche Kurzformel dafür gefunden, was gemeint war: das Anzeigen-Geschäft.

Anzeigen, Annoncen, Inserate, Reklame, Werbung – all das soll *Kontakte schaffen* – zwischen dem Hersteller über den Händler zum potentiellen Kunden – und beim König Kunden Wünsche wecken, das stürmische Verlangen zu kaufen: »Idcc-Kaffee – Aus Freude am Leben«, »Dulcolax – Beheben Sie Darmträgheit.«

»Jede Frau über 40 soll sich erschießen«, hat der französische Modeschöpfer André Courrèges der Hälfte der Damen-Welt empfohlen – es fehlen, hätte der Pariser Schneider recht, in den Frauen-Zeitschriften nur die Farbanzeigen einer leistungsfähigen Waffenfabrik, die den trostlosen Damen niedliche, aber todsichere Damen-Revolver zum alsbaldigen Gebrauch ans Herz legt.

Dennoch: Hilfe naht, Lebenshilfe kommt per Inserat. Manfred Köhnlechner, als Heils-Apostel bedeutender denn als einstiger

Bertelsmann-Manager, hält die »Diät für Frauen über 40« bereit. Die Frau von Vierzig kann danach auf die »Beauty-Farm« der Schickeria-Herberge »Bachmair« am Tegernsee gehen – sechs Tage Farm-Leben ab 2000 Mark. Und sie benutzt das »Affinity Shampoo«, Affinity-Anziehungskraft, des US-Verschönerungskonzerns Johnson & Johnson – Produktversprechen: »Für Haare über 40.« Schon »ab Dreißig«, behauptete im Männer-Magazin »Spiegel« im Herbst 1984 die »Spiegel«-Redakteurin Marion Schreiber, eine 42jährige, »müssen sich Frauen ihre Schönheit kaufen«. Und wenn sie das alles, was ihnen in Zeitungen, Funk, Fernsehen und durch Wurf in den überquellenden Briefkasten angepriesen wird, gekauft haben – dann bleibt sie ihnen auch erhalten: die schöne, neue Welt.

Anzeigen sind »die große Verführung«, weisen – ziemlich überflüssig – die Soziologen nach. Sie seien »Konsumterror« der kapitalistischen Gesellschaft, klagen die Linken (und kaufen). Auf jeden Fall: Anzeigen müssen wohl sein. Sie sind für die gefräßige Wirtschaftsmaschinerie der Welt das Schmieröl, das die Räder drehen läßt – auch die Macher der Anzeigen, die Werbeagenturen, werben für sich, für die Werbung. Selbst im roten Osten, aus dem das neue Licht für den neuen Menschen kommen soll und der besser wissen will, was dieser Mensch (»Jedem nach seinen Bedürfnissen«) braucht, geht es nicht ohne ein bißchen Werbung ab. Reklame für Autoreifen sah der Verfasser dieses Buchs im Frühjahr 1964 im rotchinesischen Schanghai, obwohl die blauen Ameisen nicht mal Fahrräder besaßen.

Zehn Milliarden Mark geben Jahr für Jahr Konzerne und Tante-Emma-Läden in der Bundesrepublik für Reklame aus, dezent oder penetrant – die Absicht haben alle: »Leute kauft!« Und die Leute kaufen: 1800 Milliarden Mark beträgt das sogenannte Bruttosozialprodukt, die Summe aller Produktionen und Dienstleistungen im Bundesgebiet – mit ein Erfolg der Werbung. Große Verführer sind kreativ am Werk, DDB (Doyle Dane Bernbach) zum Beispiel, GGK (Gerstner Gredinger Kutter) mit dem Jahrhundertspruch für den VW-Käfer: ». . . und läuft und läuft und läuft«; alle umwerben den deutschen Mann, die deutsche Frau, das deutsche Kind, das deutsche Tier. Große Schaumschläger hängen sich an, siehe: Charles Wilp, der Werbe-Guru im weißen Overall, zaubernd in Düsseldorf, der Stadt der Rad- und Schaumschläger.

Wer sind die potentiellen Kunden, die Ziele aller Werbung also, und wo sind sie anzutreffen? Auf ihrem Weg zum Käufer wollen die Hersteller keine Umwege machen, sie wollen ihn direkt und keine *Streuverluste* erleiden wie eine Firma Walbusch, 5650 Solingen 1, Postfach 10 01 06, die als Beilage aus den Sonntagszeitungen »Welt am Sonntag« dem Landwirt im Hochschwarzwald zu Füßen fällt – und sich als sein »Hemden-Spezialist für Maßhemden und Herren-Konfektion nach Maß« empfiehlt.

Die lebenswichtige Frage, wer der mögliche Käufer ist und wo er sitzt, beschäftigt Hersteller, Werbeagenturen und Pressehäuser rund um die Uhr. Die Antwort finden soll ein kostspieliges Instrument: die *Leserschaftsforschung.* Immer noch, nicht nur für die Verkäufer einer Zeitschrift, auch für ihre Anzeigensammler, ist der Leser ein Fabelwesen, immer noch ist unklar, was ihn *anmacht* oder kalt läßt. Der Aufwand der Verlage, dem Geheimnis des großen Unbekannten auf die Spur zu kommen, läßt sich nicht einmal schätzen.

Die Leserschaftsforschung, »ein Teil der *Werbeträgerforschung*«, so definierte Eva-Maria Hess 1981 in einer Dokumentation aus dem Haus Burda, analysiere den *Werbewert* der verschiedenen Zeitungen und Zeitschriften. Sie solle ermitteln,

- ○ wie viele Personen von einem Werbeträger erreicht werden,
- ○ wie sich dieser Personenkreis strukturell zusammensetzt,
- ○ mit welcher Intensität dieser Personenkreis bei Mehrfachbelegung erreicht wird und
- ○ welche Qualität der Werbeträgerkontakt bezüglich der Aufnahme und Verbreitung der *Werbebotschaft* hat.

Resümiert die Leserschaftsforschungs-Expertin Hess: »Die Kenntnis dieser Daten ermöglicht es dem *Mediaplaner* (in der Werbeagentur), die zentrale Fragestellung zu beantworten: Mit welchem Werbeträger (Zeitungen, Zeitschriften) wird bei vorgegebenem *Werbeetat* der größte Erfolg erzielt, d. h. welche Werbeträger sind am ehesten in der Lage, die Werbebotschaft wirksam an den Personenkreis heranzuführen, der als Abnehmer des Produkts in Frage kommt?«

Stark vereinfacht: Wo soll der Destiller des deutschen Whiskys »Racke Rauchzart« werben? Im exklusiven »Golf«-Magazin oder im Kleine-Leute-Massenblatt »Bild«? Leichte Antwort: In »Bild«, denn Golfer bevorzugen den schottischen Edeltrunk »Dimple«. Und wo findet die englische Autofirma Jaguar die Käufer für ihre Nobelkalesche? Im »Spiegel« natürlich, und im Stuttgarter Automagazin »auto motor und sport«; beide sind typische Werbeträger für »Jaguar«. Aber was kostet es, um mit einer Anzeige Kontakt zu den viereinhalb Millionen »Spiegel«-Lesern (Preis einer Anzeigenseite: 35000 Mark) oder den zwölf Millionen »Bild«-Schmunzlern (Seitenpreis: 259776 Mark) zu kriegen? Der *Tausend-Kontakt-Preis* ist entscheidend: Der Kontakt zu 1000 »Spiegel«-Lesern kostet 6,72 Mark, zu 1000 »Bild«-Lesern 21,79 Mark, zu 1000 »auto motor und sport«-Lesern 10,33 Mark. Die Formel für den Tausend-Kontakt-Preis: $\frac{\text{Seitenpreis der Anzeige} \times 1000}{\text{Reichweite}}$

Reichweite ist in der Werbung das Schlüsselwort, das alle Türen öffnet oder schließt. Eva-Maria Hess definiert diesen »Zentralen Begriff in der Leserschaftsforschung« so: »Wie viele Personen werden insgesamt und innerhalb einzelner Bevölkerungsschichten/Zielgruppen von dem Werbeträger X erreicht, welchen Prozentsatz aller Männer/Frauen erreicht der Werbeträger X?«

Die Reichweite, neben dem Tausend-Leser-Preis das weitere Qualitätsmerkmal eines Blatts, ist die Angabe darüber, wieviel Prozent der *Grundgesamtheit* der Bevölkerung von der Auflage eines Blatts erreicht werden – diese Grundgesamtheit bilden alle konsumfähigen Bürger der Bundesrepublik, die älter als 14 Jahre sind (1983: 47,3 Millionen). Forscher finden heraus, wieviel *Leser pro Nummer/Ausgabe* (LpN/LpA) mit einer Ausgabe erwischt werden, da der Käufer einer Zeitung oder Zeitschrift in aller Regel Mitleser hat. So erreicht zum Beispiel »auto motor und sport«, Europas größtes Automagazin, mit einer verkauften Auflage von 520000 (alle 14 Tage) 3,8 Prozent der Grundgesamtheit = 1,85 Millionen Leser, davon sind 1,46 Millionen Männer. 2,55 Millionen Leserinnen erreichte »Hörzu«, »tina« kam an 1,11 Millionen und »Das Beste« an 930000 Leserinnen. Diese Reichweite bestimmt denn auch die Preise für die Anzeigen, die den Kontakt zwischen Hersteller und Käufer schaffen sollen.

Forschungsinstitute spüren Käufer und Leser eines Blatts auf. Die *Allensbacher Werbeträger-Analyse (AWA)* in Allensbach am Bodensee (Leitung: Professor Elisabeth Noelle-Neumann, »das

Allensbacher Orakel«), die *Arbeitsgemeinschaft Media-Analyse (AG.MA)* in Frankfurt und andere recherchieren auf Verlagskosten und legen ihre Befunde über den Leser in dicken Folianten in jedem Sommer ihren Auftraggebern in den Pressehäusern vor; der AWA-Befund kostet eine Million, der AG.MA-Befund sogar 2,5 Millionen Mark.

Die Marktforscher unterteilen dabei die Leserschaft eines Blatts nach Männern und Frauen im konsumfähigen Alter von 14 bis 65 Jahren und älter, nach dem Familienstand (von ledig bis verheiratet sieben Jahre und länger), nach der Ausbildung (von Volksschule ohne Lehre bis Universitätsbesuch) und nach dem *Haushaltsnettoeinkommen* (von bis 200 Mark bis 3000 Mark und mehr) – das Haushaltsnettoeinkommen (HHNE) zeigt die Kaufkraft der Leser. Und allein auf die kommt es der Werbung an.

Am liebsten wäre den Anzeigenleuten der Verlage und ihren Brüdern in der Werbung ein Homunkulus: ein unverheirateter Akademiker, der Spitze verdient. Oder dem Werber für Motorräder: ein lediger Facharbeiter mit hohem Einkommen und kostenloser Wohnung im Elternhaus. Während der Käufer in gutem und verständlichem Deutsch angesprochen wird, sprechen Anzeigenleute der Pressehäuser mit dem Werben für Produkte nur chinesisch – nämlich so wie »Die andere Frauenzeitschrift mit der besonderen Leserin«, das Münchner Karrierefrauen-Blatt »Cosmopolitan«: Es habe »seine soziodemografischen Schwerpunkte in gehobenen sozialen Schichten mit hohem disponiblen Kaufkraftpotential«. Auf deutsch: Die Leserinnen von »Cosmopolitan« haben eine bessere Ausbildung, eine bessere Stellung und mehr Geld in der Handtasche als der Durchschnitt der Frauen in Deutschland.

Der Bürger, bei dem ein hohes HHNE vermutet wird, zieht die ganze Fürsorge von Industrie, Werbeagenturen und Anzeigenexperten magnetisch an sich. Die GfK in Nürnberg, Gesellschaft für Konsum-, Markt- und Absatzforschung, sieht sich für ihre 800 Kunden – Autofirmen, Juweliere, Verlage, Kaffeeröster, Versicherungen – nach den Lebensgewohnheiten von Leuten mit hohem Einkommen um. Wenn die GfK-Bosse, Chefs der größten Marktforschungsunternehmen im Bundesgebiet, in einem Mitmenschen einen Zeitgenossen »mit hohem Einkommen« vermuten, muß er mit einem 19seitigen Fragebogen in seinem Briefkasten rechnen –

und bekommt, hat er ihn ausgefüllt zurückgeschickt, als Lohn für gehabte Mühe »umgehend... einen ›Guten Tropfen‹ Frankenwein«.

Die Rebenpulle spielt für den Befragten freilich keine Rolle als Wertsache. Denn für die GfK-Interessen reicht selbst der VIP nicht, die Very Important Person, »als Partner, als Entscheidungsträger, als Verbraucher«. Der VIP muß ein HIP sein, eine High Income Person. Zuerst fragen die Nürnberger Forscher hintenrum (»Benutzen Sie irgendwelche pflegende Kosmetik bzw. Deo-Sprays?«, »Welche Verkehrsmittel haben Sie bei Ihrer Urlaubsreise benutzt? Pkw... Moped, Fahrrad?«), dann kommen sie zur Sache: »Wie hoch ist etwa das jährliche Haushaltsnettoeinkommen?... bis unter 400000 Mark, 400000 und mehr?« Den HIP beschreiben die »Stuttgarter Nachrichten« so: Er müsse Porsche fahren, Golf spielen, eine Ferienwohnung besitzen und auch eine Kreditkarte haben; dann gehöre er zur »exclusiven oberen Schicht«, die von den Werbern besonders umworben wird.

Viel Karat, gute Ausbildung, beste Stellung, solider Familienstand und hohes HNNE bestimmen, unterstützt durch eine vorzügliche Reichweite in der Zielgruppe, den Anzeigenpreis eines Blatts. Eine Anzeigenseite schwarzweiß im »stern« zum Beispiel kostet 48640 Mark, in der täglich von sechs Millionen gekauften und von zwölf Millionen gelesenen »Bild«-Zeitung 259776 Mark. Farb-Anzeigen sind aufwendiger und darum teurer; für sie verlangen die Verlage einen Farbzuschlag bis zu 90 Prozent auf den Schwarzweiß-Preis. In Farbe kostet also die »stern«-Seite 87552 Mark, »Bild« 365000 Mark.

Die Werbe-Experten in Verlagen und Agenturen kennen nicht nur die Konsumgewohnheiten ihrer Leser, sie wissen auch, daß diese Gewohnheiten mit den typischen Gewohnheiten deutscher Landsmannschaften keineswegs immer übereinstimmen. Daher ignorieren sie die politischen Grenzen der acht Bundesländer und drei Stadtstaaten. Statt dessen haben sie Wohlstands-Deutschland nach Konsumlandschaften geordnet: nach *Nielsen-Gebieten*. Sie sei-,brüstet sich die Berliner Zeitung »BZ« die »Nummer 1 in Nielsen V«. Für die Zigarettenmarke »Kurmark« wurde in der Testperiode nur in Nielsen IIIb getrommelt. Verlage suchen, zum Beispiel, nicht einen Annoncenakquisiteur für Niedersachsen, sondern für

Nielsen I. Nielsen-Gebiete, das ist die Aufteilung des Bundesgebiets nach den Vorstellungen von Arthur Charles Nielsen, Marktforscher aus den USA und 1897 in Chikago geboren.

Nielsen, Sohn dänischer Einwanderer und nach Absolvierung der Universität Wisconsin als Ingenieur tätig, gründete 1923 mit drei Kommilitonen das Marktforschungsunternehmen A. C. Nielsen Company. Der mathematisch geschulte Ingenieur entwickelte exakte Methoden zur objektiven Marktbeobachtung, die im Vergleich zu den bislang praktizierten Umfragen revolutionierend neu waren: In ausgewählten Einzelhandelsgeschäften, die als repräsentativ für ihre Branche galten, wurden die Warenzugänge aufgelistet und daraus Absatz und der durchschnittliche Verkaufspreis aller Produkte errechnet. Damit legte Nielsen den Grundstein für die moderne Marktbeobachtung und der kontrollierten Marktbeeinflussung. Die Nielsen Company, heute von Sohn Arthur Charles Nielsen junior geleitet, ist derzeit in 25 Ländern tätig und gibt 102 Informationsdienste heraus.

Nach Nielsen besteht das Bundesgebiet (hier ist Nielsen mit Sitz in Frankfurt seit 1954 am Werk) aus diesen Konsumlandschaften: Schleswig-Holstein, Hamburg, Bremen und Niedersachsen bilden »Nielsen I«, Nordrhein-Westfalen »Nielsen II«, Hessen, Saar und Rheinland-Pfalz »Nielsen IIIa«, Baden-Württemberg »Nielsen IIIb«, Bayern »Nielsen IV« und West-Berlin »Nielsen V«. Nielsen V ist als Testgebiet für neue Produkte bei Werbern besonders beliebt, da sie, gleichsam eine Insel in der Deutschen Demokratischen Republik, einen abgeschlossenen Markt darstellt, auf den die umliegende DDR keinen Einfluß hat und der aus diesem Grund gut zu beobachten ist.

Aus Nielsen-Deutschland strömen die Annoncen in die Pressehäuser. Der »Spiegel«, Meinungsführer in der Republik, war auch mit den Anzeigen 1984 an der Spitze: 5683,8 Seiten. Der »stern« war Zweiter: mit 5079,1 Seiten, die »Bunte« schaffte 4030,5 Seiten, die »Wirtschaftswoche« 3739 und »auto motor und sport« 3040,2 Seiten. Auch bei der Annoncen-Statistik ist der selige Nielsen noch dabei: Seine Tochterfirma Schmidt & Pohlmann in Hamburg beobachtet dauernd und fast lückenlos alle Werbeaktivitäten in den klassischen Medien Westdeutschlands, also in Zeitungen, Zeitschriften, Funk und Fernsehen.

Je mehr Reklame-Geld in die Verlagskasse gesprungen ist, um so lustiger sind die Verlagskaufleute – die Kaufleute, so sieht es Gerhard Mauz im »Spiegel«, »das ist die Truppe, die rechnet, organisiert, vertreibt, Anzeigen hereinbringt, die straff arbeitet, die feste Dienstzeiten hat (und ihre – gleitende – Arbeitszeit in Listen einträgt). Das ist ein kontrollierbarer und kontrollierender Bereich.«

Die Redakteure betrachten die Anzeigenflut mit der gebremsten Freude, die ein Stadtreiniger empfindet, wenn ihm fünf Minuten vor dem verdienten Feierabend der Schnee in Bergen vom Himmel vor die Füße fällt – die Redaktion, so sieht es Gerhard Mauz auch im »Spiegel«, »die Redaktion – ach du lieber Himmel, diese Künstler (diese Truppe, die sich für ›schöpferisch‹ hält)! Wann sind sie eigentlich im Haus, wie viele Monate Dienstreisen sind wieder mal nicht abgerechnet, was ist das für ein ›Spätdienst‹ (in keiner Liste erfaßt), der da durch Freizeit ausgeglichen wird? Mußte der Anzeigenkunde wirklich durch eine so schmale, unnötige Geschichte gekränkt werden!«

Wenn es in den Verlag Anzeigen regnet, muß die Redaktion schuften, und um so stärker es regnet, um so mehr muß sie schuften – das heißt: Seiten füllen, Seiten vollschreiben. Der fatale Zusammenhang hat sogar einen Namen: *Anzeigen/Text-Relation.* Jeder Verlag kalkuliert, wieviel Prozent des Umfangs seines Blatts aus bezahlter Werbung bestehen muß; die restlichen Prozent des Umfangs bekommt die Redaktion, um ihre Texte für den Leser zu veröffentlichen. Beispiel: Der »Spiegel« zum Beispiel hat eine Anzeigen/Text-Relation von etwa 50:50, andere Blätter rechnen für Anzeigen nur 35 Prozent und – folglich – 65 Prozent Redaktion. Schaffen die Akquisiteure 100 Seiten Inserate, bekommt die Redaktion – bei der Anzeigen/Text-Relation 50:50 – in der Regel auch 100 Seiten; das Blatt hat dann 200 Seiten Umfang. Bei 120 Anzeigen-Seiten gibt es dann auch für die Redaktion 120 Seiten. Nach oben hin hat der gesamte *Heftumfang* theoretisch keine Grenze, wohl aber nach unten: Verlage gehen mit ihren Blättern aus Treue zum zahlenden Leser und Gründen der Optik nicht unter einen *Mindestumfang* – Beispiel: Ein Blatt ist nie unter 100 Seiten stark, auch wenn – beim Anzeigen/Text-Verhältnis 50:50 – nur 35 Seiten Inserate angeschafft worden sind; die Redaktion bekommt in diesem, für den Verlag unschönen Fall dann eben 65 Seiten.

Oft fallen gebuchte Anzeigen raus, dann müssen die Redaktionen eine *Heftkürzung* vornehmen; kommen mehr Anzeigen als ursprünglich geplant, ist eine *Hefterweiterung* nicht zu umgehen. Viele Anzeigen-Schicksale entscheiden sich nach Redaktionsschluß, der Anzeigenschluß liegt sinnigerweise stets danach. Konsequenz: Die Journalisten und Grafiker müssen fertige Teile des Hefts neu gestalten, eben kürzen oder erweitern – Terminus: *neu umbrechen.* Das gilt dann als die stille Rache der Anzeigen-Menschen an den arroganten Redakteuren.

Das Anzeigengeschäft zeigt sich den Pressehäusern wie den Menschen an der Nordseeküste Ebbe und Flut. Die Reklame schwillt alljährlich vor Ostern und vor Weihnachten zur Springflut an, denn Hersteller wie Händler wollen das Frühjahrs- und Weihnachtsgeschäft mitnehmen. Nach Ostern und bis Herbst, im langen Sommer, herrscht in den Verlagen Anzeigen-Ebbe, *Sommerloch* genannt. Auch in der Zeit nach Weihnachten und in den kalten Wochen am Jahresanfang ist mit Anzeigen nicht allzuviel los. Die Werbestrategen erklären, im schönen Sommer und im tiefen Winter läsen die Deutschen keine Zeitschriften und Magazine – eine Aussage, die von Kennern des Animiergewerbes allerdings belächelt wird: Der wahre Grund für die Anzeigen-Ebbe sei, daß die Werber im Sommer lieber Tennis spielen und im Winter lieber Ski fahren als Anzeigen zu entwerfen und gute Reklametexte zu schreiben.

Ohne Anzeigen Zeitungen und Zeitschriften zu machen, wie es Leser von ihren Redaktionen immer wieder verlangen, bekäme, natürlich, den Presseverlagen nicht gut – aber auch kaum dem Käufer am Kiosk: Denn eine Zeitschrift wäre, anzeigenfrei, etwa doppelt so teuer wie mit Anzeigen. Und: Anzeigen, intelligent und mit Pfiff getextet und geschmackvoll gestaltet, machen jedes Blatt lebendiger und farbiger. Jetzt, beim Kiosk-Preis von vier Mark, kaufen fast eine Million Woche für Woche den »Spiegel«; wie viele würden noch kaufen, kostete er – ohne Anzeigen – acht Mark?

Mit Anzeigen, »Annoncen«, »Reklame«, »Inseraten«, »Werbung« läßt sich alles verkaufen – Überschalljets, Unterhosen, Geld –, mit Anzeigen lasse sich auch eine Redaktion kaufen, will die landläufige Meinung wissen. Das meinte sogar ein ehemaliger Journalist, Ernest Hemingway war sein Name. »Papa« Hemingway wunderte sich einmal sehr, daß in Amerika am Erscheinungstag eines neuen Werks aus seiner Schreibstube »kein Exemplar im Schaufenster zu sehen« sei, wie Pauline, die zweite seiner vier Ehefrauen, ihm nach Paris berichtet habe. Seinem Verleger Maxwell Perkins stellte er darum in einem Brief am 28. Oktober 1938 jene Frage, die schon Tausende vor und Tausende nach ihm sich gestellt haben: »Gibt es eigentlich einen Zusammenhang zwischen der Größe der (Buch-)Besprechung und der Größe der Anzeigen?« »Der Weltmeister im Schreiben« (Hemingway über Hemingway) gab sich selber die Antwort: »Ich verstehe schon, daß eine große Annonce keine große Besprechung sichert. Aber eine kleine könnte doch auf die Größe der Besprechung einwirken.« Der naive Nobelpreis-Besitzer resignierte: »Muß ein ganz schöner Schwindel sein.«

Kein Schwindel, vielmehr ganz klare Sache war für einen anderen großen Schreib-Geist der Zusammenhang von Schreiben und Verkaufen. In seinem – zu Recht unbedeutenden – Poem mit dem seltsamen Titel »Singende Steyrwägen« pries er in den 20er Jahren die vortrefflichen Produkte der österreichischen Automobilfabrik Steyr – und bekam dafür, gratis versteht sich, einen der singenden Steyr-Wagen als Dichter-Honorar. Der Poet hatte schon vorher für sich entschieden: »Erst kommt das Fressen und dann die Moral« – sein Name: Bertolt Brecht (1898 bis 1956). Die Geschäfte des Herrn Eugen Bertolt Friedrich Brecht, des späteren DDR-Barden, umfaßten auch, heimlich, denn jemand könnte es merken, die Reklame-Posaune für die verachteten Kapitalisten zu blasen. Aber vielleicht war der literarische Kapitalisten-Hasser Brecht gar nicht korrupt, nur clever: Autos, die sie verschenkten, konnten die Steyr-Direktoren nicht zu Geld machen, nicht verkaufen.

Verkaufen, das ist der Sinn allen Produzierens, der Sinn allen Wirtschaftens. Als Amerika in der Rezession und sein Kriegsheld Dwight D. Eisenhower Präsident des Landes war, forderte er in einer Pressekonferenz die Bürger auf, sie sollten kaufen und damit die Volkswirtschaft wieder auf volle Touren bringen. Auf die notwendige Frage eines Wirtschaftsjournalisten, was die Amerikaner denn kaufen sollten, gab der Business-Laie im Weißen Haus den umwerfenden Rat: »Irgend etwas.«

Werbung für »Irgend etwas« ist das einzige, wofür noch keine Anzeigen gemacht werden.

A propos Werbung: Die Presseverlage, die allesamt von den Anzeigen leben, halten selber nicht viel von Werbung – sie halten sich mit Werbung für sich vornehm zurück. »Wollen oder können die Verlage nicht werben?«, fragte Spießer Alfons ketzerisch in »ZV + ZV«, dem Börsenblatt der Zeitungsverleger. Spießer Alfons stellt fest: »Da wollen die Publikumsblätter ihre Anzeigenseiten und -spalten an potentielle Inserenten verkaufen und werben doch selber (oder kaum) mit Anzeigen um Anzeigen. Wie soll man das als Werber verstehen? Wollen die Verlage nicht? Oder können sie nicht? Oder liegt es vielleicht am mangelnden Glauben in das Werbemittel Anzeige . . .?«

Werbung tut not, heißt es in der Werbung. Die Botschaft hört man wohl, allein den Verlagen fehlt der Glaube . . .

Nur Springers »Bild der Frau« klotzt mit Werbung und hat damit auch Erfolg.

NEUNTES KAPITEL

So wird Journalismus gewogen
oder
Wie Wolfgang Schäfer die Marktforschung sieht:

»Bei der Recall-Methode wissen wir genau,
was wir messen, aber wir messen es nicht
genau. Bei der Recognition wissen wir
nicht, was wir messen, aber das messen
wir genau«

Journalismus, diese anstrengende Schriftstellerei für den nächsten Tag, kann – auch Journalismus ist nur eine Ware – gewogen werden, sein Wert für den zahlenden Leser gemessen werden. Nicht immer bringen dabei die Journalisten etwas auf die Waage.

Da steht – vielleicht in Füssen oder in Flensburg, im Hütgenwald oder im Grunewald – ein Mann vor einem Kiosk und liest mit offensichtlichem Vergnügen eine Zeitschrift, die er gerade gekauft hat. Es kann der »Spiegel« sein, »Geo« oder die »Flug Revue«, jedenfalls ist es sein Leib- und Magenblatt, auf dessen neue Ausgabe er seit Tagen gewartet hat. Jetzt hat er sie, fast noch druckfrisch, in den Händen. Beim ersten Durchblättern vorm Zeitungsstand aber wird sein Lesespaß gestört – unerwartet spricht ihn ein unbekannter junger Mann an, der artig fragt: »Können wir uns über Ihre Zeitschrift einmal unterhalten? Vielleicht in einer Woche? Ich komme gern zu Ihnen nach Hause.« Bei anderen Lesern im Land klingelt abends das Telefon, sie hören die gleiche Frage: »Sie sind doch Leser der Zeitschrift ›X‹. Können wir uns über die Zeitschrift einmal unterhalten?«

Wenn die geneigten Leser zusagen, denn sie unterhalten sich bereitwillig über ihre Lieblingslektüre, stellen sie sich einer aufwendigen Aktion eines Pressehauses zur Verfügung: einem *Copytest*.

An einem anderen Ort sitzen, nach Feierabend, versteht sich, acht Männer um einen runden Tisch. Der Gastgeber, der sie per Telefon eingeladen hatte, verwickelt sie mit spürbarem Geschick in ein Gespräch – auch hier geht es um das Leib- und Magenblatt der Gäste, die ebenfalls gern über »ihre Zeitschrift« diskutieren, sonst hätten sie nicht die abendliche Freizeit geopfert. Da sitzt man nun beim Gastgeber, ein paar Exemplare der Zeitschrift liegen auf dem Tisch. Nach drei Stunden Plausch trennt man sich – allen war es angenehm, mit anderen über die Zeitschrift zu sprechen, auch wenn man beileibe nicht mit allem einverstanden war, was die Redaktion ins Blatt gerückt hatte. Einer in der Leser-Runde war sogar so sauer, daß er gedroht hatte, beim erstbesten Termin das Abonnement der Zeitschrift aufzukündigen.

Wenn die Disputanten – es gab belegte Brötchen, Bier und als Honorar einen wissenschaftlichen Händedruck – nach Hause fahren, haben auch sie an einer aufwendigen Aktion eines Verlags teilgenommen: an einer *Gruppendiskussion*.

Copytest und Gruppendiskussion sind gebräuchliche und verläßliche Instrumente der Leserschaftsforschung, für die in Deutschlands Pressehäusern kein Aufwand zu schade ist. Denn, man weiß es schon, der Leser ist für Verleger und Redakteure immer noch ein Fabelwesen: bestenfalls das unbekannte Wesen oder – zynischer und somit deutlicher – das bekannte Unwesen. Ganze Generationen von Chefredakteuren, von Blattmachern also, haben gestöhnt: »Da haben wir ein so schönes Heft gemacht, selbst unsere Dauerkritiker im Verlag loben es – und am Kiosk liegt's wie Blei.« Die Redaktion, attestiert die Vertriebsleitung des Verlags, habe mit den Themen am Leser wohl vorbeigeschossen. Copytest und Gruppendiskussionen, bietet der Verlag an, sollen den Redakteuren helfen, die Bedürfnisse der Zielgruppe der Zeitschrift zu treffen.

Die Leserschaftsforschung hat ein leichterkennbares Ziel: Alles über den Leser zu erfahren. Wer ist für das verlegerische und redaktionelle Konzept der Zeitschrift die Zielgruppe? Wie groß ist das Leserpotential? Was wünscht der Leser? Unablässig sind alle Abteilungen in einem Pressehaus, Redaktion, Anzeigen, Vertrieb und Forschung, bemüht, ein immer klareres Bild vom Leser zu bekommen – er soll lebendig und in möglichst ganzer Größe täglich vor den Zeitungsmachern (und Werbestrategen) stehen. Artikelschreiber (und Anzeigentexter) brauchen eine Adresse, um ihre Botschaft loszuwerden.

Copytest und Gruppendiskussion sollen messen, wie die Botschaft beim Leser angekommen ist – sie sind die Instrumente, mit denen die Leserschaftsforscher herausfinden, ob ein Artikel gelesen (und eine Anzeige) verstanden worden ist. Bei der Leserschaftsforschung liegt die Ware »Journalismus« auf der Waage.

Aber die Instrumente können auch tödliche Waffen sein, wenn sie mißbraucht oder ihre Ergebnisse mißdeutet werden. Sie können dann Chefredakteure abschießen und ganze Redaktionen zerschlagen; sie können Werbeagenturen bei ihren Auftraggebern unglaubwürdig machen und aus dem Geschäft stoßen. Aus journalistischer Sicht sind die Forschungsinstrumente Copytest und Gruppendiskussion die gelungene Rache der neidischen Marketingleute an den beneideten Redakteuren: Per Copytest und Gruppendiskussion können sie nachweisen, was die Redakteure alles falsch gemacht haben. Viele Marktforscher, die ihre Aufgabe ignorieren und einer

Redaktion weismachen wollen, wie sie die Zeitschrift machen muß, sind dann wie Eunuchen in einem Harem: Sie wissen und dürfen sagen, wie es gemacht wird – aber sie können und dürfen es nicht tun.

Solche Eunuchen warten in Pressehäusern denn auch mit dem Rat auf, das Konzept der untersuchten und nicht erfolgreichen Zeitschrift zu ändern, »das Steuer um 180 Grad herumzuwerfen«, Titelseite und Gestaltung des Blatts radikal zu überarbeiten. Die Leidensgeschichte des Blattmachers hat Chefredakteure und Verleger jedoch gelehrt, daß Revolutionen in einem Blatt beim Leser nicht ankommen. Dazu Englands Zeitungsmann Malcolm Muggeridge: »Eine florierende Zeitung zeichnet sich durch Stetigkeit im äußeren Erscheinungsbild und im Inhalt aus. Häufige Veränderungen sind Krankheitssymptome.« Wenn ein Blatt kränkelt, hilft nur sensibles Nachdenken aller im Verlag über die Ursachen – und eine behutsame Veränderung, bei der von den Blattmachern ein wirkliches Kunst-Stück verlangt wird: Der Leser darf von der redaktionellen Neuerung nicht überrascht oder sogar schockiert sein, soll die Neuerung aber bemerken und als angenehme Verbesserung akzeptieren.

Bei dieser redaktionellen Anstrengung kann das Meßinstrument Copytest eine wertvolle technische Hilfe für den Blattmacher sein, ohne daß es Nannens Gefühl »aus dem Bauch« ersetzen könnte. Es hilft ihm, Leserverhalten zu erkennen, zu hören, wie die Artikel in seinem Blatt vom Leser beachtet worden sind – Diagnosen kann der Copytest liefern, die Therapie bleibt Sache der Redaktion.

Für einen Copytest suchen Verlag und das beauftragte Marktforschungsinstitut rund 200 Personen aus, sie werden in der Abonnentenkartei des Verlags gefunden, beim Zeitschriftenkauf am Kiosk gefischt oder stammen aus dem Bekanntenkreis der Interviewer (ein Marktforschungsinstitut verfügt oft bis zu 1000 Befragern, die stets ausgebildete Freelancer sind). Da ein einzelnes Interview mit einem Leser vom Verlag mit 100 bis 200 Mark zu kalkulieren ist, ist bei einem Mittelwert von 150 Mark und 200 Interviews ein Betrag von 30 000 Mark aufzubringen. Weil es sich aber nur lohnt, in einem Jahr für eine Zeitschrift mindestens zwei Copytests zu veranstalten und alle Verlage mehrere Zeitschriften haben, bei denen Leserverhalten regelmäßig erforscht werden muß, kann sich auch der Laie ausrechnen, welche Summen sich in der Spalte »Forschung« in den Verlagsplanungen ansammeln.

Sind die Fragen an die Leser, die Verlag und Redaktion gemeinsam gestellt haben, zu einem Fragekatalog für das Marktforschungsinstitut gereift, aktiviert das Institut seine Interviewer-Schar für die sogenannte Feldarbeit – das Feld, das beackert werden soll, ist die zu interviewende Leserschaft. Mit dem ausgesuchten Leser wird dabei – in seiner Wohnung oder in einem ruhigen Café – das zu untersuchende Heft der Zeitschrift Seite für Seite durchgeblättert und zur »Erhebung der Nutzung redaktioneller Beiträge« (die Frankfurter Marktforscherin Eva-Maria Hess in »Leserschaftsforschung in Deutschland – Ziele, Methoden, Techniken«) der »Grad der Nutzung« nach diesen Kategorien erfragt:

○ Beitrag ganz gelesen,
○ Beitrag zur Hälfte und mehr gelesen,
○ Beitrag weniger als zur Hälfte gelesen,
○ nur Überschrift / Zwischenüberschrift gelesen,
○ zusätzlich wird festgehalten, welche Bilder/Bildunterschriften beachtet wurden.

Zum Handwerk des Copytesters erklärt Eva-Maria Hess: »Die korrekteste, aber auch aufwendigste Methode ist dabei das Anstreichen der genutzten Teile eines Beitrags seitens des Interviewers.« Das Material, das bei diesem pingeligen Abfragen Seite für Seite entsteht, sei für redaktionelle Auswertungen »ergiebiger, weil bei längeren Beiträgen deutlich wird, an welcher Stelle mögliche Ermüdungserscheinungen (beim Leser) einsetzen«. Anders gesagt: Kaum ein Leser liest einen ganzen Journalisten-Aufsatz mit durchgehendem Interesse bis zu Ende; oft überfliegt er ganze Passagen, oft hört er irgendwo mit dem Lesen auf (weil ihm vor Langeweile die Füße eingeschlafen sind oder er ganz in Tiefschlaf gefallen ist).

(Die gleiche Methode wenden die Marktforscher auch bei ihrer Erhebung zur Nutzung von Anzeigen an. Gefragt wird dabei nach diesen Kategorien: Anzeige beachtet, Marke/Firma bemerkt/Anzeigentext mindestens zur Hälfte gelesen.)

Es ist klar, daß diese Art von Befragung des Lesers ihre Tücken hat: Er will, allzuoft, renommieren und behauptet, alles oder sehr viel in einem Heft gelesen zu haben; die Redaktion, wäre sie bei Copytests blondäugig-gläubig, geriete bei der Anwendung der Testergebnisse auf den Holzweg. Aber auch der Interviewer muß ehrlich und engagiert sein, obwohl er für ein Interview von seinem Institut nur mit 20 bis 25 Mark honoriert wird. Es gibt zwar einen »Ehrenkodex für Interviewer«, der versierte Stuttgarter Marktforscher Dr. Paul Müller gibt sich jedoch keinen Illusionen hin: »Mit Fälschungen muß man leben. Der Fragebogen muß so gestaltet sein, daß der Befrager zum Schummeln möglichst wenig veranlaßt wird.«

Die 200 Forschungsberichte der Leser-Interviewer werden im Institut zu einem kiloschweren Tabellenband verdichtet. Dann gelangt eine handliche Version in die Chefredaktion der Zeitschrift, die sofort vor dieser quälenden Frage steht: Wer in der Redaktion soll – außer der Redaktionsleitung – über die Ergebnisse der Marktforschung informiert werden? Manche Chefredakteure, als Blattmacher erfolgreich, sind so pädagogisch, daß sie die gesamte Redaktion einladen, sich den Vortrag des Marktforschers über den gesamten Copytest anzuhören. Andere Blattmacher wissen um ihre Sensibelchen in der Redaktion, die eine Leserkritik gerade an ihrem Beitrag am Boden zerstören und für lange Zeit demotivieren würde. Der Verfasser dieses Buchs hat als Chefredakteur von »Capital« erlebt, daß die von den Lesern gelobten Ressorts vor berstendem Selbstbewußtsein kaum mehr zum Schreiben kamen, kritisierte Autoren aber wie geprügelte Hunde durch die Redaktionsstuben schlichen und nicht mehr wagten, neue Vorschläge zu machen – Klage der Frustrierten: »Die fallen beim Leser ja doch durch.« Ihr Journalismus war gewogen worden – und für zu seicht befunden.

Der Copytest aus der Marktforschung ist das Leseverhalten des Lesers im Extrakt, gepreßt in eine Nußschale. Und darum hat er für den Blattmacher nur begrenzten Wert. Der Blattmacher in den Redaktionen darf nicht so copytest-gläubig sein wie in Bonn Kanzler Kohl, der durch die Allensbach-Chefin Professor Dr. Elisabeth Noelle-Neumann quasi seinen Kanzler-Copytest beim Bürger machen läßt: Was beim Wähler ankommt, macht die Regierung weiter – was kritisiert wird, fällt flach. Kritisiert CSU-Generalsekretär Georg Tandler: »Kohls größter Fehler ist, daß er zu sehr auf Frau Noelle-Neumann (seine Meinungsforscherin) hört.«

Allerhand zu hören bekommen Blattmacher bei einer Gruppendiskussion, mit der Verlage Forschungsinstitute beauftragen, Käufer und Leser ihrer Zeitschrift nach ihren Ansichten und Gefühlen zu befragen. Bei der Gruppendiskussion, die als »wirklich fundierte Forschung gilt« (Paul Müller), wird »der Leser auf die Couch gelegt«. Eine Gruppe von fünf bis sieben Lesern wird eingeladen, frugal bewirtet und von einem versierten Moderator an einem Themen-Leitfaden geführt. Es hat sich bewährt, nur regelmäßige Leser einer Zeitschrift zu einer Gruppendiskussion – Kosten für den veranstaltenden Verlag: 3000 bis 5000 Mark – zu bitten, weil, so Paul Müller, »der regelmäßige Leser der erste ist, der sauer wird und reagiert, wenn mit seiner Zeitschrift etwas nicht mehr stimmt«.

Der Moderator, der einladen ließ, ohne den Gästen zu sagen, für welche Zeitschrift er forschen soll, beginnt das Gespräch mit dem Hobby, das alle Gäste verbindet – zum Beispiel: High Fidelity. Man schwärmt von seiner Hi-Fi-Anlage, diskutiert über Neuerung wie Compact-disk-Platten – bis der Moderator unmerklich zum Thema seines Auftraggebers kommt: Wo und wie informieren sich Hi-Fi-Fans? Sofort werden Zeitschriftentitel genannt, Vor- und Nachteile überzeugend ausgebreitet – Hi-Fi- und Video-Anlagen zeichnen die gesamte Gruppendiskussion auf. Im Nebenraum sitzen die Blattmacher der Hi-Fi-Zeitschrift, die per Gruppendiskussion mehr über die Wünsche ihrer treuen, regelmäßigen Leser wissen will – still hören und sehen sie mit, oft sind die Köpfe der Redakteure rot vor Zorn, wenn sie erleben, wie ihre Leser ihre Arbeit in der Luft zerreißen.

Gruppendiskussionen fördern heimliche Leserträume und offene Leserkritik an den Tag, oftmals überwiegt das fundierte Schelten das Lob der Leser. Bei diesen Sitzungen – Leser sprechen sich aus, Redakteure horchen – bildet sich eine stille Andacht mit Erkenntnissen so tief aus des Lesers Seele heraus, daß nur die Redakteure der Zeitschrift zugegen sein dürfen, »auf gar keinen Fall aber Verlagspersonen«, verlangt der Stuttgarter Marktforscher Dr. Müller. Verlagsmanagern und Anzeigenverkäufern müssen Bänder und Filme von einer Gruppendiskussion strikt verweigert werden – der treue Leser hat sich vertrauensvoll nur seiner Zeitschrift anvertraut.

Käme es auf Geld nicht an, sondern darauf, geheime Leser-Sehnsüchte möglichst repräsentativ ans Tageslicht zu fördern, würde der Marktforscher fast nur Gruppendiskussionen veranstalten und den Copytest als Meßinstrument journalistischer Arbeit nur vereinzelt veranstalten. Klagt Paul Müller: »Aber nur Gruppendiskussionen, das ist nicht zu finanzieren.«

Die Blattmacher in den Zeitungs- und Zeitschriftenverlagen können den forschungsgläubigen Verlagsbossen mit ihren Copytests und Gruppendiskussionen nicht entgehen, auch wenn sie nachweisen, daß Marktforschungen für Redaktionen im Wert gegen Null tendieren. Dabei tröstet es sie, daß es Marktforscher gibt, die ihre Methoden selber in Frage stellen wie Wolfgang Schaefer in Hamburg, einer der Begründer der Markt- und Mediaforschung in der Bundesrepublik. Schaefer betrachtete die Begriffe »Recall« (Erinnern) und »Recognition« (Wiedererkennen) für seine Explorationen und spottete sodann: »Bei der Recall-Methode wissen wir genau, was wir messen, aber wir messen es nicht genau. Bei der Recognition wissen wir nicht, was wir messen, aber das messen wir genau.«

Es passiert schon mal, daß Marktforscher ihren Unfehlbarkeitsanspruch, zu wissen, wie eine Zeitschrift »wirklich« aussehen sollte, in einem Anfall von sympathischer Selbstverspottung ad absurdum führen – branchenbekannt ist dieser Spaß: In einem Copytest sollten Leser aussagen, wie sie einen bestimmten Artikel in einer Zeitschrift befunden hätten. 60 Prozent der Befragten fanden ihn »gut bis prima« – dabei war der betreffende Artikel gar nicht veröffentlicht worden.

Fazit der Marktforschung: Der Leser, das unbekannte Wesen – das bekannte Unwesen? Oder: Ist der Leser doch dumm? Noch immer weiß in den Verlagen niemand genau, was im Leser steckt. Marktforscher wie Paul Müller sehen ihre Marktforschung als Rezeptur für Blattmacher denn auch gering: »Wenn wir durch Copytest und Gruppendiskussion die dauernde Auseinandersetzung mit dem Leser erreichen, dann haben wir als Marktforscher viel erreicht.«

Resümiert der Marktforscher Müller: »Im Rahmen unserer eigenen Grenzen zeigen wir auf, wer der Leser ist, was der Leser denkt und will. Die Reaktion hierauf, die Strategie also, die redaktionelle Philosophie ist Sache der Redaktion. Ein gering genutzter Beitrag ist nicht unbedingt ein schlechter, ein hoch genutzter nicht unbedingt ein guter Beitrag.«

ZEHNTES KAPITEL

Die Presse und das Recht-Haben
oder
Welche Chance Anwalt Achtnich der Wahrheit gibt:

»Vor Gericht
und auf See
bist du in Gottes Hand«

Der General aus Amerika trat in der Alten Welt auf wie ein übergeschnappter Triumphator: »Ich komme nicht als Befreier«, erklärte Dwight D. Eisenhower, der amerikanische Oberbefehlshaber der Alliierten, als er Anfang 1945 die Grenze zu Hitler-Deutschland überschritt. Eisenhower stellte klar: »Ich komme als Sieger.«

Der General, schlicht von Gemüt, irrte gründlich – er kam tatsächlich als Befreier: Die westlichen Alliierten brachten den Deutschen die Freiheit, ihre Meinung offen sagen zu dürfen, zurück. Joseph Goebbels, des Teufels Journalist, hatte den Nachkommen von Friedrich von Schiller und Maximilian Harden sofort nach der braunen Machtübernahme 1933 dieses unverzichtbare Grundrecht aller Demokraten in einem Handstreich genommen.

Zwar durfte nach der Besetzung des Restreichs in den drei westlichen Besatzungszonen nicht jeder befreite Deutsche, der seine Meinung frei und unverblümt aussprechen wollte, auch eine Zeitung herausgeben: Er brauchte dazu vielmehr die bekannte Lizenz der Besatzungsmacht (die in den Jahrzehnten des Wirtschaftswunders gewinnträchtiger wurde als jede Erfolgs-Aktie). Über ihre Presseoffiziere übten die Besatzer zunächst sogar noch eine Zensur aus und machten aufmüpfigen Blättern, die die neue Meinungsfreiheit allzu wörtlich nahmen, Schwierigkeiten – wie, zum Beispiel, dem in Hannover gegründeten »Nachrichtenmagazin« mit Namen »Diese Woche«, aus dem Anfang 1947 »Der Spiegel« wurde: Artikel mußten vor Drucklegung von ihnen genehmigt werden. Aber die Pressefreiheit war bei den demokratischen Alliierten beschlossene Sache – das »Grundgesetz für die Bundesrepublik Deutschland« vom 23. Mai 1949 besiegelte sie. Danach hat »jeder das Recht, seine Meinung in Wort, Schrift und Bild frei zu äußern und zu verbreiten und sich aus allgemein zugänglichen Quellen ungehindert zu unterrichten ... Eine Zensur findet nicht statt«, bestimmt der Absatz 1 des Grundgesetz-Artikels 5.

Aber schon Absatz 2 macht deutlich, daß auch eine freie Presse nicht außerhalb der Gesetze steht: Die Rechte der Presse- und Meinungsfreiheit »finden ihre Schranken in den Vorschriften der allgemeinen Gesetze, den gesetzlichen Bestimmungen zum Schutz der Jugend und in dem Recht der persönlichen Ehre«.

Das *Bundespresserechts-Rahmengesetz,* von sogenannten Medienpolitikern immer wieder gefordert, kam nicht zustande. Dafür ergänzten die Länder den Grundgesetz-Artikel 5 (»Recht der freien Meinungsäußerung«) durch ihre *Landespressegesetze*, die alle noch einmal die Pressefreiheit garantieren. Dennoch: »Die Freiheit hört dort auf, wo die berechtigten Interessen anderer beginnen«, schränkt die Presse-Juristin Renate Damm in ihrem Kommentar »Presserecht«, erschienen in der Sammlung »Journalismus von heute«, ein.

Wo diese »berechtigten Interessen anderer beginnen«, ist nie ganz klar. Täglich wird irgendwo in der freien Republik eine Redaktion aufgefordert, eine Meldung zu dementieren, wird ein Redakteur vor den Richter zitiert oder einem Presseverlag ein Schadenersatzprozeß angedroht – immer heißt es, »berechtigte Interessen anderer« seien verletzt. Und täglich brüten Redakteure und Verlagsmanager über der Frage, ob sie mit ihrer inkriminierten Veröffentlichung Recht haben und, vor Gericht, auch Recht bekommen. Das Vertrauen (des Bürgers und) des Journalisten in die Gerechtigkeit der deutschen Justiz ist nicht blind wie die Gesetzes-Göttin Justitia. »Auf See und vor Gericht bist du in Gottes Hand«, pflegt Dr. Hans Achtnich, ein erfahrener Presse-Anwalt in der Verlagsmetropole Stuttgart, seinen Klienten aus den Redaktionen zu sagen.

Über die Presse und das Recht-Haben ist in der Presse regelmäßig zu lesen. Wenn Journalisten über Journalisten vor Gericht – wie beim endlosen »stern«-Prozeß über Adolfs »Tagebücher« – schreiben, wird das niemals nur ein Bericht, vielmehr ein, meist schmerzlicher, Blick ins eigene Innere der Presse. »Wer als Journalist über den Hamburger Strafprozeß gegen (»stern«-Reporter) Gerd Heidemann und andere schreibt«, reportierte im Winter 1985 Gerhard Mauz im »Spiegel«, »äußert sich über seinen eigenen Beruf, über den Alltag, über die Umstände, über die Welt seiner Arbeit. Hitlers amateurhaft gefälschte Tagebücher sind nicht von panschenden Weinhändlern, Kunstfehler begehenden Ärzten, mit dem Dollar spekulierenden Banken oder Metzgern, die schwarzes Fleisch verkaufen, entdeckt, geprüft, für echt befunden, bearbeitet und gedruckt worden – sondern von Kollegen in Verlag und Redaktion eines anderen Hauses ... Die Weinhändler, die Ärzte, die Banker, die Metzger und andere: Da sieht man, wie die Welt es treibt. Doch diesmal hat es die eigene Welt getrieben.«

Die eigene Welt, die Presse vor der Justiz: Da wird die Redaktion des »Spiegel« von Staatsanwälten und Polizisten durchwühlt, Redaktionsakten beschlagnahmt und einige Redakteure monatelang ins Untersuchungsgefängnis gesteckt – *Vorwurf: Verdacht von Landesverrat.* Da werden die Redaktionsräume des Links-Blatts »Konkret« und die Privatwohnungen von Redakteuren durchsucht – *Vorwurf: Verdacht des Verrats von Staatsgeheimnissen.* Da wird das satirische Blättchen »Titanic« beschlagnahmt und sein Verkauf an den Kiosken verhindert – *Vorwurf: Verunglimpfung des regierenden Bundeskanzlers.* Da verklagt in New York der ehemalige israelische Verteidigungsminister Ariel Sharon das US-Nachrichtenmagazin »Time« auf Zahlung von 50 Millionen Dollar Schmerzensgeld an ihn – *Vorwurf: Verleumdung* (Sharon soll in seiner Amtszeit von einem bevorstehenden Massaker in Beirut, dem 700 Palästinenser zum Opfer fielen, gewußt und es nicht verhindert haben).

Da muß in Paris, der Welt-Hauptstadt der freien Meinung, der Journalist Jean Durieux, der stellvertretende Chefredakteur der weltweit bekannten Zeitschrift »Paris Match«, nach Fresnes ins Gefängnis – in die sogenannte *Beugehaft.* Durieux hatte sich unter Berufung auf sein journalistisches *Zeugnisverweigerungsrecht* und das *Redaktionsgeheimnis* geweigert, seine Quellen zu nennen – *Vorwurf: Beihilfe zum Diebstahl und zur Hehlerei.* »Durieux' Fall ist besonders peinlich und bewegt sich an der Grenze der Geschmacklosigkeit«, urteilte August Graf Kageneck, Paris-Korrespondent der »Welt«. Der »Paris Match«-Mann hatte im Juni 1981 Fotos veröffentlicht, die eine bestialisch zugerichtete Leiche zeigten – in Beugehaft sollte er aussagen, woher er diese Bilder bekommen habe. Frankreichs gesamte Presse protestierte scharf gegen die Beugehaft des standhaften Kollegen Durieux – ohne Erfolg: Der Zeitschriftenmann blieb im Loch von Fresnes.

Journalisten im Kerker – das ist so unbekannt nicht, das trifft auch nicht immer so politische Größen wie Maximilian Harden und Carl von Ossietzky. Da erwischt es auch kleine journalistische Streithähne wie den Urbayer Ludwig Thoma, der wegen eines antiklerikalen Artikels eine sechswöchige Gefängnisstrafe abbrummen mußte. In der guten, alten Zeit des Journalismus gab es für solche Unfälle den bekannten Sitzredakteur, der, stellvertretend für den Autor, einsaß.

Die »berechtigten Interessen anderer« sind mithin leicht zu verletzen. Sie werden – Gottseidank – selten so zerstört wie durch die Westberliner »B.Z.« am ersten Prozeßtag gegen das ehemalige Boxidol »Bubi« Scholz, der im Sommer 1984 seine Frau Helga mit einem Gewehrschuß getötet hatte. Schlagzeile der »B.Z.«: »Ich war nackt – als sich der tödliche Schuß löste.« Hier gerät der Journalismus in die Nähe des Revolver-Journalismus, vor dem der Bürger zu bewahren ist.

»Das Grundrecht der Pressefreiheit« (Bundesverfassungsgericht) gesteht Presse, Funk und Fernsehen eine »öffentliche Aufgabe« zu, bestimmt aber zugleich auch, wie die Journalisten dabei vorzugehen haben: »Die Presse hat in Erfüllung ihrer Aufgaben die Pflicht zu wahrheitsgemäßer Berichterstattung . . . hat alle Nachrichten vor ihrer Verbreitung mit der nach den Umständen gebotenen Sorgfalt auf Wahrheit, Inhalt und Herkunft zu prüfen.« Damit ist das Schlüsselwort für die journalistische Arbeit gefallen: Sorgfalt. *Die Pflicht zur Sorgfalt* ist das Credo des Journalisten. Das Bundesverfassungsgericht ergänzt das Grundgesetz: »Das Grundrecht der Pressefreiheit gilt von der Beschaffung der Information bis zur Verbreitung des Presseartikels. Es ist also auch die bloße Recherche, die nicht zu einer Veröffentlichung führt, vom Grundrecht der Pressefreiheit umfaßt.«

Liegt eine Redaktion mit einer Veröffentlichung falsch, haben die Betroffenen – je nach dem Grad des Schadens – eine Anzahl von Möglichkeiten, zu ihrem Recht zu kommen:

○ Mit einer *Gegendarstellung* in der betreffenden Zeitung seine persönliche Version zu einem erschienenen Artikel zu publizieren
○ Bei Gericht den Autor *strafrechtlich* zu belangen oder *zivilrechtliche Ansprüche* (zum Beispiel Schadenersatz und Schmerzensgeld) geltend zu machen
○ Bei der unerlaubten Veröffentlichung das *Recht am eigenen Bild* durchzusetzen.

Um die Verantwortlichen eines Druckwerks jederzeit eruieren und belangen zu können, muß jedes periodische Druckwerk (Zeitungen und Zeitschriften) ein *Impressum* enthalten, heißt gleichlautend der Paragraph 8 der Landespressegesetze. Das Impressum »muß . . . den Namen und die Anschrift des oder der *verantwortlichen Redakteure* enthalten«. Verantwortlicher Redakteur kann nur sein, wer im Gebiet der Bundesrepublik seinen Wohnsitz hat, die bürgerlichen Ehrenrechte besitzt und unbeschränkt geschäftsfähig ist. Ein Bundes- oder Landtagsabgeordneter kann nicht als »verantwortlicher Redakteur« fungieren, da ihn seine *Immunität* vor Strafe und Strafverfolgung schützt; verantwortlich darf auch nicht sein, wer wegen eines Verbrechens zu einer Freiheitsstrafe von mindestens einem Jahr verurteilt worden ist und seine Ehrenrechte verloren hat.

Das Recht, sich zu wehren, räumt einem Betroffenen die »Gegendarstellung« ein. Sie »erlaubt dem Betroffenen oder der betroffenen Stelle mit eigenen Worten und aus eigener Sicht zu einem Artikel in einer Zeitung oder Zeitschrift Stellung zu nehmen« (»Presserecht«-Kommentar von Renate Damm).

Der Anspruch auf Gegendarstellung basiert auf Artikel 1, Absatz 1 des Grundgesetzes: »Die Würde des Menschen ist unantastbar. Sie zu achten und zu schützen, ist Verpflichtung aller staatlichen Gewalt.«

Und er basiert noch auf Artikel 2, Absatz 1: »Jeder hat das Recht auf die freie Entfaltung seiner Persönlichkeit, soweit er nicht die Rechte anderer verletzt und nicht gegen die verfassungsmäßige Ordnung oder das Sittengesetz verstößt.«

Die Väter des Grundgesetzes gingen beim *Gegendarstellungs-Anspruch* von der *Gleichheit der Waffen* aus: Ein Journalist »hat das Recht seine Meinung in Wort, Schrift und Bild frei zu äußern und zu verbreiten« – der von dieser Veröffentlichung Betroffene dann fairerweise auch. Dabei taucht immer wieder diese Kernfrage auf: Muß eine Gegendarstellung wahr sein? Die Rechtsprechung läßt keinen Zweifel, wie die Pressejuristin Damm kommentiert: »Da die Gegendarstellung nur die Erklärung des Betroffenen ... ist, mit dem Ziel, einen Sachverhalt aus eigener Sicht darzustellen, ist die Wahrheit des Inhalts der Gegendarstellung nicht zwingend erforderlich.« So bitter es für den rechtschaffenen Journalisten auch ist: »Viele Gegendarstellungen sind inhaltlich falsch und müssen nach den Vorschriften der Landespressegesetze dennoch abgedruckt werden.«

Die Gegendarstellung ist formales Recht, das heißt: Wenn die vorgeschriebene Form gewahrt ist, gibt es für eine Redaktion keine Chance, den Abdruck zu verweigern – selbst den superschlauen

Hausjuristen von »Spiegel« und »stern« gelingt das nicht. Die vorgeschriebene Form: Eine Gegendarstellung

- kann nur durchsetzen, wer von einer Veröffentlichung unmittelbar betroffen und somit *aktiv legitimiert* ist; der Betroffene kann per Vollmacht seine Interessenvertretung einem Anwalt überlassen
- muß in der *nächsterreichbaren Ausgabe* veröffentlicht werden, was nicht bedeutet, daß eine fertiggedruckte Ausgabe nicht ausgeliefert werden darf
- darf sich *nur auf Tatsachen* des inkriminierten Berichts beziehen und selbst auch nur Tatsachen und keine schmückende Prosa enthalten. Beispiel: Unrichtig ist (veröffentlichte Darstellung der Redaktion), richtig ist (Gegendarstellung des Betroffenen)
- hat im sogenannten *Umfeld* des beanstandeten Artikels zu stehen, das heißt: Sie darf von einer vermeintlich cleveren Redaktion nicht auf der hintersten Seite des Sportteils versteckt werden, wenn der beanstandete Artikel seinerzeit auf der ersten Seite der Zeitung zu lesen war
- darf *im Umfang nicht größer* als der zu berichtigende Artikel und
- muß vom Betroffenen oder seinem Anwalt *persönlich unterschrieben* sein.

Die in den Redaktionen immer noch gestellte Frage, was geschehe, wenn sie den Abdruck einer Gegendarstellung verweigere, ist auch längst beantwortet. Kommentar von Renate Damm: »Der Betroffene kann den Abdruck *im Wege einer einstweiligen Anordnung* über das zuständige Amts- oder Landgericht erwirken.« Wenn sich gegen einen Gerichtsspruch der verantwortliche Redakteur sperrt, kann er vom Richter mit einer *Beugestrafe* belegt werden, die »in empfindliche Höhe« (Damm) steigen kann.

Die Gegendarstellung, einstmals ein Makel für Redaktion und Autor, hat ihren Schrecken durch Mißbrauch dieses formalen Rechts stark eingebüßt. Allen Redaktionen ist nur zu raten, eine Gegendarstellung, die sich nach kritischer Prüfung als formgerecht erweist, abzudrucken – und zu vergessen. Sie kann – nur das Landespressegesetz Bayern erlaubt es nicht – an eine Gegendarstellung einen *Redaktionsschwanz* hängen, in dem sie vermerkt, daß der Verlag die Gegendarstellung per Gesetz »ohne Prüfung auf ihren Wahrheitsgehalt veröffentlichen muß«.

Manchmal, selten genug, bringt eine Zeitung von sich aus eine Sache wieder ins Lot; sie bringt eine *Richtigstellung*, eine *Berichtigung* oder sogar einen *Widerruf*. Oft ist sie einer Falschmeldung aufgesessen – Presse-Terminus: *Ente*. Die Presse-Ente hat keinen tierischen Ursprung, sondern entstand aus der allmenschlichen Abkürzungsmanie: In der guten alten Zeit, als die Redakteure neben der deutschen Sprache auch noch des Lateinischen mächtig waren, wurden alle Meldungen, deren Herkunft weder verbürgt waren noch geprüft (»testiert«) werden konnten, mit »non testatum« bezeichnet, abgekürzt »n.t.« – verballhornt: »Ente«. »n.t.« fand im Umgangsdeutsch eine Heimat. Wenn eine Redaktion eine solche Ente im Blatt hat, kann eine *Richtigstellung* erfolgen, indem der – nicht besonders verärgerte – Betroffene mit einem Leserbrief die Sache richtigstellt. Ist die Ente fetter, rückt die Redaktion, weil ihr ein Irrtum unterlaufen ist, eine *Berichtigung* ins Heft. Wer so von einer Publikation getroffen worden ist, daß seine Ehre berührt oder sein Kredit gefährdet ist, muß sich nicht mit einer Gegendarstellung begnügen; er kann auch noch einen *Widerruf* verlangen, in dem die Redaktion die Falschmeldung zurücknimmt und sich »in aller Form« entschuldigt. Ein Widerruf, verankert in Paragraph 1004 des Bürgerlichen Gesetz-Buchs (BGB), unterscheidet sich von der Gegendarstellung, die »ohne Prüfung auf ihren Wahrheitsgehalt veröffentlicht werden muß«, dadurch, daß er »nur verlangt werden kann, wenn erweisbar etwas Falsches berichtet« wurde (Kommentar Damm).

Mit dem Staatsanwalt, der staatlichen Untersuchungs- und Anklagebehörde bei den Gerichten, kann der Journalist schneller Kontakt bekommen als er ahnt. Zwar sind die Delikte »Beleidigung«, »Ehrabschneidung« und »Verleumdung«, früher oftmals Nebenprodukte der journalistischen Tagesarbeit, recht selten geworden. Dafür hat der heutzutage geübte Recherchen-Journalismus die Chance, durch seine normale Arbeitsweise in die Fänge des Staatsanwalts zu geraten: durch die Veröffentlichung »amtlicher Schriftstücke«. Dann verstößt der Redakteur gegen das *Strafgesetzbuch* (StGB) und seinen Paragraphen 353 d.

»Amtliche Schriftstücke«, das sind Anklageschriften oder andere Schriftstücke aus einer Ermittlungsakte in einem Strafverfahren oder einem Bußgeldverfahren. Ein Redakteur darf daraus, bestimmt der einschlägige StGB-§ 353, nicht zitieren, bevor die Akte in öffentlicher Sitzung erörtert wurde oder das Verfahren abgeschlossen ist.

»Gegen Lambsdorff u. a.« stand im Jahr 1984 auf den Akten der Staatsanwaltschaft Bonn, in denen sich in Sachen »Parteispenden« die Ermittlungen gegen den amtierenden Bundeswirtschaftsminister Otto Graf Lambsdorff (FDP), seinen Vorgänger Hans Friderichs (FDP und inzwischen ausgeschiedener Vorstandssprecher der Dresdner Bank) und den Flick-Gesellschafter Eberhard von Brauchitsch ansammelte. Der Manager wurde von der Staatsanwaltschaft verdächtigt, die Politiker Lambsdorff, Friderichs und eine ganze Kompanie weiterer Politiker im Land geschmiert zu haben. Westdeutschlands Presse berichtete jahrelang über die »Parteispenden-Affäre« – die Beschuldigten wehrten sich: Die Berichte über die staatsanwaltschaftlichen Anstrengungen »gegen Lambsdorff u. a.« stellten eine »Vorverurteilung« dar.

Die Enthüllungen, zugleich Belastungen, hatte stets der »Spiegel« ausgegraben, »stern« lieferte nach. Die Staatsanwaltschaft Hamburg ging gegen die beiden Blätter mit einer Strafanzeige nach Paragraph 353 d StGB vor. Während Lambsdorff u. a. persönlich nur die »Vorverurteilung« anprangern konnte, hatte die Staatsanwaltschaft ihr Offizialdelikt: die wörtliche Wiedergabe von »amtlichen Schriftstücken eines Strafverfahrens«. Der § 353 d StGB war erst Mitte der 70er Jahre ins Strafgesetzbuch eingebaut worden. Er sollte einerseits den »Schutz des Betroffenen vor Bloßstellung« sichern, andererseits »die wünschenswerte Abschirmung der am Verfahren Beteiligten, vor allem der Laienrichter, vor Beeinflussung« garantieren, wie Friedrich Karl Fromme, Innenpolitiker und Rechtsexperte, in seiner »Frankfurter Allgemeinen« erläutert.

Den Staatsanwälten erlaubt der § 353 d, mit dem in der Bundesrepublik jeder lokale Gerichtsreporter ans Messer geliefert werden kann, diese Argumentations-Folge: Durch das bruchstückhafte wörtliche Zitieren aus Gerichtsakten sei für den normalen Zeitungsleser ein staatsanwaltschaftlicher Vorgang nicht mehr »nachvollziehbar«, denn er müsse annehmen, es handele sich um erwiesene Tatsachen, und er vergesse dabei, daß es immer noch lediglich Ermittlungen seien. »Spiegel« und »stern« wurde denn auch prompt der Vorwurf, gegen diese Strafvorschrift verstoßen zu haben, gemacht. (Das Bundesverfassungsgericht in Karlsruhe hat den Fall vorliegen und muß entscheiden, ob der § 353d nicht verfassungswidrig ist, weil er gegen das »Grundrecht der Pressefreiheit« verstoßen könnte.)

Oft wird von der Presse, von den Betroffenen immer, verlangt, ihre Quellen offenzulegen. Schon über das Verlangen kann in einer Demokratie mit der freien Presse als »scharfäugige Wächterin« (Presserechtler Martin Löffler) nicht ernsthaft diskutiert werden: Es geht bei Berichten über Mißstände im öffentlichen Leben ja nicht darum, wer die Quelle ist, sondern ob die sorgfältig gesammelte Information stimmt. Als, täglich mögliches Beispiel, im Winter 1985 das Hamburger Wochenblatt »Die Zeit« in einem »Dossier« genannten Extrateil aus staatsanwaltschaftlichen Ermittlungsakten zitierte, im Ländle Baden-Württemberg habe die Großindustrie zum Ölen der regierenden Christdemokraten eine besonders perfide Technik entwickelt – »Verdeckte Parteienfinanzierung« –, war das Lamento der Sünder groß. Theodor Heuss, den ehemaligen Zeitungsmann im Bonner Präsidentenamt, hätten solche einheimischen Kniffe nicht erstaunt; für den Schwaben Heuss war Baden-Württemberg »ein Modell deutscher Möglichkeiten«. Die »Zeit« wurde gefragt, wie sie an die belastenden Akten gekommen sei – und schwieg, natürlich. »Indiskretion der Presse«, wurde der Presse vorgeworfen. Justizminister Heinz Eyrich räumte ein: »Ich kann nicht ausschließen, daß in die Ermittlungsakten Einblick genommen wurde.«

Zur gleichen Zeit veröffentlichte das kleine Alternativ-Blatt »Heilbronner Rundschau« Fotos von Pershing-II-Raketen, der verantwortliche Redakteur Peter Alltschewkow wurde Gegenstand eines staatsanwaltschaftlichen Ermittlungsverfahrens wegen »Sicherheitsgefährdung« des US-Raketendepots in der Heilbronner Waldheide. In der Waldheide brannte wenige Tage später bei der US-Army eine Pershing-II-Rakete aus; drei Amerikaner wurden getötet, 17 verletzt... Das Verfahren der Staatsanwaltschaft gegen die »Heilbronner Rundschau« lief weiter.

Woher die verdächtigten Redakteure ihre sicherheitsgefährdenden Kenntnisse besitzen, dürfen sie auch dem Staatsanwalt verheimlichen: »Das *journalistische Zeugnisverweigerungsrecht*« garantiert der Paragraph 53, Absatz 1, Ziffer 5 der Strafprozeßordnung (StPO). Danach haben alle Personen, die bei der Vorbereitung, Herstellung oder Verbreitung von periodischen Druckwerken (oder Rundfunksendungen) berufsmäßig mitwirken oder mitgewirkt haben, ein Zeugnisverweigerungsrecht. Sie dürfen in sämtlichen Gerichtsverfahren, einschließlich staatsanwaltschaftlicher Ermittlungsverfahren, die Auskunft über die Person des Verfassers, Einsenders oder Gewährmanns von Beiträgen und Unterlagen verweigern. Empfehlung der Presserechts-Kommentatorin Renate Damm: »Im Interesse der gesamten journalistischen Arbeit sollte sich der Journalist deshalb stets auf sein journalistisches Zeugnisverweigerungsrecht berufen.«

Fotografen haben es da schwerer: Nach der Strafprozeß-Ordnung (StPO) sind ihre journalistischen Bild-Werke keine »Mitteilungen«, was dazu führen kann, daß, zum Beispiel, der Staatsanwalt einen Bild-Journalisten als Zeugen in einem Prozeß gegen Demonstranten vorlädt, um sie anhand seiner Fotos zu identifizieren. Renate Damm empfiehlt den Fotografen in einem solchen Fall, sich auf den auch für ihn geltenden Artikel 5 des Grundgesetzes (»Jeder hat das Recht, seine Meinung in Wort, Schrift und Bild frei zu äußern und zu verbreiten«) zu berufen.

Der Staatsanwalt kommt nicht in die Redaktionsstube, wenn gegen ein Blatt zivilrechtliche Ansprüche wie Widerruf, Unterlassung einer Behauptung oder Schadenersatz gestellt werden. Schaden genommen hat ein von der Presse kritisierter Kaufmann, der seinen entstandenen Schaden, Verdienstausfall beispielsweise, allerdings nachweisen kann. Immateriellen Schaden kann, zum Beispiel, eine von der Presse madig gemachte Künstlerin fordern; sie verlangt »seelisches Schmerzensgeld«. Renate Damm resümiert: »Zivilrechtliche Ansprüche gegen Presseangehörige spielen in der täglichen Praxis eine erhebliche Rolle. Sie stellen neben dem Gegendarstellungsanspruch praktisch den Kern des Presserechtes dar.«

Während beim *Widerruf* ein von einer Veröffentlichung Betroffener bei dem Verlag durchsetzt, daß die Redaktion ihre aufgestellten Behauptungen im eigenen Namen widerruft, soll der Anspruch auf *Unterlassung* sichern, daß eine veröffentlichte Behauptung im Blatt nicht wiederholt wird. Wenn, zum Beispiel, eine Bank wegen ihrer Zinsforderung in einem Pressebericht als »Halsabschneider« bezeichnet wird, kann sie im Wege eines Unterlassungsanspruchs (§ 1004 des Bürgerlichen Gesetzbuchs) die Wiederholung verbieten. Sperrt sich die Redaktion – sie gibt die schriftliche Verpflichtung auf Unterlassung (Unterlassungsverpflichtungserklärung) innerhalb der verlangten Frist nicht ab –, kann der Betroffene bei Gericht eine *Einstweilige Verfügung (EV)* erwirken, die dann der Gerichtsvollzieher per Quittung im Verlag abliefert; erst jetzt darf die beanstandete Behauptung von der Redaktion, will sie vom Gericht nicht hart bestraft werden, nicht mehr wiederholt werden.

Wenn ein Gerichtsvollzieher in einem Pressehaus die gefürchtete EV loswerden, der Verlag sie aber nicht haben will, kommt es zu Szenen wie in einem deutschen Lust-Film. Beispiel: »stern«. Im Juni 1975 war dem damaligen Oppositionsführer Helmut Kohl und seinem Bundesgeschäftsführer Kurt Biedenkopf bekanntgeworden, daß Henri Nannen ein illegal abgehörtes Telefonat der beiden CDU-Größen im nächsten »stern« veröffentlichen wolle; die Herren Kohl und Biedenkopf, bei Nannen grundsätzlich Unrat witternd, besorgten sich beim Landgericht Hamburg eine Einstweilige Verfügung, die die Publizierung des Telefongesprächs – und mithin der gesamten »stern«-Auflage – untersagte. Ablauf:

Am 17. Juni 1975 um 16 Uhr versucht Obergerichtsvollzieher Tiefelsdorf, dem »stern«-Verlag Gruner + Jahr den Beschluß zuzustellen. Aber die Verlagspforte in der Warburgstraße an der Außenalster in Hamburg ist verschlossen. Über die Sprechanlage gibt ein Pförtner der staatlichen Amtsperson die Auskunft, ausdrückliche Anweisung zu haben, keine Zustellungen entgegenzunehmen. Erst um 18.55 Uhr verschafft sich der clevere Gerichtsvollzieher auf heute noch ungeklärte Weise Zugang ins Verlagshaus, drückt dort dem vorbeigehenden Angestellten Stöhr die EV in die verdutzte Hand und erklärt sie für zugestellt. Stöhr läuft dem schnell fortgehenden Tiefelsdorf nach und befestigt die EV flugs an dessen Auto. Am nächsten Tag, um 8.15 Uhr, kommt der Gerichtsvollzieher noch einmal zu Gruner + Jahr, wird vom Verlagsanwalt Joachim Hagen empfangen und seine EV endgültig los.

Gesiegt hatte die Gerechtigkeit damit keineswegs: Die Einstweilige Verfügung, erwirkt und vom Gericht erlassen, um den Verkauf des »stern« mit dem Kohl/Biedenkopf-Telefonat zu unterbinden, verpuffte wie ein defekter Knallfrosch – der »stern« war in der Zwischenzeit vorzeitig an seine 60 000 Stammkioske ausgeliefert.

Weist eine Redaktion später vor Gericht nach, daß die EV nicht rechtens war, kommt es den Antragsteller teuer zu stehen: Dann überzieht ihn der Verlag mit einer Schadenersatzforderung.

Die Frage, wer in einem Pressehaus bei rechtskräftiger Verurteilung auf Schadenersatz zahlen muß, macht Journalisten immer noch besorgt. Selbst in Chefredakteurs-Verträgen fehlt der salvierende Passus, daß im Fall der Fälle der Verlag anstandslos zahle. Im Zivilrecht, wie im Strafrecht auch, gilt die sogenannte *allgemeine Täterhaftung,* das heißt: Zivilrechtlich belangt werden kann jeder, der »als Täter« (Mittäter, Anstifter, Gehilfe) am Zustandekommen des Presseerzeugnisses etwas zu tun gehabt hat. Im Klartext: Autor, verantwortlicher Redakteur, Verleger und auch der Drucker. Alle haften »gesamtschuldnerisch« (§ 840, Absatz 1 des Bürgerlichen Gesetzbuchs). Dabei ist es dem Geschädigten freigestellt, auch nur einen der Beteiligten in Anspruch zu nehmen. Beispiel für eine »gesamtschuldnerische Haftung«:

Im Herbst 1968 hatte der Münchner Wirtschaftskorrespondent der Hamburger Tageszeitung »Welt«, Dr. Hermann (»Molly«) Bössenecker, den Industrie-Oldtimer Willy Kaus, der in seinem Firmen-Gemischtwarenladen auch die Reifenfirma Metzeler besaß, wegen seiner Geschäftspraktiken kritisiert. Der spleenige Kaus, eine Art Howard Hughes der deutschen Wirtschaft, verklagte auf Schadenersatz den Autor »Molly« Bössenecker, den verantwortlichen Redakteur Dr. Heinz Pentzlin und Axel Springer, zugleich Verleger und Drucker der »Welt« – Forderung: drei Millionen Mark. Der merkwürdige Prozeß ging durch alle Gerichtsinstanzen – der Bundesgerichtshof wies die Kaus-Klage nach jahrelangem Streit ab (Jahre später verkaufte Kaus seine Reifenfirma an den rheinischen Chemiekonzern Bayer und mußte sich vom Käufer vorwerfen lassen, sich beim Metzeler-Geschäft nicht korrekt verhalten zu haben).

Wird ein Redakteur vom Gericht zu Schadenersatz oder Schmerzensgeld allein verdonnert, zahlt er die Summe an den Betroffenen im *Außenverhältnis.* Im *Innenverhältnis* erstattet der Verlag seinem Autor den gezahlten Betrag.

Bares ist auch im Spiel, wenn es um *das Recht am eigenen Bild* geht. Jeder, der eine Kamera halten kann, darf den Heiligen Vater, das Ungeheuer Klaus Kinski, den Fußballgott Pele und den jeweiligen Bundeskanzler auf seinen Filmstreifen aufnehmen und sie in der erwischten Pose in einer Zeitschrift veröffentlichen – Leute aus Politik, Film und Sport sind *Personen der Zeitgeschichte* und haben als solche kein Recht am eigenen Bild. Redaktionen können Personen der Zeitgeschichte selbst für Foto-Montagen – Beispiel: Bundeskanzler Helmut Kohl versucht am Reck den symbolischen Aufschwung: Der Turnerkörper stammt von einem körpergleichen Double, dem in der Bildredaktion Kohls Kopf verpaßt wird – nach Gutdünken (und dem Grad des Anstands) verwenden.

Der kleine Mann auf der Straße aber ist für den Fotoreporter kein Mitmensch, den er einfach ungefragt ablichten kann. Schon 1907 hatte der Gesetzgeber Verständnis für die Fotografen gezeigt, als er bestimmte: Die Einwilligung zum Foto für die Presse gelte dann »als erteilt, wenn der Abgebildete ... eine Entlohnung erhielt«. Das Honorar dafür kann variieren; bei Aufnahmen von Kindern müssen die Eltern auch noch gefragt werden. Ohne Erlaubnis jedoch darf die Presse Fotos jubilierender Bundesliga-Fans und wütender Demonstranten in ihre Spalten bringen. Nur: Eine Genehmigung gilt nicht für die Ewigkeit. Beispiel der Presserechtlerin Damm: »Der Biertrinker, der sich bei einem Vereinsfest friedlich fotografieren ließ, kann sich wehren und Schadenersatz verlangen, wenn sein Foto später aus dem Archiv geholt wird und nun einen Artikel über den wachsenden Alkoholismus in der Bundesrepublik illustriert.«

Ein männliches Nacktmodell machte sein Recht am eigenen Bild – zum Amüsement der Journaille – im Winter 1985 beim Zweiten Deutschen Fernsehen (ZDF) zu blanker Münze. Der Apollo, in einem Sexualkundeschulbuch abgebildet, sah sich in einer Fernsehsendung über die Richtlinien für den Sexualkunde-Unterricht für wenige Sekunden eingeblendet. Der Wohlgewachsene erkannte sich, prozessierte bis zum Bundesgerichtshof (BGH) gegen die TV-Enthüller – und gewann sein verlangtes Schmerzensgeld wegen Verletzung des Persönlichkeitsrechts.

Da fand der Heilige Vater in der Vatikanstadt rechts des Tibers auf dem antiken ager vaticanus im Nordwesten Roms die billigste Methode, sich vor den drängenden Pressebengels mit ihren lästigen

Kritiken und den oft ungewissen Schadenersatzforderungen gegen sie zu schützen. Domenico Del Rio war so einer, der den humorlosen Würdenträgern des Heiligen Stuhls als Vatikan-Korrespondent der linksliberalen italienischen Zeitung »La Repubblica« mit seinen Meckereien über die Reise-Manie von Papst Johannes Paul II. auf den Wecker gefallen war. Del Rio hatte in einem Artikel mit der Schlagzeile »Aber wieviel reist der Papst« neben zustimmenden Äußerungen zu den Papst-Tourneen kritische Stimmen – auch von kompetenten Geistlichen – eingeholt. Kernstück seiner Kritik: Johannes Paul II. nütze seine Reisen eher dazu, sich selber in Szene zu setzen, als das Wort Gottes zu verkünden.

Als im Winter 1985 wieder eine Jet-Reise des Stellvertreter Gottes auf Erden, diesmal »Zehn Tage Südamerika«, geplant wurde, erhielt der Journalist Domenico Del Rio vom Papst-Büro die lapidare Nachricht, er sei von der Liste der mitreisenden Journalisten gestrichen. Meldete die »Welt« aus Rom ihren Lesern in Deutschland: »Vatikan erteilt Journalist Mitreise-Verbot, Maßnahme gegen ›Respektlosigkeit‹ stößt auch in katholischen Kreisen auf Kritik.« Wie gesagt: Auch der polnische Papst bekennt sich zum Glaubenssatz der Demokraten, daß für die freie Presse eine Zensur nicht stattfinde.

Seit Karol Wojtyla auf seine unchristliche Art einen Journalisten von seiner Seite verstieß, wird in der römischen Kurien-Presse gefragt: »Was ist der Unterschied zwischen Gott und Wojtyla?« Antwort: »Gott ist überall, und Wojtyla ist schon dagewesen.«

ELFTES KAPITEL

Der Presse einen unterjubeln
oder
Welchen Trick Manfred Rommel auf Lager hält:

»Früher
mußte man wirklich etwas tun,
um in die Zeitung zu kommen.
Heute braucht
man bloß noch was zu sagen«

Im Jahr 1907 kam in Kaiser Wilhelms Hauptstadt Berlin ein kluger Kopf auf eine noch klügere Idee. Kurz danach schickte das Reichswaffen- und Munitionsbeschaffungsamt – seine Abkürzung »Wumba« glich dem Einschlag einer grobkalibrigen Sprenggranate – seinem Agenten im feindlichen Paris ein Geheimschreiben, in dem Wumba den Rat gab, in einer auflagenstarken Tageszeitung der französischen Metropole – Wumba-Wunsch: »möglichst im Figaro« – folgenden Text unterzubringen: »Die französische Heeresverwaltung hat sich entschlossen, die Neubewaffnung der Armee mit Maschinengewehren erheblich zu beschleunigen und die doppelte Anzahl als zuerst beabsichtigt zu bestellen.«

Und es gelang, den Text aus Preußen Frankreichs Renommiergazetten unterzujubeln: wie gewünscht im »Figaro«, aber auch im »Matin« und im »Echo de Paris«. Die Zeitungen veröffentlichten voller Stolz Aufsätze, in denen die technische Überlegenheit der französischen Maschinengewehre und die daraus resultierende Stärke des Franzosen-Heeres überzeugend dargestellt wurde. Niemand weiß, wie es der Wumba-Agent schaffte, die Falschmeldung aus Berlin in den »Figaro« zu lancieren.

(Den Berliner Journalisten Kurt Tucholsky, 1924 nach Paris gezogen, wunderte der Coup nicht: »Ich besinne mich, im ersten Jahr meines Pariser Aufenthalts von den französischen Kollegen – also man schämt sich, das ›Kollegen‹ zu nennen – genau sondiert worden zu sein: ›Was will der? Von wem nimmt er?‹ Und als sie dann merkten, daß ich nur von dem lebte, was ich durch Mitarbeit an deutschen Blättern verdiente und weder von einem französischen Syndikat noch von der deutschen Botschaft bezahlt wurde, da wandten sie sich verächtlich ab: ›Triple ple idiot!‹ «).

75 Jahre nach der Meisterleistung des Wumba-Agenten, am 1. November 1984, riß die Münchner Illustrierte »Quick«, sonst »auf Titten und Arsch« spezialisiert (Branchenjargon), ihr Heft Nummer 45 mit einem doppelseitigen Foto auf. Ein Mann, ganz Typ »dynamischer deutscher Manager«, lehnte sich lachend gegen ein Gitter – hinter ihm lagen bis zum Horizont Werkshallen und standen Fabrikschlote. Die doppelseitige Überschrift in klotzigen Großbuchstaben: DER HERR VON WOLFSBURG. Der Text im Vorspann machte klar, wer der Herr war: »Dr. Carl Hahn ist als VW-Chef Nummer 1 in Europas größter Autostadt, Wolfsburg.

57 000 Beschäftigte stellen hier Tag für Tag 32 000 Autos her. Wie sich's in Wolfsburg lebt, wo 80 Prozent bei VW arbeiten, zeigt dieser Bericht.« Und dann griff auf weiteren zwei Doppelseiten der »Quick«-Reporter Armin Zipzer in die Harfe, als habe er die unverhoffte Niederkunft des Messias in der niedersächsischen Einöde exclusiv erlebt: »Der erste Eindruck vom VW-Boß: Er hat die Ausstrahlung eines erfolgreichen Regierungschefs. Sein Gesicht verrät Scharfsinn, Disziplin, Gemüt. Sein Büro ist rund 40 Quadratmeter groß; helle Wände, ein dunkler Schreibtisch, auf dem Bord an der Wand stehen Fotos vom Urlaub mit der Familie. Ein Büro ohne den Schimmer von Repräsentationslust, obwohl er Boß von weltweit 240 000 Beschäftigten ist...«

Der quicke Zipzer hat vom »Herrn von Wolfsburg« so tolle Sachen zu berichten, daß sie hier noch ein weiteres Mal für die Ewigkeit festgehalten werden sollen:

»Plötzlich vibriert der Boden unter unseren Füßen. ›Unter uns ist das Preßwerk. Und wenn die 10 000-Tonnen-Pressen ordentlich arbeiten, bekommen wir das zu spüren.‹ Dr. Hahn lacht: ›Bei uns ist es ein gutes Zeichen, wenn die Wände wackeln.‹

Wir, zwei ›Quick‹-Reporter, sind darauf gefaßt, daß der VW-Chef betont, wie wohl er sich in der Stadt fühlt. Kunststück, als Nummer eins. Doch während er über Wolfsburg spricht, spüren wir schnell, daß er sich hier nicht aus taktischen Gründen ›richtig zu Hause‹ fühlt. Wenn es bei Hahns so was wie ein Familientreffen gibt, dann nicht an irgendeinem schicken Ort der Welt – was der Papa mit links arrangieren könnte –, sondern in Wolfsburg. Er mag die Wälder der Umgebung. Er begleitet, von Zeit zu Zeit, seine Frau auf den Wochenmarkt. Und wenn mal wieder eine neue Brille fällig ist, kauft er sie nicht etwa während einer Geschäftsreise in New York oder Paris, sondern gleich um die Ecke, in der vier Jahre alten Fußgängerzone von Wolfsburg...

Draußen, dicht vor dem Bürofenster, schießt ein Schatten vorüber. ›Ein Turmfalke‹, erklärt Dr. Hahn. Mit jungenhafter Freude öffnet er das Fenster, lehnt sich über die Brüstung: ›Da, auf dem Dach, hat sich ein Pärchen eingenistet.‹ Überraschende Büroidylle eines Topmanagers. Hier, von seinem Fenster aus, hat man einen freien Blick auf das Werk, auf die Stadt...«

Und in der Stadt? »Quicks« Zipzer ist natürlich nichts verborgen geblieben: »Die Männer der ersten Stunde, die Pioniere der Stadt, haben für ihre Arbeit gelebt... (Ihre Söhne) engagieren sich für das, was sie herstellen. Und sie sind stolz darauf. Untereinander kennen sich die Menschen kaum, dazu ist Wolfsburg, ist das Werk viel zu groß. Und doch spürt man in dieser Stadt ein besonderes Gefühl, eine ganz spezielle Atmosphäre der Zusammengehörigkeit...« Und zum Schluß kommt noch Prälat Antonius Holding, 76, zu Wort. Hochwürden pafft genüßlich seine Zigarre und sagt »zur Überraschung« des Wolfsburg-Chronisten Zipzer: »Was in Wolfsburg noch fehlt, sind ein paar gemütliche Kneipen.« Armin Zipzer, der auszog, den »HERRN VON WOLFSBURG« zu malen, ist da ganz zuversichtlich: »Sein Wort in Gottes Ohr, die Wolfsburger werden auch das noch schaffen.«

Das war so eine Reportage, die das Herz des Lesers höherschlagen ließ, eine Story, mit Herzblut geschrieben – genauer: eine Geschichte, die das Leben selber schrieb. Und doch war es schlimme Kolportage, ihr Autor könnte ein unbekannter Enkel der schreibfleißigen Hedwig Courths-Mahler sein und hat mit seiner Ballade dem tüchtigen VW-Boß Hahn einen Tort angetan. Denn die Fakten waren falsch: Carl Hahn pflegt an Wochenenden auf dem Wolfsburg nahegelegenen Flugplatz Braunschweig einen Konzern-Jet zu besteigen und in 140 Minuten nach Olbia auf das Jet-Set-Eiland Sardinien zu düsen; in seinem Kastell in Porto Rotondo tankt der Herr aus Wolfsburg, mit seiner italo-amerikanischen Frau, Kraft für die nächste Managerwoche. Er speist im »Carla di Volpe«, einem der teuersten Hotels der Welt in der »Bucht der kleinen Füchse«, oder schlendert durch die Hafengassen von Porto Cervo; Karim Aga Khan, Henry Ford und Rudolf Augstein gehen vorüber.

Die »Quick«-Reportage, die dem erfolgreichen Manager Carl Horst Hahn nicht gerecht wurde, war nicht nur schlimm, weil sie so exemplarisch falsch war – sie wurde peinlich durch eine »Spiegel«-Meldung, veröffentlicht in der Ausgabe 14 vom 2. April 1984, sieben Monate vor Zipzers Ballade vom HERRN VON WOLFSBURG:

»Josef von Ferenczy, nach eigener Einschätzung Europas größter Unternehmer für ›Produktion und Vertrieb attraktiver publizistischer Stoffe‹, soll für das Wolfsburger Volkswagenwerk tätig werden... Danach soll Ferenczy in den für ihn zugänglichen Medien die Standorte aufwerten, an denen VW produziert... Als erste Ferenczy-Arbeit ist eine Serie geplant, die die Lebensqualität am VW-Stammsitz Wolfsburg preisen soll.«

Wie kam nun der Zipzer-Aufsatz über den HERRN VON WOLFSBURG in die »Quick«? Niemand weiß, wie es 1907 der ungenannte Wumba-Agent schaffte, eine Meldung seiner Auftraggeber in Berlin dem »Figaro« in Paris unterzujubeln. Der Verfasser dieses Buchs weiß nicht, ob zwischen des »Spiegels« Meldung, Ferenczy werde VW »in die für ihn zugänglichen Medien« bringen, und der »Quick«-Ballade über VW-Chef Hahn und Wolfsburg ein Zusammenhang besteht – er weiß nur eines: Ferenczy ist die Hausagentur der Illustrierten »Quick« in München. Er hat den VW-Auftrag, in den Medien die VW-Standorte aufzuwerten, gründlich mißverstanden.

Ein bißchen nachzuhelfen, um in die Presse zu kommen, war – und bleibt wohl auch – immer schon das heiße Bestreben großer und kleiner Leute, ob es der Drogist an der Ecke in einer Kleinstadt, der unbedeutende Jürgen Möllemann in Bonn oder Ronald Reagan im Weißen Haus zu Washington ist. Viele, die Mächtigen auf jeden Fall, sind »Personen der Zeitgeschichte«; aber das genügt nicht: Sie wollen auch noch zu Persönlichkeiten hochstilisiert werden.

Männer und Mächte wollen »die öffentliche Meinung« für sich und ihre Absichten gewinnen – das Instrument dazu: *Public Relations*, PR abgekürzt. PR ist, so »Knaurs Lexikon von a – z«, die »planmäßige Pflege der Beziehung zur Öffentlichkeit; angewandt in der Wirtschaft, in Politik und Kulturleben, um die ideellen Grundlagen für das Vertrauen der Öffentlichkeit zu schaffen«.

Anders definiert: »Die Maßnahmen, um Menschen für eine Idee, für eine Berufsgruppe, eine Firma zu gewinnen oder zu interessieren« (»dtv-Lexikon«, Band 14). Mit dem Instrument »Public Relations« wirbt man um das Vertrauen der Öffentlichkeit – die Mächtigen wollen eben nicht mehr nur mächtig erscheinen, sondern auch noch sympathisch und zuverlässig. Beispiele: »Die Bank an Ihrer Seite«, verspricht die Commerzbank; »Der gute Stern auf allen Straßen« bietet sich Daimler-Benz (und seine Automobile natürlich auch) an.

Weder Politiker noch Bosse waren je bereit, den Dingen ihren natürlichen Lauf zu lassen: daß es sich langsam, aber sicher in den ihnen wichtigen Kreisen herumsprach, daß sie gute Politiker mit guter Politik und weitsichtige Bosse mit zuverlässigen Produkten waren. Sie halfen, dynamisch wie sie immer schon waren, kräftig nach. Georg-Volkmar Graf Zedtwitz-Arnim, ein ehemaliger Journalist, der als Pressechef der französischen Fluggesellschaft Air France und des Krupp-Konzerns in Essen zum PR-Kardinal in Deutschland aufstieg, hat Public Relations auf die einfachste Formel seiner Zeit gebracht: »Tu Gutes und rede darüber.« Graf Zedtwitz, aus altem Preußen-Adel, hatte, als der Wiederaufbau des zerstörten Landes begann und die Wirtschaftsbosse das »Wirtschaftswunder« managten, erkannt, daß die Standesdevise seiner Vorfahren – »Mehr sein als scheinen« – jetzt passé sei.

Zedtwitz erzählt in seinem Buch »Tu Gutes und rede darüber« lange Zeit das Standardrezept deutscher Öffentlichkeitsarbeiter, eine Geschichte, mit der alle Vertrauenswerbung begonnen haben könnte:

Da liegt in einer Klinik ein mühsam zusammengeflickter Mann. Er sei, erzählten die Schwestern, beim Bau einer schweren hydraulischen Presse verunglückt; die Schwestern sprechen nur von »Herrn Direktor«. Ein wacher Assistenzarzt zweifelt: Wie kann ein »Direktor« beim Bau einer Hydraulik-Presse verunglücken? Er forscht nach und findet den richtigen Beruf des Patienten, der in der teuren Klinik Erster Klasse liegt – der Mann ist Hilfsarbeiter. Und der junge Mediziner stellt fest, daß der 75jährige Firmenchef grundsätzlich alle seine Mitarbeiter, von der Putzfrau bis zum richtigen Direktor, von erstklassigen Medizinern gesundmachen läßt – der alte Patriarch nennt das schlicht »freiwillige soziale Leistungen«. »Die Vertragsärzte sind alle Professoren«, berichtet der Betriebsratsvorsitzende und ist stolz auf den Unternehmer, der sonst nur an seine Kasse denkt.

Zedtwitz' Fazit: »Es war das Richtige, und seine Leute danken es ihm durch Vertrauen ... Vertrauen ist innerhalb der Werksmauern ein Gut des langfristigen Anlagevermögens, investiert in die Kontinuität der Fertigung. Es kommt noch etwas hinzu. Nichts – weder Gutes noch Unerfreuliches – bleibt innerhalb dieser Mauern. Natürlich, die Betriebsangehörigen erzählen es draußen weiter, was für sie getan wird. In dem Stadtteil, in dem die meisten Belegschaftsmitglieder wohnen, kennt man den frischen, alten Herrn und achtet ihn. Auch im Industrieclub ist der erfolgreiche Unternehmer hochgeachtet.«

Die humane und zugleich egoistische Tat des Patriarchen muß bekanntgemacht werden – mittels »Public Relations«, einer Methode der Massen- und Marktbeeinflussung. Dies Instrument der Management-Technik, im Land der unbegrenzten Möglichkeiten erdacht, gehört auch längst zum Handwerkszeug der Politiker. Hans Ulrich Kempski hat in seiner »Süddeutschen Zeitung« Ronald Reagan, der es vom Hollywood-Star zum Präsidenten der Vereinigten Staaten von Nordamerika brachte, nachgesagt: »Die dabei erreichte Irreführung der Öffentlichkeit kann als perfekt bezeichnet werden.«

Henry Ford, natürlich der Erste, hat nicht nur das Fließband erfunden, er war auch ein guter PR-Mann, obwohl er den Begriff »Public Relations« nicht kannte: »Wenn Sie einen Dollar in Ihr Unternehmen stecken wollen, so müssen Sie einen zweiten bereithalten, um das bekanntzumachen.«

Nun könnte es der erfolgreiche und zugleich menschenfreundliche Fabrikant ganz einfach haben, als guter Mensch ins Gespräch der Leute zu kommen: mit einer Anzeige, die er selber texten und veröffentlichen kann, wenn er dafür bei der Zeitung bezahlt hat. Aber Anzeigen können böse Haken haben: einmal wäre eine Selbst-Anzeige über sein gutes Herz für einen Unternehmer so lächerlich, daß sie schon geschäftsschädlich wäre – zum anderen glauben Zeitungsleser immer noch dem redaktionellen Teil ihrer Zeitung mehr als den Anzeigen, mögen sie noch so groß, so bunt und so gut getextet sein.

Also muß der Unternehmer mit seiner guten Tat in den redaktionellen Teil. Und dafür ist eben »die PR« da. Politiker haben das ganz schnell begriffen: Als im Sommer 1974 bekannt wurde, daß sich der Schah-in-Schah, Irans später gestürzter Gott-Kaiser, am Essener Krupp-Konzern beteiligen wolle, hörte der damalige FDP-Politiker Otto Graf Lambsdorff die Meldung in seinem Autoradio. Flugs steuerte der clevere Graf die nächste Telefonzelle an, wählte dpa, die Deutsche Presse-Agentur, in Hamburg an und erklärte dem diensthabenden Redakteur, er, Otto Graf Lambsdorff, habe nichts dagegen, wenn Reza Pahlewi bei Krupp einsteige. Noch während derselben Fahrt hörte der FDP-Politiker sein »Statement« in seinem Auto-Radio – mit der Beteiligung des Schah an der Firma Krupp hatte er absolut nichts zu tun.

Manfred Rommel, Stuttgarts formulierungsgewandter Oberbürgermeister und von seinen Bürgern liebevoll »dem Wüschtenfuchs soi Kloiner« genannt, weiß, wovon er spricht: »Früher mußte man wirklich etwas tun, um in die Zeitung zu kommen. Heute braucht man bloß noch etwas zu sagen.«

Zu sagen haben viele vieles – zumindest glauben sie es. Sie stecken, wenn sie eine Sache loswerden oder der Presse unterjubeln wollen, ihrem »Leib-Reporter« die Information oder Indiskretion, und der mit einer solchen Information gefütterte Journalist sorgt dann schon für alles Weitere. Hochmögende Politiker und hochmächtige Industrieherren beauftragen mit ihrer Imagepflege in der Öffentlichkeit oft sogar ein selbständiges PR-Büro – der Krupp-Erbe Arndt von Bohlen und Halbach zum Beispiel ließ von »ringpress« in München, Inhaber Krüger-Franke, über sein unnützuges Dasein berichten – oder eine PR-Agentur; Josef von Ferenczy mit Sitz in München ist Marktführer der Lobhudelfabriken.

Als in den Vereinigten Staaten die Politiker die mächtigen Industrie-Trusts an die Leine nahmen – 1890 mit dem »Sherman-Act«, der die Anti-Trustgesetzgebung eröffnete –, beeilten sich die großen Dollar-Macher, sich in der mißtrauischen Öffentlichkeit »als gute Nachbarn zu zeigen«. Hält Graf Zedtwitz in seinem PR-Standardwerk fest: »Es ergab sich . . . die Notwendigkeit, wollten die Großfirmen überleben, der Öffentlichkeit zu beweisen, daß bei ihnen alles so sei, wie es das Interesse des Mannes auf der Straße und der Nation forderte.«

Schon 1889 hatte der Elektrofabrikant George Westinghouse den Pittsburgher Reporter E. H. Heinrichs unter Vertrag genommen, damit er mit seinen Verbindungen Konfliktsituationen publizistisch bereinige. Um die Jahrhundertwende bekam die Anzeigenexpedition N. W. Ayer & Sons von einem Kunden den Auftrag, die Öffentlichkeit mit Presseinformationen über einen gewonnenen Prozeß zu unterrichten, der hohe Wellen geschlagen hatte. John D. Rockefeller jun., Herr des Standard Oil Trusts, zeigte sich erstaunlich dünnhäutig, als er beschuldigt wurde, unter den Streikenden der Colorado Fuel & Iron Corp. bei einem Arbeitskonflikt ein blutiges Massaker verursacht zu haben; der skrupellose Geschäftsmann, dem wegen seiner Praktiken der Kongreß eine Untersuchung angedroht hatte, suchte – und fand – 1914 Fach-Rat und kundige Hilfe beim Journalisten Ivy Lee. Lee betrieb schon seit 1905 ein Dienstleistungsbüro für Public Relations und hatte sich bereits bei Arbeitskonflikten für verschiedene Zechen für die Pennsylvania Railroad bewährt.

Amerikas Wirtschaftskapitäne, oftmals auch nur Straßenräuber, begriffen sehr früh, wie vorteilhaft es war, wenn eine Firma der Öffentlichkeit klarmachen konnte, die Ziele der Firma und der Öffentlichkeit seien identisch. Krone der Public Relations: »Was gut für General Motors ist, ist auch gut für die USA.«

Auch deutsche Industriepatrone kamen dahinter, wie hilfreich es für ihre Zwecke ist, einen guten Ruf beim kleinen Mann auf der Straße zu haben, der letztlich doch für alles zahlen muß. Von Ludwig Roselius, dem genialen Schöpfer der Marke »Kaffee Hag« in Bremen, ist überliefert, wie er versuchte, mit PR den Ersten Weltkrieg für Kaiser, Volk und Vaterland zu gewinnen. Am 5. Januar 1915, die Chancen waren für das kaiserliche Heer noch ganz passabel, schlug Roselius der Regierung von Wilhelm Zwo vor, ein »Hilfskomitee für Propagandazwecke während des Krieges als Einleitung zur Organisation einer nationalen Propaganda« zu gründen.

Das war noch ziemlich demokratisch: 18 Jahre später, als der Journalist Dr. Joseph Goebbels Hitlers »Reichsminister für Volksaufklärung und Propaganda« geworden war, schaltete die Regierung die deutsche Presse einfach gleich, machte mit dem »Schriftleitergesetz« Deutschlands Chefredakteure zu »Hauptschriftleitern« und befahl im Namen Hitlers: »Der Schriftleiter ist Sachwalter des Volkes, der Gehilfe der Volks- und Staatsführung.« Des Teufels Journalist gab für die Presse seine »Sprachregelungen« heraus, ordnete an, was die Journalisten zu schreiben und die Deutschen zu glauben hatten. Auch Josef Stalin dachte da ganz gradlinig; er fragte nicht umständlich, was der Heilige Vater im Vatikan wohl denke, sondern direkt: »Wieviel Divisionen hat der Papst?«

Friedrich Flick, nach Weltkrieg II Deutschlands reichster Mann, war auch nicht für viel Federlesen, wenn es um sein Bild in der Öffentlichkeit ging. Zwischen den beiden Weltkriegen hatte sich in Berlin ein Journalist auf Flick spezialisiert und verfaßte voluminöse

Dossiers über den von Skrupeln ziemlich freien Flick. Als der davon hörte, machte er dem Zeitungsmann eine verblüffende Offerte: Er solle emsig gegen ihn, Flick, Material sammeln – und dann ihm, Flick, unveröffentlicht verkaufen. Das Tauschgeschäft kam zustande. Als Friedrich Flick gegen Mitte der 60er Jahre Herr von Daimler, Feldmühle, Dynamit-Nobel und Buderus geworden war und auf dem Zenit seines Lebenswerks ausruhte, lachte er noch fröhlich über die schöne Zusammenarbeit mit dem Journalisten: »Wir haben beide nicht schlecht davon gelebt.«

Presse und PR sind in den deutschen Industriefirmen und Banken generalstabsmäßig organisiert. Die Presse-Stelle, bei Firmen wie Daimler, Farbwerke Hoechst und Siemens oft eine halbe Hundertschaft groß, macht die Tagesarbeit, verschickt »Presseinformationen« und lädt Journalisten zum Essen ein – das Lokal muß exclusiv und gerade »in« sein: in Hamburg das Landhaus Scherrer, in Düsseldorf-Kaiserswerth das »Schiffchen«, in Stuttgart die »Alte Post«. Die PR-Abteilung, der die Presse-Stelle in aller Regel unterstellt ist, betreibt nach langfristiger Strategie die »Öffentlichkeitsarbeit«, Gespräche mit Politikern, um die Firmen-Version einer Sache darzustellen, oder mit besseren Journalisten wie Chefredakteuren, um Kontakt zu halten und dabei eine Information – »off the record«, nicht zur Veröffentlichung – loszuwerden; manchmal degenerieren die hochbezahlten Öffentlichkeitsarbeiter zu reinen Frühstücksdirektoren mit Leberzirrhose und Fettleber.

Weniger zu lachen haben in den Konzernen die Leiter der Werkszeitungen, oft mit dem pompösen Dekor »Chefredakteur«. Sie müssen es jedem recht machen, dem Betriebsrat wie der Geschäftsleitung, und sie sind dann »gut«, wenn in jeder Ausgabe ein paarmal der Chef im Bild gezeigt worden ist. Redakteure bei Werksblättern sind arme, aber gut gefütterte Schweine.

»Direktor« nennt sich oft der Pressechef. Er telefoniert viel, muß spontan der Presse Auskünfte geben und ist auch arm dran. Der Verfasser dieses Buchs ist befreundet mit dem Presse-Direktor eines Konzerns, aus dem ein leitender Mitarbeiter in Südamerika entführt, gegen ein horrendes Lösegeld freigelassen wurde und auf Geheiß der Polizei tagelang an einem geheimgehaltenen Ort versteckt werden mußte. Deutschlands Spürhunde schwärmten aus, der Pressechef mußte die Reporter hinhalten – ein Job in der Hölle.

Presse-Abteilungen packen die Journalisten weich, führen Karteien mit speziellen Eigenheiten und Wünschen der Redakteure, damit sie zum Geburtstag auch den richtigen Cognac, bis zum Delamain, schicken können. Der Verfasser dieses Buchs wurde in jungen Reporterjahren beim »Spiegel« einmal vom Ruhrkohle-Pressechef Langlotz (er erschlug einst seine Geliebte und erschoß sich später) zu einem ungewöhnlich fulminanten Mahl in die feine »Schwarze Helene« im Essener Süden eingeladen und, als am nächsten Montag keine Langlotz-Information im »Spiegel« zu lesen war, am Telefon enttäuscht gefragt: »Warum haben wir dann zusammen gegessen, wenn Sie unsere Information doch nicht schreiben?« Presse- und PR-Leute, resümierte der »Spiegel«: »Arme Schweine, die immer nur verhindern müssen, daß etwas Unfreundliches in der Presse steht, sonst werden sie vom Vorstand zur Sau gemacht.«

PR-Chefs sind in der Firmenhierarchie höher eingestuft als der Presse-Chef; oft dürfen sie – wie Rosenthals Wolfgang Artz, Siemens-Mann Alexander Großmann und Herbert Wolf von der Commerzbank – sogar den schwindelerregenden Titel »Generalbevollmächtigter« führen. Manche sitzen ganz nahe dem Höchsten – zum Beispiel der BMW-Öffentlichkeitsarbeiter Dr. Horst Avenarius; nur eine Etage höher im weißblauen Himmel der 22. Etage des BMW-Hochhauses am Münchner Petuelring, thront sein Herr, Eberhard von Kuenheim. Viel Adel ist bei der PR hier anzutreffen: Hans von Bismarck (Audi), Peter von Eckardt (früher Oetker), Graf Zedtwitz (früher Krupp, heute Zentralverband der Elektroindustrie), Friedrich von Friedeburg, Sohn des letzten Oberbefehlshabers von Hitlers Kriegsmarine (früher Demag, heute Elektro-Braun), von Salomon (Quandt), von Eichhorn (Mannesmann) – und Richard von Weizsäcker, der Mitte der 50er Jahre vom »Spiegel«-Reporter Simoneit in einer Hinterstube der Mannesmann-Verwaltung am Düsseldorfer Rheinufer als bescheidener Öffentlichkeitsarbeiter aufgetan wurde.

PR-Chefs organisieren Journalistenreisen und Pressekonferenzen – der Firmenchef muß immer im Mittelpunkt des Geschehens sein. Wie es danach in der Firma weitergeht, schildert der PR-Mann Graf Zedtwitz so: »Die Artikel erscheinen in Tageszeitungen mit einer Gesamtauflage von zehn Millionen Exemplaren. In bezahlten

Anzeigen würde das 200000 Mark kosten. Wir sparen also 150000 Mark.« So einfach ist das mit den Public Relations.

Presse-Menschen in der Industrie, oft von ihren Bossen als Hofnarren gehalten, werden von ihren Herrschaften auf der Beletage noch auf spezielle Art geschunden: als Redenschreiber. Hermann Reusch, ein forscher Ulan aus Kaisers Zeiten, ließ sich als Herr der Gutehoffnungshütte Reden für seine ungezählten Ämter fabrizieren und las sie meist zum erstenmal, wenn er sie am Vortragspult ablas. Dabei passierte es einmal, daß er plötzlich innehielt und fragte: »Wer hat mir denn diesen Quatsch aufgeschrieben?« Reusch, als Gewerkschaftsfresser und Gegner der Mitbestimmung der Arbeitnehmer in den Betrieben bekannt, hatte sich gerade für die Mitbestimmung ausgesprochen – sein Redenschreiber wurde, natürlich, gefeuert. Oder: Der Presse-Chef eines Autokonzerns, vormals gestandener Chefredakteur, mußte übers Wochenende für seinen Generaldirektor eine lange Rede schreiben und bekam sie montags zurück – rot durchgestrichen mit dem Befehl: »Noch einmal!« (Nur Klaus Harpprecht, Kanzler Brandts Ghostwriter, fühlte sich in der Dachstube des alten Bundeskanzleramtes pudelwohl.)

Das schöne Bild einer Firma (oder eines Politikers) in der Öffentlichkeit wie eine Statue aufzurichten, das ist höchste Kunst der PR: das günstige *Image*. Und wo Mittagessen, Weltreisen und Delamain-Cognac für den Journalisten nicht ausreichen, muß doch wieder die alte, gute Anzeige her, diesmal in der zeitgenössischen Form der PR-Anzeige. »Spiegel« und »stern« sind mit PR-Annoncen vollgepflastert. Zum Beispiel: Bleiberatung: Es geht nicht ohne Blei; Computer: Der Apple IIc Apple; Sharp: Durch Nachdenken vorn; Ericsson: Kommunikation in Schweden; ITT: Technik der Welt; WestLB: Die Bank Ihrer Initiativen; Vitra: Das größte Kompliment ist, wenn man stapelweise kopiert wird; Hypo-Bank: Eine Bank – ein Wort; Salz macht dankbar; Loctite: Über Loctite; New York/New Jersey Airports und jede Menge Auto-Reklame, obwohl »Spiegel« und »stern« keine Ausgabe auslassen, das Automobil als »Umweltfeind« zu verdammen, Autofahrer als »hirnlose Raser« zu brandmarken und die rapide Erhöhung der Benzinpreise zu verlangen.

Sein gutes Bild im Spiegel der öffentlichen Meinung zu sehen und stolz auf sein »Image« sein zu können, ist mit cleverer Public Relations Gottseidank nicht schnell zu erreichen. Das Image (englisch: Ebenbild), das einer Person, einer Firma oder auch einem Gegenstand von der Öffentlichkeit zugeordnete Vorstellungsbild, ist mehr: nicht nur die optische Erscheinung, sondern auch »die komplexe Gesamtheit von Gefühlen, Einstellungen und Meinungen bewußter oder unbewußter Art, die mit dem betreffenden Subjekt verbunden ist« (»Brockhaus-Enzyklopädie« 1970).

Wer ein gutes Image besitzen will, muß Jahrzehnte auch gut sein – Muster: Daimler-Benz, Bosch, Siemens, »Spiegel«, »Capital«, »auto motor und sport, Das deutsche Automagazin«. Alle Image-Werbung, mag sie eine Firma noch so zuverlässig und sympathisch zeigen, nützt – zum Beispiel – dem amerikanischen Computerriesen IBM und seiner tüchtigen Tochterfirma in Deutschland nichts – das »Image«, hier sei »hire and fire«, einstellen und rauswerfen, ist nicht abzustreifen.

Noch schlimmer: Der US-Konzern Union Carbide, im Dezember 1984 verklagt auf einen Schadenersatz von 45 Milliarden Mark. Als in der westlichen Welt die festlich gestimmten Bürger die bunten Kugeln an ihre Weihnachtsbäume hängten und Bing Crosbys »White Christmas«-Platte hervorsuchten, waren in den Slums der mittelindischen Stadt Bophal 20 Tonnen Methylocyanat, ein weißgraues, stechend süßliches Giftgas (Grundsubstanz für Pflanzenschutzmittel), ausgeströmt; über 2000 Menschen, weißen Schaum vor dem Mund, starben im Schmutz ihrer Gossen, mehr als 50 000 drohte die Erblindung. Zum »Image« von Union Carbide wird »Die größte Industrie-Katastrophe aller Zeiten« (»Welt am Sonntag«) immer gehören.

Konrad Adenauer, Bundesdeutschlands erster Kanzler und im Umgang mit der Macht »nicht pingelig« (Selbstauskunft), setzte PR überall da massiv ein, wo er sie brauchte: In Amerika warb ein General Klein für die deutsche Sache – erfolgreich. Im eigenen Land half der große Rhöndorfer auf spezielle Art nach, seine politischen Ziele in der Öffentlichkeit durchzusetzen: Er schmierte aus seinem sogenannten Reptilienfonds Journalisten. Die Idee, einen politischen Geheimfonds einzusetzen, stammte von Adenauers großem Vorfahren Otto von Bismarck, der in Finanzdingen zum eigenen Vorteil ziemlich frei von Bedenken war. Bismarck, »Der Eiserne Kanzler«, hatte das hannoversche Königshaus der Welfen entthront und ihr Vermögen 1866 einfach kassiert, der sagenhafte Welfenfonds war geschaffen. Bismarck entzog die pralle Kasse der Kontrolle des Staates, um »bösartige Reptilien zu verfolgen bis in ihre Höhlen hinein, um zu beobachten, was sie treiben«. Er steckte das Geld Zeitungsmenschen zu, und die brachten unter das ahnungslose Volk, was Kanzler Bismarck dachte und wollte. Kanzler Adenauer war Bismarcks Erbe, Kanzler Kohl Adenauers Enkel?

»Im Grunde ist der Journalist nur bestechlich durch Informationen«, behauptete Adenauers Pressechef Felix von Eckardt, einst Chefredakteur der Tageszeitung »Weser-Kurier«. Der Journalisten-Kritiker Wolf Schneider hebt vor solchem Kinderglauben den Finger: »Es darf bezweifelt werden.« Der Verfasser dieses Buchs schließt sich an.

In Bonn haben die akkreditierten Journalisten für ihre Lohnsteuer den höchsten Freibetrag aller deutschen Berufsgruppen. In Bonn residiert seit 1949 die Regierung der Bundesrepublik Deutschland – politische Wohltat für politische Journalisten per Lohnsteuerkarte?

ZWÖLFTES KAPITEL
(Erster Teil)

Macht und Ohn-Macht der Presse
oder
Wie Max Halbe Konrad Adenauer beim Frühstück tröstete:

»Machen Dir
Zeitungen Kummer,
gräm' Dich nicht,
morgen erscheint
eine andere Nummer«

Immer wieder hören Journalisten die oft wütende Klage anderer, die Presse habe Macht, zuviel Macht, versteht sich – also muß auch der Journalist ein Mächtiger im Land sein. Nach der Legislative, der Exekutive und der Judikative sei die Presse »die vierte Gewalt«; Charles Wertenbaker zählte sich als Journalist beim amerikanischen Nachrichtenmagazin »Time« zu den »Herren der öffentlichen Meinung«.

Macht der Presse? Untersuchen wir die Sache.

Um es schon hier zu sagen: Wenn die Presse Macht haben sollte, dann ist sie so groß, wie die Nerven des Betroffenen (und seiner Freunde) schwach sind. Nur wer schwache Nerven hat, gesteht Zeitungen und ihren Machern Macht zu.

Zugegeben, auf den ersten schnellen Blick hat die Presse Macht. Da bringt sie einen korrupten Politiker zu Fall, dort stürzt sie einen unfähigen Manager. Die Drohung »Das bringe ich in die Presse« zieht wahrscheinlich immer noch. Wolf Schneider sagt in seiner Medienschelte »Unsere tägliche Desinformation« den Journalisten böse Eigenschaften nach, ein schlechtes Image: »Hochmut, der Unfehlbarkeitsanspruch, die Lust an der Macht!« Schneider gibt aber auch zu: »Sie haben ihre Höhepunkte im Fernsehen, im ›Spiegel‹ und im ›stern‹, doch den breiten Unterbau dazu bildet jene mutmaßliche Mehrheit von Deutschlands 25000 Journalisten, die den Bedürfnissen, den Wünschen, der Verständnisbereitschaft ihrer Leser und Hörer nur ein mäßiges Interesse entgegenbringen.«

Schneider, selber Journalist und als Leiter der Hamburger Journalistenschule (seit 1984: Henri-Nannen-Schule) Lehrherr kommender Rechercheure, Zeitungsschreiber und -macher, zählt die kargen Möglichkeiten journalistischer Macht auf, sie sei »mindestens von dreierlei Art«: Journalisten

○ legen »zu einem erheblichen Grad« die Themen fest, für die sich die Öffentlichkeit dann interessiere, »they set the agenda«. Sie könnten Öffentlichkeit herstellen, aber auch verweigern, sie könnten Themen abwürgen oder ihnen zur Karriere verhelfen;

○ schaffen »zu einem erheblichen Teil« das Bewußtsein und das Meinungsklima, in dem politische Entwicklungen gediehen oder verkümmerten. Schon Kölns Kardinal Joseph Höffner hatte behauptet: »In der Welt von heute ist der Einfluß der Meinungsbildner in den Schlüsselstellungen der Presse, des Hörfunks und des

Fernsehens in mancher Hinsicht größer als die Macht der Parlamente« – Höffners Wort wies die »Süddeutsche Zeitung« allerdings zurück: eine »trotz ihrer Popularität falsche These«;

○ beeinflussen Wahlentscheidungen.

Ein Journalist, so 1978 der Journalistenausbilder Wolfgang Donsbach in München, »der mit den ihm zur Verfügung stehenden Mitteln (Auswahl von Informationen, sprachliche Fähigkeiten, Prestige) zum Sturz einer Regierung (oder eines Politikers, Anmerkung des Verfassers) beitragen könnte, kann sich bei seiner Entscheidung auf keine anderen Namen stützen als seine subjektiven politischen Werte, seine persönliche Überzeugung von dem, was wünschenswert ist«.

Sturz eines Politikers oder eines Managers – die Presse in der Bundesrepublik kann eine ansehnliche Strecke, eine lange Abschußliste, vorweisen. Zählen wir sie noch einmal auf:

○ Der Fall Gerstenmaier

Eugen Gerstenmaier, evangelischer Oberkirchenrat, CDU-Mann und Bundestagspräsident in Bonn, war Ende der 60er Jahre von der Presse bei unlauteren Geschäften ertappt worden: Er hatte ein Gesetz mitangeleiert, das einer Spezies baltischer Flüchtlinge das Adelsprädikat bescherte – zufällig war auch seine Ehefrau unter den Bescherten; er setzte eine staatliche Sonderzahlung an sich durch, die ihn dafür entschädigte, als Nazi-Gegner in der Nazi-Zeit nicht befördert worden zu sein; er machte bei einer dubiosen Grundstücksgeschichte gute Kasse – Gerstenmaiers Taten hatten, wie man im Schwäbischen sagt, »ein Geschmäckle«; es roch bis nach Hamburg zum »Spiegel« hin.

Die Christ-Genossen nahmen ihren Spitzenmann, der unter dem Adler im Bonner Parlament so oft Zeitgenossen attestiert hatte, sie hätten sich ums Vaterland verdient gemacht, neidvoll übel, daß er mit seinem schwäbischen Gewinnsinn am Vaterland so fett verdient hatte. Da außerdem gerade wieder Wahlen vor der Tür standen, mußte Gerstenmaier als Bundestagspräsident seinen Hut nehmen.

○ Der Fall Filbinger

Hans Filbinger, Jurist, CDU-Mann und Ministerpräsident von Baden-Württemberg, wurde Mitte der 70er Jahre von dem Schriftsteller Rolf Hochhuth in der Hamburger Wochenzeitung »Die Zeit« vorgeworfen, er habe als Marinerichter in Norwegen auch noch kurz vor der Kapitulation der deutschen Wehrmacht knochenharte Urteile gegen kriegsmüde deutsche Landser gesprochen – Hochhuth: »Der furchtbare Jurist.« Filbinger, einer der deutschen Gesetz-Techniker, die wohl jedem Regime ihre Kenntnisse und ihr Können andienen, wehrte sich – mit dem Ergebnis, daß die Presse nun seine kriegsrichterliche Vergangenheit unter die Lupe nahm. Was dabei zutage kam, störte seine Christen-Freunde sehr, zumal irgendwo wieder eine Landtagswahl ausstand. Filbinger mußte gehen.

○ Der Fall Derwall

Jupp Derwall, Deutschlands Fußball-Nationaltrainer, hatte als Nachfolger des legendären Weltmeisterschafts-Machers Helmut Schön eine beachtliche Serie von Siegen in Länderspielen hinter sich gebracht. Sie fielen ihm nicht schwer, seine Stars waren gut. Er war der gute Mensch von Dudweiler: »Ich bin der Jupp«, stellte er sich gern vor und lud zum Bierchen ein.

Dann kamen ein paar belanglose Niederlagen – auch eine belanglose Niederlage ist ein nationales Unglück –, und bei der Weltmeisterschaft 1982 in Spanien benahmen sich einige seiner Kicker als Spieler und als Fan-Idole ziemlich daneben. Der bedrängte Derwall, der sich auch noch mit seinen Kritikern von der Presse anlegte, schaffte zwar noch die Vize-Weltmeisterschaft, geriet aber in Presse-Verschiß. Die Journaille schoß aus allen Rohren, das dickste Kaliber feuerte »Bild« ab: »Derwall macht unseren Fußball kaputt.« Sein – ebenfalls umstrittener – Präsident Hermann Neuberger zeigte schwache Nerven und ließ, wohl auch um seinen Kopf zu retten, seinen Cheftrainer fallen – der bedauernswerte Pfälzer warf das schwarz-rot-goldene Handtuch (und ging als Kicker-Lehrer in die Türkei und damit vom Regen in die Sonne). Wieder einmal hatte sich die Macht der Presse gezeigt.

○ Der Fall Möllemann

Jürgen Möllemann, FDP-Jungstar und Staatsminister im Auswärtigen Amt, wurde im Sommer 1984 vom »Spiegel« kalt erwischt. Der smarte, umtriebige Herr – laut Franz Josef Strauß »Der Riesen-Staatsmann Mümmelmann« – habe sein hohes politisches Amt im Bonner Parlament mit privatem Gewinnstreben allzu penetrant vermengt; wochenlang schob das in Kampagnen geübte Nachrichtenmagazin Beweis um Beweis nach und hielt die Affäre am Ko-

chen – die gesamte deutsche Presse wärmte sich am Feuerchen unter Möllemanns Hintern.
Möllemanns Partei-Obere – sein Pate: Vizekanzler, Außenminister und FDP-Chef Hans Dietrich Genscher – distanzierten sich von der Nachwuchskraft, die ins Gerede gekommen, vor allem, weil in Nordrhein-Westfalen die Landtagswahlen anstanden, für die Möllemann als Spitzenkandidat seines Parteichens auftrat. Da zeigte auch der bärenstarke Mümmelmann Wirkung und ließ sich – Strafe genug – mit den Prozeß-Routiniers des »Spiegel« in einen juristischen Clinch ein. Möllemann wurde dabei richtig krank. Er trat als Spitzenkandidat zurück (blieb aber Staatsminister und wohl auch weiterhin Hoffnungsträger seiner Partei). Wieder hatten die Hunde von der Presse einen Hasen totgebissen.

○ Der Fall Barzel

Rainer Candidus Barzel, CDU-Mann, von der ihm grundlos wohlgesonnenen »Welt am Sonntag« jahrelang den darob verärgerten Lesern als »jüngster elder statesman« in der Geschichte hochgejubelt, wurde im Frühherbst 1984 vom »Spiegel« – wer sollte es sonst wohl anderes sein? – beschuldigt, über die Frankfurter Anwaltssozietät Dr. Paul vom Düsseldorfer Flick-Konzern mit insgesamt 1,7 Millionen Mark für »Schein-Gutachten« geschmiert worden zu sein; außerdem habe er nach seinem Rücktritt als Parteivorsitzender der Christdemokraten jahrelang Geld aus der Parteikasse bekommen, damit er »kein Sozialfall« (Barzel-Parteikollege Kurt Biedenkopf) werde.
Das war eine runde Geschichte, ein Fressen für die Presse, die jenen hohen Herrn entlarvte und demontierte, der wegen seiner Arroganz und seines statuösen Auftretens (»Der Herr Präsident«) nicht einmal in seinen höchsten Parteikreisen Freunde hatte. Da gilt ein deutscher Politiker, der monatlich mehr als 10 000 Mark netto in der Lohntüte hatte, Auto, Bahn und Lufthansa (Erste Klasse) kostenlos benutzen darf, bereits als »Sozialfall«. Er kommt nur durch diese miesen Zeiten, wenn er zudem Geld aus der Parteikasse bekommt und jahrelang einen sicheren Platz »auf Flicks Lohnliste« (Franz Josef Wagner in »Bild«) hat.
Die CDU, ohnehin in Schwierigkeiten, weil sie stark in Affären und schwach in der Staatslenkung ist, läßt den ertappten Spitzenmann wie eine heiße Pellkartoffel fallen – nicht ins Bodenlose, sein

Mandat behält er. Aber dank der Presse ist Barzel nicht mehr Barzel.

Noch mehr Beweise für die Macht der Presse, für den »Hinrichtungs-Journalismus«, für die »journalistischen Todesschwadronen«, wie der nach jahrelangen Pressekampagnen zurückgetretene Wirtschaftsminister Otto Graf Lambsdorff seine Verfolger nannte?

Oder Beweise für die Ohn-Macht der Presse? Bitte:

○ Der Fall Wörner

Manfred Wörner, als CDU-Mitglied Verteidigungsminister in Bonn und – in Friedenszeiten – Oberbefehlshaber der Bundeswehr, geriet im Frühjahr 1984 in die Schlagzeilen von Presse, Funk und Fernsehen. Es wurde bekannt, daß er den Bonner Vertreter im Nato-Hauptquartier in Brüssel, den Vier-Sterne-General Dr. Günter Kießling, sang- und klanglos geschaßt habe, weil der Nato-Chef, US-General Rogers, sich weigere, mit dem Deutschen zusammenzuarbeiten – Begründung: Kießling, ein Junggeselle, sei homosexuell. Es nützte Kießling nichts, daß er sein Ehrenwort als Offizier verpfändete – Minister Wörner glaubte den Verleumdern. Obwohl zur Fürsorgepflicht gegenüber seinem verdienten und unbescholtenen Untergebenen Kießling verpflichtet, tat der Dienstherr Wörner alles, was den General belasten könnte. Auf Staatskosten ließ der Hausherr der Bonner Hardhöhe sogar einen schwulen Schriftsteller aus der Schweiz in die Bundeshauptstadt einreisen, gab ihm Audienz und andere Wohltaten – bis sich dank der Presse Kießlings völlige Unschuld herausstellte. Wörner mußte den General öffentlich rehabilitieren, aber der ehrenwerte Politiker fand nichts dabei, im wohlbestallten Amt zu bleiben. Sein Kanzler und Parteiboß, Helmut Kohl, wollte ihn auch gar nicht feuern, er schaltete auf stur und saß – auf gut pfälzerische Art – die stinkende Sache einfach aus. Noch einen Beweis für die Ohn-Macht der Presse?

Hier der Beweis aller Beweise:

○ Der Fall Strauß

Franz Josef Strauß – Kennzeichen: Franz Josef Strauß – hat wie kein anderer deutscher Politiker Händel mit dem einflußreichen Teil der Presse in der Bundesrepublik. »Spiegel«, »stern«, »Die Zeit«, »Süddeutsche«, »Frankfurter Rundschau« schossen ihre immer wechselnden Vorwürfe gegen den verhaßten Bayer wie Salven, Breitseiten, mal über Wasser, mal unter Wasser:

Die Affäre um den Bonner Verkehrsschutzmann Hallbohm, der Streit mit Deutschlands Atom-Koryphäen um den Chemie-Nobelpreisträger Otto Hahn, der gebrochene Schwur »Wer ein Gewehr wieder in die Hand nimmt, dem soll die Hand verdorren«, die Affäre um »Onkel Aloys«, die Affäre um die Starfighter-Beschaffung, die Affäre mit dem amerikanischen Busenwunder Jayne Mansfield, die »Spiegel«-Affäre mit der Entführung des »Spiegel«-Redakteurs Conrad (»Conny«) Ahlers, die Affäre um Flick-Gelder wg. Strauß, die Affäre ...
Was wurde mit den Abonnements-Kampagnen gegen den Politiker Strauß vom »Spiegel«, »stern«, »Zeit« und den Abschreibungsgesellschaften in der deutschen Presse erreicht? Für den Sturz von Strauß reichte kein Vorwurf: weder Schmiergelder, Sex-Affären, Saufgeschichten, gebrochenes Männerwort.
Noch einmal gefragt: Was ist – bei der »Macht der Presse« – Strauß Böses widerfahren? Nach der »Spiegel«-Affäre trat er als Verteidigungsminister zurück und ließ eine Zeitlang Gras über seine Vergangenheit wachsen, bis der vitale Politiker der Journaille plötzlich schmerzlich fehlte. Ausgerechnet Conrad Ahlers, der von Strauß aus Spanien Entführte, behauptete in der Studentenzeitung »Civis«, Strauß sei – immer noch oder wieder – »ministrabel« und solle zurück nach Bonn kommen, als Minister natürlich. Unter Kanzler Kurt Kiesinger wurde der skandalverfolgte und affärenreiche Finanzminister (ein guter Finanzminister), später dann bayrischer Ministerpräsident mit umwerfenden Wahlerfolgen.
Die Frage ist zu stellen: Hat Strauß seinen politischen Weg nach ganz oben nicht trotz der Presse, die jahrzehntelang gegen ihn war und ihn gnadenlos gejagt hat, unbeirrbar gemacht? Ist Franz Josef Strauß nicht das überzeugendste Beispiel für die Ohn-Macht der »Macht Presse«, die all ihre Macht und ihren ganzen Schrecken verliert, wenn der Betroffene nur dickfellig genug ist und zudem noch standhafte Freunde hat?

Die Macht der Presse – niemand hat sie überzeugender widerlegt als Hermann Neuberger, der Präsident des Deutschen Fußball-Bunds (DFB). Im Frühjahr 1985 wurde bekannt, daß die europäischen Fußballverbände den DFB beauftragt hatten, die nächste Europameisterschaft in deutschen Stadien zu organisieren – dabei hatte sein Präsident Neuberger keinen Finger gerührt, wenigstens ein Spiel nach West-Berlin zu legen. Deutschlands Politiker und Presse kochten vor Zorn – »Hermann Neuberger ist politisch unerträglich«, stellte CDU/CSU-Fraktionschef Alfred Dregger fest. Selbst die kühle »Frankfurter Allgemeine« nannte Neuberger einen »unsäglichen Präsidenten«. Fast einstimmig forderten Deutschlands Politiker und Journalisten den Deutschen Fußball-Bund auf, sich schleunigst von seinem unmöglichen Präsidenten zu trennen. Kanzleramtsminister Wolfgang Schäuble verlangte zudem: »Die Einbeziehung Berlins ist so wichtig, daß anderenfalls ein Verzicht auf die Europameisterschaft erwogen werden muß.«

Und was tat der unter Dauerfeuer genommene Deutsche Fußball-Bund? Schickte er, wie bei der seinerzeitigen Kritik der Presse am erfolglosen Bundestrainer Jupp Derwall, den Präsidenten Neuberger umgehend in die Wüste der Türkei? Die Vorstandsherren des DFB dachten gar nicht daran, an die Macht der Presse auch nur zu glauben und schon gar nicht, diese schöne Behauptung durch einen Rausschmiß ihres national geschmähten Präsidenten noch zu bestätigen. Der DFB schaltete auf stur und gab diese Erklärung als Antwort auf die einhellige Rücktrittsforderung: »Wir sprechen unserem Präsidenten Hermann Neuberger unser volles Vertrauen aus und weisen die unqualifizierten und diffamierenden Angriffe gegen ihn mit aller Entschiedenheit zurück.«

Ergebnis der nationalen Macht-Demonstration der Presse: Hermann Neuberger blieb Fußball-Präsident, West-Berlin bei der Europameisterschaft draußen. Kanzler Kohl beruhigte sich schnell und »gibt Widerstand gegen Fußball-EM auf«, staunte die »Welt am Sonntag« des Berlin-Freunds Axel Springer. Präsident Neuberger ging danach sogar zum Gegenangriff über – öffentlich drohte er seinen Kritikern in Politik und Presse: Er werde sich ihre Namen sorgfältig merken . . .

Nehmen wir zum Schluß die frustrierende Erfahrung, die Deutschlands Journalisten mit dem ersten Kanzler der Bundesrepublik Deutschland gemacht hat:

○ Der Fall Adenauer

Konrad Adenauer, der am 15. September 1949 vom Bundestag in Bonn mit der Mehrheit von einer Stimme – seiner eigenen Stimme – zum Bundeskanzler gewählt worden war, hatte bei einem großen Teil der deutschen Presse keine gute Presse. Die Journalisten hielten, was er tat, für falsch: Wiederbewaffnung auf Kosten der Wiedervereinigung, nicht die versprochene Verstaatlichung der westdeutschen Schlüsselindustrien nach dem Ahlener Programm seiner CDU, die Teilnahme am Kalten Krieg mit den Amerikanern gegen die »Soffjets« (Adenauer-Originalton). Adenauer, der nach seinen eigenen Worten im Einsatz seiner Macht »nicht pingelig« war, schaffte es, einen seiner schärfsten Kritiker um Amt und Lohn zu bringen: Paul Sethe mußte als Mit-Herausgeber der »Frankfurter Allgemeinen Zeitung« seinen Stuhl räumen.

Der nachtragende Kanzler hatte bei der deutschen Industrie seine Verwunderung darüber bekannt werden lassen, daß die Herren, von ihm doch so gefördert, die Zeitung seines Kritikers Sethe voll mit gewinnträchtigen Anzeigen pflasterten. Die Herren über Leben und Brot verstanden den Wink aus dem Kanzleramt und zeigten sich willens, dem alten Mann einen Wunsch nicht zu versagen. Sethe mußte gehen – und hinterließ seine Lebenserinnerungen als Journalist in einem Satz: »Pressefreiheit ist nichts anderes als die Freiheit von zweihundert reichen Männern, ihre Meinung zu sagen.«

Adenauer, dem Presse-Verächter, wurde in seiner Amtszeit vom »Spiegel«, seinem journalistischen Erzfeind, auch ein schlimmer Vorwurf gemacht: Ein Industriekonzern habe ihm in seiner Amtszeit als Kölner Oberbürgermeister – von 1917 bis 1933 – einen Millionen-Betrag zukommen lassen, um privat spekulieren zu können. Wie immer, wenn der »Spiegel« etwas enthüllte, stieg Westdeutschlands Presse mächtig ein.

Auf einer Veranstaltung der Bundespressekonferenz in Bonn, einer Vereinigung in Bonn akkreditierter Journalisten, die Prominenz zu Frage und Antwort einlädt, wurde Adenauers Pressechef Felix von Eckardt von der lüsternen Journaille gefragt, was der alte Herr zu den schweren Vorwürfen des »Spiegel« gesagt habe. Von Eckardt gestand: »Ich habe das Interesse des Herrn Bundeskanzlers für den ›Spiegel‹-Bericht nicht wecken können.« Der Fall war erledigt, auch für die Presse, Adenauer hatte starke Nerven gezeigt – für den »Häuptling von Rhöndorf« (»Spiegel«) in der Stadt »hinter den sieben Bergen« (»Spiegel«) war das Nachrichtenmagazin ja ohnehin »ein Schmutzblatt, das sich selbst kaputtmacht«. Und weil alle Angriffe gegen Adenauer an Adenauer abprallten, resignierte bald »Spiegel«-Herausgeber Rudolf Augstein: »Zu Adenauer fällt mir nichts mehr ein.«

Hat Adenauer sich – für seine eigene Person – nicht richtig verhalten, als er auf den »Spiegel«-Knaller keinerlei Wirkung zeigte, und sein Pressechef von Eckardt, ein ausgebuffter Journalist, gestehen mußte, der beschuldigte Kanzler habe die Vorwürfe einfach nicht zur Kenntnis genommen? Hätte sich Adenauer in einen Schußwechsel mit den Hamburger Journalisten eingelassen, hätte sich die Ping-Pong-Kampagne – Vorwürfe, Dementi, neue Vorwürfe, neues Dementi – bis nach seinem Sturz am 15. Oktober 1963 hingezogen. Einfach »nich injuriren« (Berliner Volksweisheit) scheint das Rezept gegen die Presse zu sein.

Da gibt es diese Geschichte – sie ist vielleicht nicht ganz wahr, aber sie hat den unbestreitbaren Vorteil, schön richtig zu sein:

○ »Ich lese keine Zeitung«

Nach dem »Schwarzen Freitag« von New York, dem gewaltigen Börsenkrach im Herbst 1929, starben in Amerika Unternehmen reihenweise, ruinierte Geschäftsleute stürzten sich aus den Fenstern ihrer Büros – auch Europa geriet in den tödlichen Sog. Nur ein kleiner Holzwarenfabrikant in der Bronx – man kennt nicht einmal seinen Namen –, erst vor einigen Monaten aus Norwegen eingewandert, hatte über mangelnde Beschäftigung nicht zu klagen (obwohl die Klage Gruß der Kaufleute in aller Welt ist). Seine geschäftlichen Erfolge sprachen sich in Manhattan bald herum. Auch die Reporter hörten die schöne Geschichte vom erfolgreichen Einwanderer mitten in der tiefsten Wirtschaftsflaute. Sie reisten an und wollten wissen, wie das unglaubliche Glück des Mannes aus Europas Norden zustande gekommen sei.

Daraus ergab sich dieses Interview, das ein Journalist, der norwegisch konnte, so festhielt:

Reporter: »Wie erklären Sie sich Ihren Erfolg?«

Einwanderer: »Was ist mein Erfolg?«

Reporter: »In dieser furchtbaren Zeit, in der die Wirtschaft Amerikas zusammengebrochen ist, Kaufleute sich das Leben nehmen und die Schlangen von Menschen vor den öffentlichen Suppenküchen täglich länger werden, machen Sie gute Geschäfte und Gewinne. Sie stellen sogar neue Arbeitskräfte ein und zahlen hohe Löhne. Merken Sie denn nicht die Rezession?«

Einwanderer: »Welche Rezession? Mir geht es gut.«
Reporter: »Lesen Sie denn keine Zeitung? Jeder weiß doch, wie schlecht es um Amerika steht.«
Einwanderer: »Ich lese keine Zeitung.«
Reporter: »Mann, Sie lesen keine Zeitung?!«
Einwanderer: »Warum sollte ich Zeitungen lesen? Ich kann doch gar kein Englisch.«

Und die Moral von der Geschicht': Wer in die Schlagzeilen der Presse geraten ist, sollte einfach keine Zeitung lesen, starke Nerven zeigen und gute Freunde haben – zudem sollte er sich eine Zeitlang dünne machen. Das ist das Simoneit-Prinzip. Bald füllt ein anderer die Schlagzeilen auf der ersten Seite, bald wird – das ist Reporter-Humor – eine andere Sau durchs Dorf gejagt. Dann kann man wieder auftauchen, ruhigen Gewissens zu seinem Stammkiosk gehen und mit breitem Grinsen lesen, wer diesmal »dran« ist.

Mein Gott, wird das lustig – und wie werden sich die Jungs von der Zeitung ärgern.

Max Halbe war ein deutscher Schriftsteller (»Mutter Erde« und anderes), lebte von 1865 bis 1944 und hatte – das gab es wohl auch damals – seine bitteren Erfahrungen mit der Presse gemacht, denn auch Buchkritiker sind ja Journalisten. Halbe soll Konrad Adenauer als Oberbürgermeister von Köln, auch er nicht lieb' Kind bei der Presse, bei einem Frühstück so getröstet haben:

»Machen Dir Zeitungen Kummer,
gräm Dich nicht,
morgen erscheint eine andere Nummer.«

Das war noch ziemlich salonfähig gesagt. Es gibt auch drastische Erkenntnisse und Ratschläge ...

Kurt Tucholsky, auch ein Journalist, läßt alle, ob sie nun die Macht der Presse beklagen oder ihre erkannte Ohn-Macht belächeln – der Presse-Kenner Tucholsky läßt alle grüßen:

»Was in der Zeitung steht,
ist nicht halb so wichtig
wie das,
was nicht drin steht.«

ZWÖLFTES KAPITEL
(Zweiter Teil)

Der Wachhund an die Kette
oder
Wie Demokraten wieder zensieren wollten:

».. . und wenn der Zensor ein,
sagen wir,
wirklich aufrichtiger,
ehrlicher
und kenntnisreicher Mann ist . . .«

Alle großen Journalisten in diesem Buch sind tot: von Görres, Heine, Harden, Wolff, Polgar, Kisch, von Ossietzky, Tucholsky...

Henri Nannen schreibt nicht mehr. Rudolf Augstein, längst einer der Unsterblichen, gehört auch schon zur alten Generation.

Die Großen von gestern haben alles hinter sich: den Herrn Kaiser, die königliche Zensur, das Berufsverbot, brennende Bücherberge.

Die Großen von morgen haben alles noch vor sich, sicher keinen Herrn Kaiser, sicher keine brennenden Bücher, vielleicht aber wieder eine Zensur.

Der letzte bekanntgewordene Anlauf, die freie Presse, die gehaßte »vierte Gewalt«, an die Leine zu nehmen, passierte, als Deutschland bereits demokratisch und Bundesrepublik war. Der Gerichtsreporter Gerhard H. Mostar, »Anwalt des kleinen Mannes« (so der Journalist Thaddäus Troll), der im März 1933 vor dem »Volksaufklärungs«-Minister Goebbels flüchten mußte und von Wien aus zwei Monate später zusehen konnte, wie sein Karl-Marx-Roman »Der schwarze Ritter« verboten und danach öffentlich verbrannt wurde, hatte den Nachkriegsversuch einer Pressezensur ausgelöst – eingebracht von der CDU im südwürttembergischen Landtag. Des »Ländles« damaliger Staatspräsident Gebhard Müller hatte an die künftige Bundesregierung in Bonn die Forderung gestellt, der Presse solle bei Androhung »schwerster Strafen« verboten werden, mit Berichten in ein schwebendes Gerichtsverfahren einzugreifen. Gerichtsreporter Mostar hatte immer versucht, den kleinen Mann vor richterlichem Unrecht zu bewahren. Der journalistische Wachhund Mostar sollte endlich an die Kette.

Müllers Innenminister Renner (SPD) begründete die Forderung nach einer Pressezensur so: »Heute haben die Leute der Presse in vielen Dingen mehr Macht als die Regierung, und niemand kontrolliert sie. Das ist ein Mißstand und ein Mangel, auf dessen Behebung man sinnen müßte. Es gibt verschiedene Möglichkeiten: die der Zensur, sehr bequem, und wenn der Zensor ein, sagen wir, wirklich aufrichtiger, ehrlicher und kenntnisreicher Mann ist, ist das gar nicht so schlecht. Das sage ich als Sozialdemokrat...«

Die Pressezensur also ist »gar nicht so schlecht«...

Die Freiheit der Presse, die Freiheit der Gedanken und Meinungen, ist nie für immer gesichert. Alle großen Ideale dieser Welt sind zu allen Zeiten in Gefahr.

LITERATUR

Bissinger, Manfred: Hitlers Sternstunde, Rasch und Röhring Verlag. Hamburg, 1984

Böll, Heinrich: Bild · Bonn · Boenisch, Lamuv Verlag. Bornheim-Merten, 1984

Bucerius, Gerd: Der angeklagte Verleger, R. Piper & Co. Verlag. München, 1974

Cudlipp, Hugh: Sensationen für Millionen, Kindler-Verlag. München, 1955

Delmer, Sefton: Die Deutschen und ich, Gruner & Jahr Hamburg, 1961

Ebert, Wolfgang: Der Blattmacher, Nymphenburger Verlagshandlung. München, 1983

Engelmann/Wallraff: Ihr da oben – wir da unten, Kiepenheuer & Witsch. Köln, 1973

Enzensberger, Hans Magnus: Einzelheiten I Bewußtseins-Industrie, Suhrkamp Verlag. Frankfurt/M., 1964

Erb, Hans F.: Der Redakteur, Progress-Verlag Johann Fladung. Düsseldorf, 1958

d'Ester/Remy (Herausgeber): Der Journalist – Das Handbuch für den Publizisten, Presse-Verlag. Gießen/Berlin/München, 1951

»Frankfurter Allgemeine«: Alles über die Zeitung, 1974

Goebbels, Joseph: Der Angriff, Zentralverlag der NSDAP Franz Eher Nachf. München, 1935

Hanfstaengl, Ernst: Zwischen Weißem und Braunem Hans, Erinnerungen eines politischen Außenseiters, R. Piper & Co Verlag. München, 1970

Hemingway, Ernest: 49 Depeschen, Rowohlt Verlag. Reinbek. 1969

49 Stories, Rowohlt Verlag. Reinbek, 1950

Glücklich wie die Könige, Rowohlt Verlag. Reinbek, 1984

Hess, Eva-Maria: Leserschaftsforschung in Deutschland – Ziele, Methoden, Techniken – Eine Dokumentation aus dem Hause Burda, Burda Verlag. Offenburg, 1981

Hirsch, Eike Christian: Deutsch für Besserwisser, Hoffmann und Campe Verlag. Hamburg, 1976

Kert, Bernice: Die Frauen Hemingways, Roitman Verlag. München, 1983
Kiock, Hartmut: Das Redaktions-Marketing in der Presse – Eine empirische Prüfung, München 1971
Kisch, Egon Erwin: Klassischer Journalismus, Rudolf Kaemmerer Verlag. Berlin, 1923
Krollpfeiffer, Hannelore: Die Zielgruppe oder Der alternative Lippenstift, Paul Zsolnay Verlag. Hamburg, 1982
Kuby, Erich: Der Fall »stern« und die Folgen, Konkret Literatur Verlag. Hamburg, 1983
Franz Josef Strauß – ein Typus unserer Zeit, Verlag Kurt Desch. München, 1963
Meyer, Werner: Journalismus von heute einschließlich Presserecht mit Kommentar, Verlag R. S. Schulz. Percha-Kempfenhausen, 1983
Nannen, Henri: Lieber Sternleser!, stern-Bücher. Hamburg, 1984
Reed, John: 10 Tage, die die Welt erschütterten!, Verlag J. H. W. Dietz Nachf. GmbH, Berlin-Bonn, 1953
La Roche, Walther von: Einführung in den praktischen Journalismus, List Verlag. München, 1980
Schaber, Fabian u. a.: Leitartikel bewegen die Welt, Klett-Cotta Stuttgart, 1964
Schneider, Wolf: Deutsch für Profis – Handbuch der Journalistensprache, stern-Bücher. Hamburg, 1983
Glossar journalistischer Fachausdrücke, Schule der Verständlichkeit und Sprachschludereien, Gruner + Jahr Journalistenschule in Hamburg GmbH (zwei hektographierte Bände), Neufassung Juli 1980
Unsere tägliche Desinformation, stern-Bücher Hamburg, 1984
Schoeps, Hans-Joachim: Die »Spiegel-Affäre« des Franz Josef Strauß, »Spiegel«-Buch Rowohlt Verlag. Reinbek, 1983
Schultz, Hans Jürgen: Journalisten über Journalisten, Kindler-Verlag. München, 1980
Smith, Adam: Der Wohlstand der Nationen, Verlag C. H. Beck. München, 1974
Snyder/Morris: Hier hielt die Welt den Atem an, Steingrüber Verlag. Stuttgart, 1953
Textor, A. M.: Sag es treffender, Verlag Ernst Heyer. Essen, 1969

Wallraff, Günter: Der Aufmacher – Der Mann, der bei »Bild« Hans Esser war, Verlag Kiepenheuer & Witsch. Köln, 1977

Wertenbaker, Charles: Die Herren der öffentlichen Meinung, Wolfgang Krüger Verlag GmbH. München, 1980

Wiesenstein/Raddatz: Interview mit der Presse – 12 internationale Zeitungen stellen sich vor, Rowohlt Verlag. Reinbek, 1964

McWilliams, Peter A.: The Word Processing Book, deutsch bei Rowohlt Taschenbuch Verlag. Reinbek, 1984

Zeuner, Bodo: Veto gegen Augstein, Hoffmann und Campe Verlag. Hamburg, 1972

Zischka, Simon, Schenzinger: Heinrich Nordhoff, Wilhelm Andermann Verlag. München, 1969

PERSONENREGISTER